柱浮选技术

沈政昌 编著

北 京
冶金工业出版社
2015

内 容 提 要

本书总结了半个世纪以来我国特别是北京矿冶研究总院，在柱浮选技术方面的研究成果，同时对国际上柱浮选技术的研究现状及进展做了较为系统的梳理归纳。本书共分为7章，主要介绍了柱浮选的历史、类型特点和发展趋势，浮选柱技术理论基础，浮选柱流态特征，气泡发生技术，浮选柱的选型及放大技术，浮选柱过程控制，柱浮选技术的应用实践等内容。

本书可供矿物加工及相关专业的科研、技术人员学习参考，也可供高等院校相关专业的教师和研究生参考使用。

图书在版编目（CIP）数据

柱浮选技术/沈政昌编著. —北京：冶金工业
出版社，2015.3
ISBN 978-7-5024-6865-1

Ⅰ.①柱… Ⅱ.①沈… Ⅲ.①浮选柱—研究
Ⅳ.①TD456

中国版本图书馆 CIP 数据核字（2015）第 044382 号

出 版 人 谭学余
地 址 北京市东城区嵩祝院北巷 39 号 邮编 100009 电话 (010)64027926
网 址 www.cnmip.com.cn 电子信箱 yjcbs@cnmip.com.cn
责任编辑 徐银河 程志宏 美术编辑 吕欣童 版式设计 孙跃红
责任校对 卿文春 责任印制 牛晓波
ISBN 978-7-5024-6865-1
冶金工业出版社出版发行；各地新华书店经销；三河市双峰印刷装订有限公司印刷
2015 年 3 月第 1 版，2015 年 3 月第 1 次印刷
787mm×1092mm 1/16；15.5 印张；374 千字；238 页
58.00 元

冶金工业出版社 投稿电话 (010)64027932 投稿信箱 tougao@cnmip.com.cn
冶金工业出版社营销中心 电话 (010)64044283 传真 (010)64027893
冶金书店 地址 北京市东四西大街46 号(100010) 电话 (010)65289081(兼传真)
冶金工业出版社天猫旗舰店 yjgy.tmall.com
（本书如有印装质量问题，本社营销中心负责退换）

前　言

浮选技术是矿物加工领域中应用最广泛的高效分离技术，而柱浮选技术是浮选技术体系中一个非常重要的分支，其关键技术包括浮选柱、浮选工艺、浮选药剂等。柱浮选技术的推广应用需要良好的设备作为支撑，而且浮选柱是柱浮选技术体系中最重要的组成部分，因此也成为国内外有关高等学校、科研院所、矿山企业的研究重点。目前，柱浮选技术已广泛应用于有色金属、黑色金属、非金属、煤炭、环保、化工等行业，发挥着越来越重要的作用。

本书总结了半个世纪以来我国，特别是北京矿冶研究总院，在柱浮选技术方面的研究成果，同时对国际上柱浮选技术的研究现状及进展做了较为系统的梳理与归纳。本书共分为7章，第1章介绍了柱浮选的历史、类型特点和发展趋势；第2章从理论层面对浮选柱常用性能参数进行了论述，并阐述了浮选柱流体动力学理论基础；第3章主要从理论建模分析、试验研究和计算流体力学研究三个方面介绍浮选柱流态特征；第4章重点阐述了浮选柱关键技术——气泡发生器的结构类型和设计计算；第5章介绍了浮选柱的选型计算和配置方法，提出了浮选柱关键参数的放大方法；第6章介绍了浮选柱的过程控制现状、控制机制及发展趋势；第7章以铜、钼、铅、锌等典型矿种为例，介绍了浮选柱的生产实践情况。本书内容丰富，理论联系实际，可供相关专业的科技工作者与高等院校师生阅读和参考。

本书在写作过程中，多次进行研讨，得到过很多朋友和同事的帮助，他们对本书的内容、章节构成和具体的学术观点提出了宝贵意见和建议，特别是史帅星对第1章、第5章，张跃军对第2章、第3章，张明对第3章，韩登峰对第4章，谭明对第5章和第7章，杨文旺对第6章的编撰做了大量工作。陈东、张跃军和董干国等对全书进行了审阅，作者表示衷心感谢！

作者及其团队的柱浮选技术研究项目得到了"863"国家高技术研究发展计划课题"复合力场、多项流态矿物分选技术和装备（2007AA06Z127）"、

"十一五"国家科技支撑计划课题"大型高效浮选设备研制（2006BAB11B08）"、"十五"国家科技支撑计划课题"大型高效节能选矿设备研制（2004BA615A-08）"的大力支持，在此表示感谢！

由于作者水平所限，书中不妥之处恳请读者不吝指教。

作　者
2014 年 12 月

目　　录

1 概　　述

1.1　柱浮选的历史

柱浮选技术是以浮选柱为核心装备发展起来的一项分离技术。19 世纪末期，浮选作为一种选矿方法开始出现[1]。1909 年，T. M. Owen 设计了直径为 0.3m，高为 0.9m 的柱形浮选设备，叶轮安装在柱体的下半部分，空气通过位于叶轮附近的小口径胶管注入，该设备被认为是浮选柱的雏形。

1914 年，G. M. Callow 设计了第一台从多孔假底喷射出空气的浮选柱。

1915 年，C. T. Durrell 开发了矿浆射流吸入空气技术，形成的气泡尺寸达到 0.1mm。

1919 年，M. Town 和 S. Flynn 首次提出了矿浆和气泡逆向碰撞矿化的设计思路，矿浆从浮选柱中部给入，空气从浮选柱底部通过多孔材料给入。

浮选柱在 20 世纪 20~30 年代得到过工业推广应用，但是由于充气器容易堵塞、粗颗粒选别效果差、过程自动控制系统缺乏等原因，后来完全被机械搅拌式浮选机取代。

1961 年加拿大的布廷（Boutin）研制出新一代逆流浮选柱[2,3]，于 1963 年取得专利，并在加拿大的谢菲维尔铁矿选矿厂进行了工业试验。此后，中国、美国、苏联和澳大利亚等国也相继开展了浮选柱的研究和应用工作。后因气泡发生器容易堵塞和破裂以及缺乏浮选柱按比例放大的方法和技术，使浮选柱的发展和应用受到了限制，处于停滞不前的状态。

20 世纪 80 年代初，浮选柱在工业中的应用重新得到重视。

1980~1981 年，在加拿大魁北克省的加斯佩矿选矿厂用两台浮选柱代替钼精选作业中的 13 台常规浮选机，选矿效果良好。加拿大大不列颠哥伦比亚省的许多选矿厂开始采用浮选柱进行铜钼精选。此后，世界范围内涌现出多种新型高效的浮选柱，比较有代表性的包括：美国戴斯特（Deister）公司生产的 Flotaire 浮选柱、英国利兹大学研制的利兹浮选柱、美国的 VPI 微泡浮选柱、美国密西根（Michi-gan）技术大学杨锦隆（D. C. Yang）研制的 MTU 型充填介质浮选柱（Packed Flotation Column）、苏联研制的 ФП 系列浮选柱、美国犹他大学米勒（Miller）发明的旋流充气式浮选柱等。浮选柱的气泡发生器、充气性能和运行稳定性均有了较大的提高。

1987 年，澳大利亚詹姆森（G. J. Jameson）教授发明设计了詹姆森浮选柱，该浮选柱是浮选柱研究的分水岭，不仅柱体高度大幅下降，仅为相同处理量同直径传统浮选柱的 1/4，而且在结构、给矿方式和分选机理上有了全新的突破，解决了因柱体过高所带来的一系列问题。

2002 年，柱浮选技术的发展进入第三个阶段。浮选柱在气泡发生技术、矿化方式的多样化及过程控制技术等方面发展迅速。国外有代表性的浮选柱有加拿大的 CPT-Cav 浮选柱、德国的 KHD 浮选柱、芬兰 Metso 公司的 CISA 浮选柱和俄罗斯的 RIVS 浮选柱等；国内有北京矿冶研究总院的 KYZ 浮选柱、长沙有色研究总院的 CFCC 浮选柱以及中国矿业大学的 FCSMC 旋流微泡浮选柱等。浮选柱的液位自动控制技术、气量自动控制技术、冲洗水自动控制技术和泡沫图像识别技术日趋成熟，并获得工业应用。

2005 年后，柱浮选技术向更深层次推进也更加多样化，浮选柱全（短）流程技术得到了推广。在硫化矿物（黄铜矿、辉钼矿等）、氧化矿物（氧化钨矿、磁铁矿、赤铁矿等）、工业矿物（硫酸盐矿、钾盐矿和磷酸盐矿物等）、石墨及其他非金属矿物的分选中都得了应用。从精选作业向粗扫选作业推广，从细颗粒矿物到粗颗粒拓展。具有代表性的浮选柱有美国 Erize 公司的 Hydro Float 浮选柱[4]、西门子矿业部门的 Hybrid 浮选柱[5,6]以及 Imflot G-cell 浮选柱[7]。2014 年智利第二十六届国际矿物加工大会上，澳大利亚 Graeme J Jameson 详细阐述了流态化浮选柱技术特点，并提出了在半自磨机排矿端回收粗颗粒矿物浮选的柱浮选新方法[8]。

1.2　浮选柱的种类划分及其特点

经过一个多世纪的发展，浮选柱的种类繁多，划分方式也比较多，目前常用的划分种类包括：

（1）按气泡发生方式可划分为空气直接式、矿浆和空气混流式、气和水混流式。
（2）按矿气混合方式可划分为逆流碰撞式、顺流式和逆流-顺流混合式。
（3）按柱体的高度可划分为高柱式和矮柱式。
（4）按浮选柱产品形式分为多产品和单产品形式。
（5）按不同的用途可以分为粗选浮选柱和精选浮选柱。
（6）按有无充填介质分为充填浮选柱和非充填浮选柱。
（7）按借助其他力场的情况分为磁浮选柱，超声波浮选柱和离心浮选柱等。

本节首先以第一种分类方式介绍一些工程实践中使用较多的浮选柱技术特点，然后介绍几种具有一定特色的浮选柱。

1.2.1　空气直接式浮选柱

空气直接式浮选柱是工程实践中应用最为广泛的浮选柱之一。一般高径比较大，采用微孔充气器或者喷嘴充气器。该型浮选柱经过多年的发展，形式呈现出多样性。比较有代表性的有 CPT-Slamjet 浮选柱、KYZ-B 型浮选柱、CFCC 浮选柱、RIVS 浮选柱以及 Eimco Pyramid 浮选柱等。

1.2.1.1　CPT-Slamjet 浮选柱

加拿大工艺技术公司（Canada Process Technology）一直从事浮选柱技术的研究[9,10]。2008 年该公司被 Eriez 公司收购。CPT-Slamjet 浮选柱是一种逆流浮选设备，如图 1-1 所示。其工作原理是调浆后的矿浆从距柱顶部以下约 1~2m 处给入柱内，气泡发生器安装在柱体下部，可在线拆装和检修，其产生的微泡在浮力作用下自由上升，而矿浆中的矿粒在重力作用下自由下降，上升的气泡与下降的矿粒在捕收区接触碰撞，疏水性矿粒则被捕获黏着在气泡上，负载有用矿粒的矿化气泡继续浮升进入泡沫区，并在柱体顶部聚集形成厚度可达 1m 的矿化泡沫层，在泡沫冲洗水的作用下，被夹带而进入泡沫层的脉石颗粒从泡沫层中脱落，从而获得更高品位的精矿，尾矿矿浆从柱底部排出。

Slamjet 气泡发生器（见图 1-2），向柱内注入气体，气体经过喷嘴加速后喷入矿浆内，气体流在矿浆的剪切作用下弥散成微小气泡。供气系统由一组环绕浮选柱槽体的主管及若干根支管组成，支管与气泡发生器相连，气泡发生器配有独立的气动自动流量控制及自动关闭装置，该装置可保证气泡发生器在未加压或意外断气时能保持关闭和密封状态，防止矿浆倒灌，堵塞充气器或影响充气器的使用寿命。气泡发生器可根据矿石性质配备不同规格的喷嘴，并通过调气泡发生器的开启数量、供气压力、流量，确保柱内空气弥散均匀。Slamjet 气泡发生器可以在线更换，检修和维护方便。

1.2.1.2 KYZ-B 浮选柱[11~13]

KYZ-B 型浮选柱是北京矿冶研究总院研制的浮选柱系列的一种。可处理

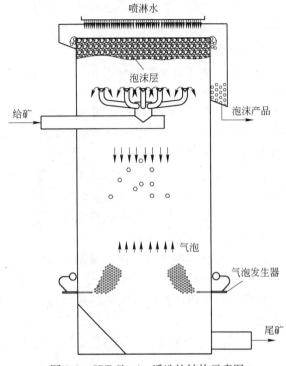

图 1-1 CPT-Slamjet 浮选柱结构示意图

铜矿、钼矿、铅锌矿、铁矿、钾盐矿、磷矿、萤石矿等多种矿物，在全球范围内应用有

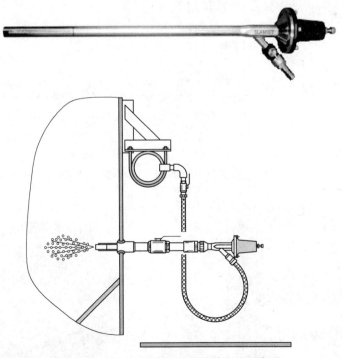

图 1-2 Slamjet 气泡发生器及其安装示意图

100多台套。KYZ-B型浮选柱是一种逆流型浮选柱，其结构如图1-3所示。其工作原理与CPT-Slamjet有所相似。空气压缩机作为气源，气体经总气管分配到各个充气器，直接喷射空气产生微泡，气泡群从柱体底部缓缓上升；矿浆距顶部柱体约2m处给入缓慢向下流动，矿粒与气泡在柱体中逆流碰撞，被黏着到气泡上的目的矿物上浮到泡沫区，经过泡沫冲洗水的作用消除杂质夹带，二次富集后产品从泡沫槽流出。其余矿粒随矿流下降经尾矿管排出。液位的高低和泡沫层厚度由液位控制系统进行调节。

气泡发生器结构更加简洁，可以在线进行更换，如图1-4所示。

该浮选柱与其他类型逆流型浮选柱相比具有如下特点：

（1）浮选柱内部设有"浮选柱元"的分区，优化了浮选柱内部的柱塞流环境，如图1-5所示。

（2）气泡发生器上方增设稳流栅板，强制气泡分散，提高了浮选柱高度的利用效率，如图1-6所示。

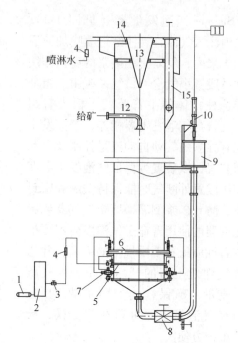

图1-3　KYZ-B型浮选柱结构示意图

1—风机；2—风包；3—减压阀；4—转子流量计；
5—总水管；6—总风管；7—气泡发生器；8—排矿管；
9—尾矿箱；10—气动调节阀；11—仪表箱；
12—给矿管；13—推泡器；14—喷水管；15—测量筒

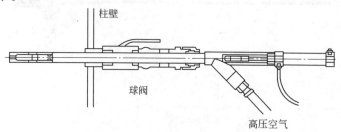

图1-4　KYZ-B气泡发生器结构及其安装形式

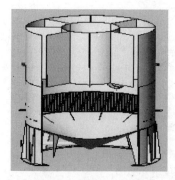

图1-5　内部的分区图

图1-6　稳流栅板

（3）强化了浮选柱泡沫的控制。设计了推泡锥和环形泡沫槽结构，加强了泡沫的回收效果，如图1-3所示。

（4）浮选柱底流采用高位锥阀控制，大大提高了液位控制技术水平和精度。

1.2.1.3 KΦM 浮选柱[14]

俄罗斯的 KΦM 浮选柱由喷射充气器、微泡发生器、中央管、排料装置和泡沫收集槽组成。经药剂处理后的矿浆在 100~150kPa 的压力下给入到第一级充气装置 4 中，与被压入空气充分混合，矿浆空气混合物流入由中央管 2 和浮选槽的扩展部分所限制的第一浮选区。在这一区域矿物颗粒被气泡捕收，未被捕收的矿粒向下运动进入第二浮选区域。第二区中的矿粒是通过微泡发生器产生的气泡捕收的。脉石向下运动至排料装置 7 中，大部分槽内产品通过底部装置排出，少部分通过外部的空气提升装置作为中矿排出。矿化气泡上升到浮选柱的上部，在浮选柱的扩展部分形成了品位较高的泡沫产品，在中央管上部形成了品位较低的泡沫层。如图1-7所示。该浮选柱中有 2 个充气区、2 个泡沫收集区、2 个排料区，其主要技术特点如下：

（1）同一台浮选设备中可以实现粗选、精选和扫选作业。

（2）与机械搅拌式浮选机和压气机械搅拌式浮选机相比，浮选柱的生产能力要高出3~4倍。

（3）使用这类浮选柱可使生产场地缩小 4/5，电能消耗降低 80%，并能浮选很宽粒度范围（从 1mm 到 10μm）的矿粒。

（4）处理能力大，占地面积小，能耗低，浮选矿物粒度范围广。

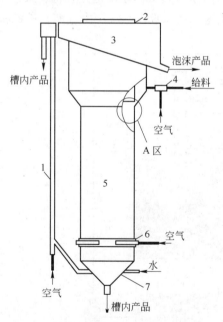

图 1-7　KΦM 浮选柱

1—空气提升装置；2—中央管；3—环形
泡沫搜集槽；4—喷射充气器；5—柱体；
6—微泡发生器；7—底部排料装置

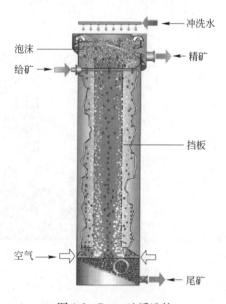

图 1-8　Pyramid 浮选柱

1.2.1.4 Eimco Pyramid 浮选柱

Eimco Pyramid 浮选柱由 Eimco 公司开发，是一种逆流型浮选柱，其工作原理与 CPT 类似，如图 1-8 所示。气泡发生与分散采用新型的 RateMax 超声波空气喷射器，如图 1-9 所示，高压空气经过该喷射器可以产生大量的小气泡，喷射器安装于浮选柱的底部。

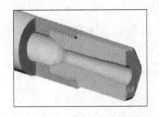

图 1-9　RateMax 超声波空气喷射器

1.2.2 矿浆和空气混流式浮选柱

矿浆和空气混流式浮选柱工程实践中使用较多，其高径比一般比空气直接式浮选柱小，按照充气方式可分为外加空气和自吸空气两种方式。采用气泡发生器的基本类型有文丘里管形式、静态混合器形式、渐缩管形式等三种。该型浮选柱经过多年的发展，形式呈现出多样性，比较有代表性的有 Jameson 浮选柱、旋流-微泡浮选柱（FCSMC）、CPT-Cav 浮选柱、CISA 浮选柱、KYZ-E 型浮选柱等。

1.2.2.1 Jameson 浮选柱[15,16]

Jameson 浮选柱由澳大利亚的 MIM Process Technologies 公司研制，为顺流式矮浮选柱。该浮选柱提出了高效矿化与降低浮选柱高度的观点，给浮选柱技术的发展注入了新的活力。

Jameson 浮选柱工作原理如图 1-10 和图 1-11 所示。其工作原理是：泵将矿浆经入料管打入下导管的混合器内，通过喷嘴喷射产生负压区，从而吸入空气产生气泡，矿粒和气泡

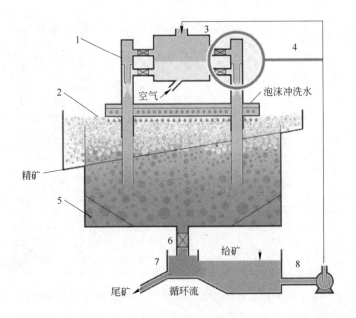

图 1-10　Jameson 浮选柱

1—下导管；2—泡沫区域；3—下导管给矿器；4—混合器；5—矿浆区域；
6—液位控制；7—外部循环；8—泵

在下导管内进行碰撞矿化，向下进入分离柱内，矿化气泡上升到柱体上部形成泡沫层，经冲洗水冲洗后流入精矿溜槽，部分尾矿经柱体底部排出，部分尾矿和新鲜矿浆混合作为新的给矿。该设备优点在于：

（1）矿粒与气泡的碰撞矿化主要发生在下导管内，柱体主要是实现矿化气泡与尾矿分离的作用以及少量的二次矿化，基本实现了矿化与分离的分体浮选策略。

（2）浮选柱高度低，由于气泡矿化过程不发生在柱体内，省去了常规浮选柱中的捕收区高度（约占总高度的80%）。

（3）矿粒在下导管内滞留时间短，一般粗选作业连同柱体内总驻留时间为1min，因而浮选效率高。

（4）下导管内矿浆含气率高达40%~60%，而普通浮选柱气溶率为4%~16%。

（5）矿浆通过混合头的喷嘴以射流状进入下导管，从而形成负压将空气吸入，省去了充气设备，唯一动力设备是给料泵，节省了生产投资和电耗。

该型浮选柱虽然有许多优点，但也存在不足：

（1）只对给料充气没有中矿循环，影响了浮选精矿的回收，尾矿也必须经过多级反复再选才能保证得到合理的指标。

（2）分离槽相对"静态"的层流环境虽然防止了矿浆扰动过大造成的矿化颗粒脱落，提高了矿物回收率，但也无法克服细粒矿物之间的非选择性团聚以及细粒脉石在气泡团中的夹杂，这又降低了精矿品位。

（3）下导管在分离槽内插入深度较大，易造成矿化气泡短路，使有用矿粒丢失于尾矿中等。

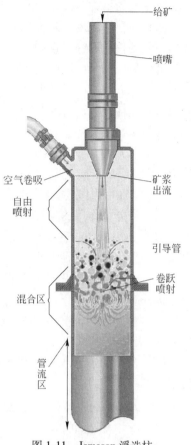

图 1-11　Jameson 浮选柱混合器工作示意图

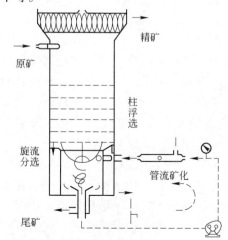

图 1-12　旋流-静态微泡浮选柱结构示意图

1.2.2.2　旋流-静态微泡浮选柱[17~20]

旋流-静态微泡浮选柱（FCSMC）是由中国矿业大学开发成功的一种浮选柱。其主要特点是浮选柱将管流矿化、旋流力场和逆流碰撞结合在一起，增加了浮选柱的适应性能。旋流-静态微泡浮选柱的主体结构包括浮选柱分选段、旋流分离段、气泡发生与管浮选三部分，如图1-12所示。整个设备为柱体，柱浮选段位于柱体上部，其采用逆流碰撞矿化的浮选原理，在低紊流的静态分选环境中实现微细物料的分选，在整个柱分选方法中起到粗选与精选作用；旋流分选与柱浮选呈上、下结构连接，构成柱分选方法的主体；旋流分选

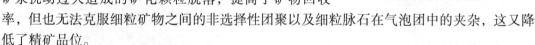

包括按密度的重力分离以及在旋流力场背景下的旋流浮选。这不仅提供了一种高效矿化方式，而且使浮选粒度下限大幅降低，提高了浮选速度。旋流分选以其强回收能力在柱分选过程中起到扫选、柱浮选中矿作用。管流矿化利用射流原理，通过引入气体及粉碎成泡，在管流中形成循环中矿的气-固-液三相体系并实现了高度紊流矿化。管流矿化沿切向与旋流分选相连，形成中矿的循环分选。该设备具有运行稳定、分选选择性好、效率高、处理能力大、电耗低、适应性强等特点。

其技术特点如下：

（1）采用自吸射流成泡方式形成微泡，过饱和溶解气体析出，提高了细颗粒矿化效率。

（2）三相旋流分选与柱浮选相结合，产生了按密度分离与表面浮选的叠加效应，保证了微细旋流分选作用的发挥。

（3）利用矿物的密度与可浮性的联系，将浮选与重选方法相结合，形成多重矿化方式为核心的强化分选回收机制。

（4）高效多重矿化方式是提高整个矿化效率的关键，管流矿化进一步提高了难浮物料的分选效率。

（5）静态化与混合充填构建了柱体内的"静态"分离环境，实现微细物料的高效分离。

（6）形成了有利于提高浮选精矿质量的合理分选梯度和泡沫层厚度，强化了二次富集作用。

1.2.2.3 CPT 空化浮选柱[21~24]

CPT 空化浮选柱是加拿大工艺技术公司（Canada Process Technology）开发的一种新型浮选柱。该浮选柱采用了利用空化作用在颗粒表面自然析出微泡（Pico-bubble）的方法来强化浮选的技术思路，微泡强化浮选的原理如图 1-13 所示。

浮选柱体内部结构借用 CPT-Slamjet 浮选柱，属于大高径比浮选柱类型顺流和逆流相结合的浮选柱，该类型浮选柱尤其适合于细粒级或微细粒级矿物的选别。

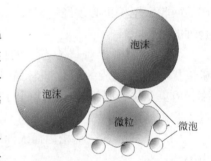

图 1-13 微泡（Pico-bubbles）强化回收的工作原理

空化浮选柱结构示意图如图 1-14 所示。其柱体部分主要由捕收区、精选区、循环区三大部分组成。其工作过程为：将经过浮选药剂处理后的浮选入料（矿浆），由距浮选柱顶部以下约 1~2m 处给入，在浮选柱底部安装有空腔谐振发泡器，发泡器由外部空压机给入一定压力的空气进入循环泵管后注入浮选柱体，经过空腔谐振发泡器后产生微泡，上升的气泡与下降的矿粒在捕收区接触碰撞，完成气泡矿化，并在浮选柱上部形成矿化泡沫层，在泡沫冲洗水的作用下，完成二次富集。

CPT 空化浮选柱的核心部件是空化微泡发生器。喷嘴是空化微泡发生器的关键部件，喷嘴结构的微小变化都将改变微泡发生器流场，对微泡的生成及矿化有很大的影响。通过泵将矿浆与空气混合好后加压输送至喷嘴入口。在喷嘴的作用下，矿浆形成射流，速度变大，流体压力能转化为动能，静压减小，溶于矿浆中的空气以微泡的形式析出，在射流产生的紊流作用下，微泡与矿粒碰撞吸附，并增长兼并。同时在射流的作用下，之前未溶于

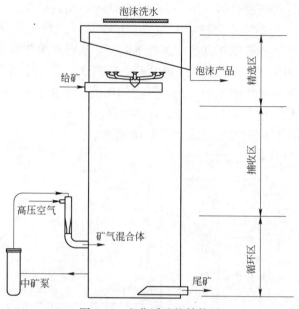

图 1-14 空化浮选柱结构图

矿浆中以连续相存在的空气掺入到矿浆中。矿浆从喉管高速喷出后进入扩散管，与气体之间存在滑移速度，形成速度间断面，射流核心区静压与速度保持不变，而射流边界层的纵向速度沿中心轴线向边界逐渐减小。在扩散管前半段，气体和矿浆之间存在横向动量传递，形成一定的速度梯度，产生的剪切力切割大涡流，增加微泡与矿粒的碰撞几率，提高了矿粒与微泡的黏着率。在扩散管后半段，随着速度的降低，矿浆掺气率减小，射流过程中掺入的空气以微泡形式析出。同时随着压力的增大，微泡被迅速分散，分布趋于均匀，有利于微泡的矿化，工作原理如图 1-15 所示。

典型的空化浮选柱的外形如图 1-16 所示。

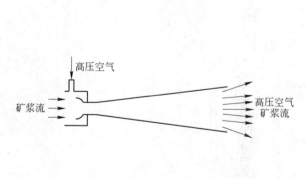

图 1-15 空化微泡发生器工作原理图

图 1-16 典型的空化浮选柱

1.2.2.4 CISA 浮选柱

CISA 浮选柱由 Microcel 浮选柱发展而来[24]，属于大高径比浮选柱的一种，一般高度在 10~13m，CISA 浮选柱结构示意图如图 1-17 所示。其工作原理与 CPT 空化浮选柱相似，不同的是该浮选柱采用静态混合器（In-Line static mixer）实现矿浆和空气的混合，气泡发生系统由嵌入式静态混合器和一台离心泵组成。尾矿从浮选柱的底部经由静态混合器泵出，在静态混合器内空气和矿浆在高剪切条件下混合，从而产生弥散泡沫。当空气和矿浆的混合物通过位于静态混合器内部的固定叶片时，空气受固定叶片强力剪切作用形成细小气泡，气泡发生器系统所产生的细小、均匀气泡的典型尺寸介于 $400 \sim 1200 \mu m$。气泡悬浮液从浮选柱底部进入后气泡会上升穿过浮选柱捕收区。

静态混合器在工业机型的安装形式如图 1-18 所示。

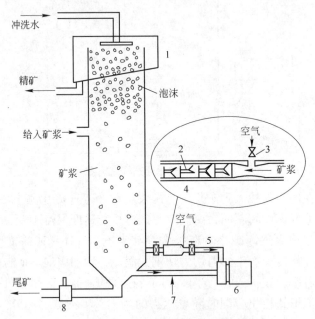

图 1-17　CISA 浮选柱结构示意图

1—冲洗水分配器；2—剪切部件；3—阀；4—静态混合器；
5—微泡发生器；6—泵；7—泡沫泵；8—控制阀

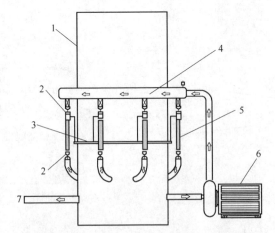

图 1-18　静态混合器在工业机型的安装形式

1—浮选柱柱体；2—隔离阀；3—环形空气管；4—矿浆分配管；
5—静态混合器；6—矿浆循环泵；7—尾矿管

1.2.2.5 KYZ-E 型浮选柱[25]

KYZ-E 型浮选柱是北京矿冶研究总院针对微细粒矿物高效选别开发的浮选柱。可以产生微细气泡，以紊流矿化为主，兼有逆流碰撞矿化，从柱体高度来说属于大高径比类型，底部配置有中矿循环泵，混流式充气器均布安装在浮选柱底部。

KYZ-E 型浮选柱结构如图 1-19 所示，浮选柱的结构主要由柱体、气泡发生系统、液位控制系统、泡沫喷淋水系统等构成。

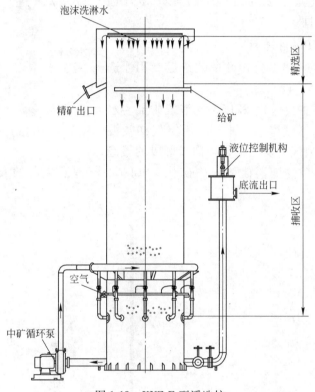

图 1-19 KYZ-E 型浮选柱

浮选柱的工作原理是：空气压缩机作为气源，气体经气体分配系统分配到各个充气器空气入口；中矿循环泵从浮选柱底部抽吸矿浆（循环矿浆量约为给矿量的 1~3 倍），中矿经矿浆分配系统分配到充气器的矿浆入口；矿浆和空气高速通过充气器，产生紊流碰撞而混合均匀。仅少部分气泡与矿粒碰撞黏着，大部分的新鲜气泡从柱体底部缓缓上升；矿浆由距顶部柱体约 2m 处给入，经给矿器分配后，缓慢向下流动，矿粒与气泡在柱体中逆流碰撞，被黏着到气泡上的有用矿物，上浮到泡沫区，经过二次富集后产品从泡沫槽流出。未矿化的矿粒随矿流下降经尾矿管排出。液位的高低和泡沫层厚度由液位控制系统进行调节。气泡发生系统由充气器、离心矿浆泵和空压机组成，能产生 400~1200μm 的气泡。该浮选柱具有紊流矿化和逆流碰撞矿化两种形式，微细粒选矿效率高。其主要技术特点如下：

（1）充气器可以在生产过程中进行在线检修和更换。

（2）底流高位排出，下游作业减少泵输送高差，液位控制阀门精度高，使用寿命长。

（3）紊流矿化与逆流矿化两种矿化方式共存。

（4）强化细泥的分散，大幅度节省药耗和气耗。

1.2.3　气和水混流式浮选柱

气水混流式浮选柱的工作原理和前面所描述的浮选柱相似，主要的不同点是水和气在气泡发生器内预先混合做成气泡，再注入浮选柱柱体的矿浆内，达到高效选别的目的。这里主要介绍 CPT 的 CoalPro 浮选柱和 KYZ-F 型浮选柱。

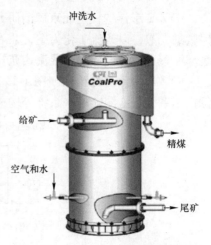

图 1-20　CoalPro 浮选柱结构示意图

1.2.3.1　CoalPro 浮选柱[26]

CoalPro 浮选柱是 CPT 公司开发的选煤专用浮选柱，其结构如图 1-20 所示。

CoalPro 浮选柱主要采用 SLJ-75 气泡发生器。水首先注入环形的总气管道中，并与高压空气初步混合，然后分配到各个气泡发生器中。初步形成的气泡喷射后在矿浆中与矿物逆流碰撞发生矿化。SLJ-7.5 气泡发生器的安装形式如图 1-21 所示。

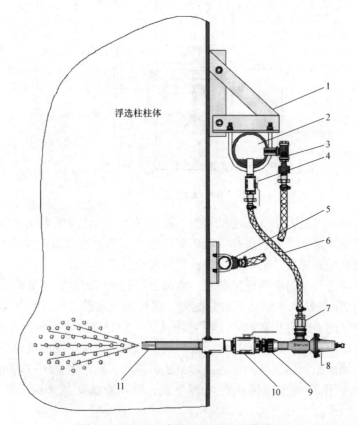

图 1-21　SLJ-7.5 气泡发生器的安装形式

1—总气管支架；2—总气管；3—检查阀门；4—隔离阀门；5—充气器水分配管；
6—柔性管；7—快速插头；8—调节针阀；9—密封胶套；10—大通径球阀；11—喷嘴

1.2.3.2　KYZ-F 型浮选柱

KYZ-F 型浮选柱的充气系统采用了外部气泡发生器，充气器工作时，高压水对透过微孔材料的高压空气进行剪切而形成微泡，气水比高达 25 左右，充气器结构如图 1-22 所示。形成气泡尺寸小于 1mm，充气系统可底层布置，也可底层和中层两层布置。进料由柱的上部给入给料分配盘，气体从柱的底部给入，气泡与矿粒通过逆流碰撞完成矿化。泡沫产品从上部排出，尾矿从底部排出。在上部设计了冲洗水装置，在内部设计了稳流板。该型浮选柱设计了先进的液位控制系统和充气量控制系统。

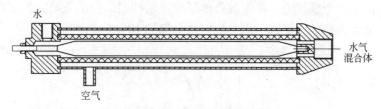

图 1-22　KYZ-F 型充气器结构简图

1.2.4　流态化浮选柱

针对浮选柱在粗颗粒选别的局限性，研究者将流态化分选引入浮选柱的研究中。近些年流态化浮选柱发展较快，出现了 HydroFloat 分选器和 Jameson 流态化浮选柱等适合于粗颗粒高效回收的浮选柱新技术。

1.2.4.1　Hydro Float 分选器[27]

Hydro Float 分选器可以归为充气流态化浮选柱的一种。将浮选柱的气泡发生技术引入流态化分选床中，将浮选和重力分选相结合，创造了一种静态化的适合粗颗粒的分选环境，提高了粗颗粒矿物的回收率。该设备可以用在煤矿、铁矿、工业矿物、贱金属矿和硫化矿等矿物选别上，在尾矿扫选和闪速浮选都可以应用。Hydro Float 分选器结构示意图如图 1-23 所示，主要有给矿器、泡沫槽、柱形槽体+锥形槽体、气水混流充气器和液位控制装置组成。其分选动力学区域由流态化充气区和脱水区组成。

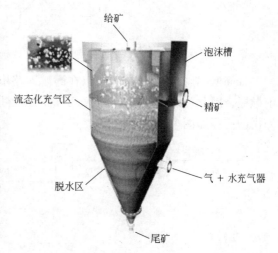

图 1-23　Hydro Float 分选器结构示意图

工作过程如下：从 Hydro Float 分选器上部的给矿器给入矿浆，粗颗粒的矿物在锥形柱体段快速浓缩形成流态化层。水气混合器安装在锥形体的中上部，产生气泡经过流态化层平稳分散后上升，目的矿物在柱形区域与上升的气泡碰撞，被气泡带到溢流堰从泡沫槽排出。

其工作过程的特点如下：

（1）增大黏着概率；

（2）减少湍流，可形成柱塞流环境；

（3）减小浮力限制；

（4）增大驻留时间。

1.2.4.2 Nova Cell 浮选柱[8,28,29]

Nova Cell 浮选柱由澳大利亚 Newcastle Jameson 教授发明。由浮选柱柱体、矿气混流气泡发生器、给矿器、中矿循环管路及矿浆泵构成。其主要的分选区域由泡沫层、分离区和流态化区组成。工作原理如图 1-24 所示，部分中矿和新鲜矿浆合并后从中矿管给矿，空气在中矿管顶部压入形成气泡，矿气混合体经过浮选柱底部向上流动，粗颗粒矿物形成流态化层。尾矿从浮选柱的中下部排出。泡沫从上部的泡沫槽排出。

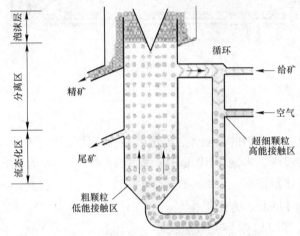

图 1-24 Nova Cell 浮选柱工作原理示意图

Jameson 教授认为该装置可以在磨矿回路中使用，实现半自磨排矿的粗颗粒选别，提前抛尾，因此可以大大减少下游球磨机的入磨量，节省功耗，减少球磨机的规格尺寸。其使用的流程如图 1-25 所示。

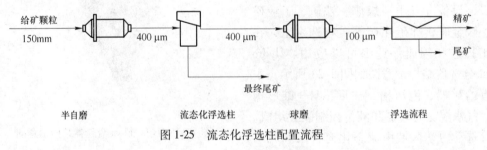

图 1-25 流态化浮选柱配置流程

1.2.5 充填介质浮选柱[15]

充填介质浮选柱与常规浮选柱相比，相同之处是矿浆和气泡都是逆向运行，几乎是静态条件下进行矿化泡沫与矿浆的分离，不同之处则是在充填介质浮选柱内轴向装有充填介质，如图 1-26 所示。

充填介质浮选柱是一种在浮选柱内轴向装有充填介质的逆流型浮选柱，几乎是在静态条件下进行矿化泡沫与矿浆的分离。与常规浮选柱比较，可以提高细粒矿物的浮选效率，其特点如下：

（1）充填介质造成了许多狭窄而曲折的通道，当空气上浮经过通道时，容易形成均匀的微泡，无需专门的微泡发生器就能实现微泡浮选；曲折的通道使微泡上升路线增长，使矿粒与气泡的碰撞概率和黏着效率增大；近于在静态条件下进行矿化泡沫与矿浆的分离。所有的这些特点都有利于提高微细矿物的浮选效率。

（2）由于充填介质隔板之间的细管作用，使充填介质浮选柱能够保持一个相对无限高的泡沫层，有利于采用强有力的泡沫冲洗技术，以克服细粒脉石的夹杂和脉石与有用矿粒之间的选择性团聚，这可在不影响回收率的情况下，增强"二次富集"作用，提高精矿品位。

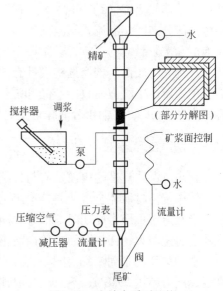

图 1-26　充填介质浮选柱

虽然充填介质浮选柱具有以上优点，但是在工业实践中应用并不常见，这是由于在实际生产中矿浆内往往夹带有杂物，易堵塞充填介质，影响工业生产的正常进行。同时，由于微小矿粒在柱体内运动距离和停滞时间太长，造成氧化程度加大而不利于非氧化矿的浮选。

1.2.6　Hybrid 浮选柱[30]

Hybrid 浮选柱是西门子矿业部开发的一种新型大高径比浮选柱。该浮选柱融合了混流式和空气直射式两种浮选柱的优势，其结构示意图如图 1-27 所示。该浮选柱采用变径柱形

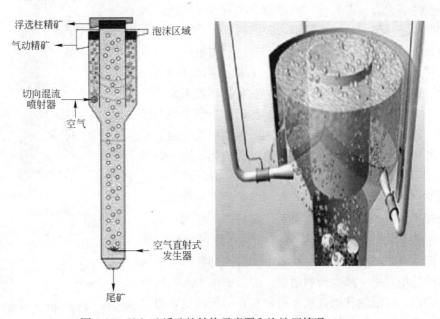

图 1-27　Hybrid 浮选柱结构示意图和泡沫区情况

结构，浮选柱上部（约3m高度）直径扩大了2倍，泡沫区域也相应增大，上部具有内外两种泡沫分选区。混流式气泡发生器采用渐缩管式结构，均布安装在浮选柱变径处，一般在泡沫和矿浆界面的下方，矿浆和空气混合体切向给入浮选柱。空气直射式气泡发生器安装在浮选柱的底部。该浮选柱设计有两种溢流堰不等高的泡沫槽，分别收集空气直射式气泡发生器所产生气泡捕收的产品和混流式气泡发生器捕收的泡沫产品。设计的规格不大，容积有 $2\sim16m^3$，在铜钼分离作业上有使用。

1.2.7 超声波浮选柱[31,32]

超声波浮选柱是超声波效应与传统浮选柱技术结合的一种复合力场浮选柱。当超声波在液体中传播时液体会发生声空化现象，声空化过程就是集中声场能量并迅速释放的过程。当在声波负压半周期时，如果声压幅值超过液体内部静压强，存在于液体中的微小气泡就会迅速增大，在相继而来的声波正压周期中气泡又绝热压缩而崩溃，在崩溃瞬间产生极短暂的强压力脉冲，气泡中间会产生接近 5000K 的高温，压力超过 50MPa，热点冷却时伴有强烈的冲击波（对于均相液体媒质）和速度高达 110m/s 的微射流（对于非均相媒质）。冲击波和微射流作用会在界面之间形成强烈的机械搅拌效应，而且这种效应可以突破层流边界层的限制，强化界面间的理化效应。这就为矿物加工中的界面反应提供了一个理想环境。

CFZ 浮选柱是北京矿冶研究总院在 2009 年开发成功的一种超声波浮选柱。CFZ 超声波浮选柱结构如图 1-28 所示。超声波细粒浮选柱系统主要由浮选柱柱体、气泡发生装置、气源装置、超声波发生装置等组成。其工作原理是：矿浆从给矿管给入浮选柱，上部超声波发生装置在给矿管的下方 0.5~1.0m 处，利用超声波分散给入浮选柱内矿浆中的固体颗粒，有助于团聚体破碎；并通过超声波的搅拌和振动作用，对矿物颗粒表面进行清洗，除去矿物微细颗粒表面的细泥，减少细粒的夹带损失；超声波直进流的螺旋式作用可以使矿浆得到更充分的混合；对矿浆中的药剂进行第一次乳化，缩短药剂发生作用的时间。经过超声波作用后的矿浆和药剂矿化作用增强，部分与气泡黏附，作为精矿进入泡沫层。余下未被矿化的矿物颗粒继续沿着浮选柱向下移动，在捕收区中部安装的超声波发生装置对其产生进一步的作用，即改善矿物的表面化学性质、促进药剂乳化、增加药剂的使用效率、减少药剂用量；加强矿浆中活性氧的解析作用，使活性气泡直接在粗颗粒和微细颗粒表面析出，避免惯性碰撞的缺陷，增大了浮选柱的回收率。布置在浮选柱底部的超声波发生装置，距气泡发生器距离

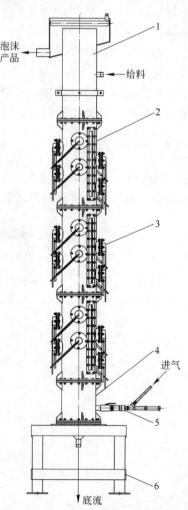

图 1-28 CFZ 超声波浮选柱结构示意图
1—泡沫段；2—超声段；3—超声振子；
4—充气段；5—气泡发生器；6—支架

0.3~0.5m。超声波的空化作用促进气泡发生器喷射出的气泡在短距离内在浮选柱截面内分布均匀。增大了气泡与矿物颗粒的碰撞概率，强化即将排出浮选柱的有用矿物颗粒的选别，使尾矿矿浆在粗颗粒和微细颗粒表面直接析出活性气泡，再次将其拣选出，保证总体的回收率。

除处理超声波直接作用浮选柱外，北京矿冶研究总院还开发了超声波预处理柱浮选系统，如图 1-29 所示。微细粒矿物首先给入超声预处理装置内，经过三段超声预矿化作用后，被迅速送入浮选柱内进行浮选。在超声第一预处理阶段，通过超声波的搅拌和振动作用，使团聚体破碎，实现矿浆中固体颗粒的高效分散；在超声预处理第二阶段，利用超声波的高频振动特性对矿物颗粒表面进行清洗，除去微细颗粒矿物表面的细泥，减少细粒的夹带损失；在超声预处理第三阶段，该结构下持续产生的螺旋式超声直进流力可以使矿浆得到进一步的混合，并实现矿浆中药剂的超声乳化，缩短药剂发生作用的时间。三阶段超声作用效果即次序发生交互作用。经超声激励后的矿浆通过输送泵迅速进入微细浮选柱内进行浮选，在 E 型气泡发生器作用下，矿浆和空气在其内部高速通过，产生紊流碰撞而混合均匀。部分微细粒矿物在这种剧烈作用下实现矿化，同时在浮选柱内产生大量新生气泡，新生气泡缓慢上升与超声作用后的矿物颗粒发生碰撞矿化，最终形成微细粒精矿产品。

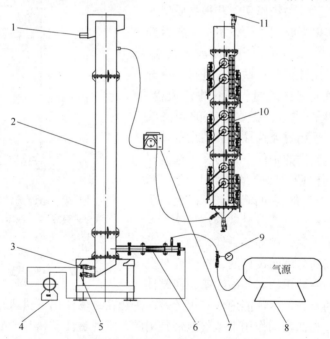

图 1-29　CFZ 超声波预处理浮选柱的结构示意图

1—精矿口；2—常规浮选柱；3—循环出浆口；4—循环泵；5—尾矿口；6—E 型混合充气器；
7—蠕动泵；8—气源；9—流量计/气压表；10—超声预处理柱；11—给矿口

CFZ 超声波浮选柱的主要技术特点如下：

（1）超声波强度、频率、作用时间可实时调节；

（2）超声螺旋结构下矿浆的充分混合；

（3）矿石强效清洗去泥，药剂高效乳化；

（4）超声预处理矿浆即速输送与浮选技术；

（5）紊流矿化与逆流矿化共同作用。

该浮选柱适用于有色金属矿山、非金属矿山和废油污水处理行业。尤其适合选矿工艺流程中的精选及尾矿再选作业；磨矿细度不超过 0.037mm（400 目），对于泥化较严重的作业其分选效果尤为显著。

1.2.8 磁浮选柱

磁浮选柱是将电磁引入传统浮选柱的一种复合力场浮选柱。适用于磁性矿物与非磁性矿物的分离，尤其是对强磁性矿物与可浮性较好的脉石矿物之间的分离。近几年来，北京矿冶研究总院和中国矿业大学都有这方面的研究。

北京矿冶研究总院的 CF 磁浮选柱具体结构如图 1-30 所示。该设备的特点在于将传统的磁选和浮选结合起来，在同一台设备里形成磁浮力场，利用有用矿物的磁性和脉石矿物的可浮性差异，使磁性矿物在脉冲磁场作用下获得高质量的精矿。磁浮选柱可以同时在一台设备里完成磁选和浮选两个过程，一次分选相当于以前的磁选、浮选两段分选。采用该设备对铁精矿进行反浮选作业，可以提高铁精矿的质量，简化生产流程，降低能耗，减少生产成本，提高企业的经济效益。根据对磁铁矿采用磁浮选柱精选的大量试验研究表明，在同一矿样的条件下，与反浮选流程相比，采用磁浮选柱精选回收率提高 1.5%，精矿品位提高 1% 以上，能耗可降低 60% 以上，明显优于传统的磁选和浮选两段分选的流程[33]。

磁浮选柱是用于磁铁矿等强磁性矿物与可浮的非磁性矿物之间的分离而设计的，在研究与设计时充分考虑了强磁性矿物与非磁性矿物在磁性

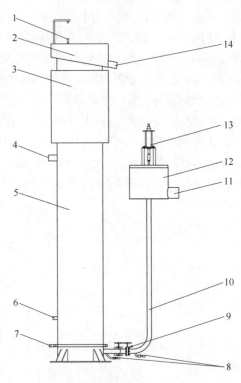

图 1-30 磁浮选柱的基本结构

1—液位探测器；2—泡沫槽；3—电磁线圈；
4—给矿口；5—柱体；6—补加水管；7—给气管；
8—冲洗水；9—底阀；10—精矿管；11—精矿出口；
12—接矿槽；13—气缸；14—泡沫出口

和可浮性等方面的差异，尽可能地使有用的磁性矿物在磁场作用下进入精矿区，而对于非磁性的脉石矿物，在捕收剂作用下被气泡带到尾矿，实现磁性矿物与非磁性矿物的高效分离。在常规磁选机分选过程中，众多颗粒经磁场磁化，桥连在一起，以颗粒群的方式集体被吸向磁极，由于磁性夹杂和机械夹杂，单体脉石和连生体被包裹在其中，从而降低了精矿的品位。为了避免常规磁选设备的非磁性夹杂，CF 磁浮选柱采用脉冲交变的电磁磁场，线圈脉冲时间和产生的电磁磁场在一定范围内连续可调；随着电流的变化，磁场强度也产生变化，这样使得磁性絮凝物在脉冲磁场作用下受到强烈破坏，非磁性和弱磁性颗粒在脉冲磁场作用下与磁性颗粒分离，最终使非磁性矿物脱离磁链，并被气泡捕获后上升到溢流槽，作为尾矿排出，而磁性颗粒在重力作用下从底部排矿口排出。另一方面，由于在柱体上部设置了电磁磁场，矿浆中的磁性物在上升过程中受到磁场向下的作用力，黏着在气泡

上或被非磁性夹杂的磁性矿物很难被带入泡沫区，起到了抑制磁性矿物的作用，可以有效地提高磁性矿物的回收率。

大型 CF 磁浮选柱的显著的特点如下：

（1）采用自动化的液位控制系统，确保液位的稳定和设备的正常运行。

（2）空气喷射器采用国际领先的技术，避免因堵塞引起的各种问题，而且更换非常方便。

（3）脉冲磁场电源采用数字控制技术，能够对磁场强度和脉冲时间进行精确调节。

（4）该设备主要靠浮力和磁场力实现脉石矿物的分离，柱体内矿浆整体向下流动，无需上升水流，避免了因产生上升水所需的大量耗水。

（5）采用该设备可以替代部分精选设备，用于弱磁选之后的提精降杂作业可以减少分选段数，缩短流程，提高分选效率。

1.3　柱浮选技术的发展趋势

自 20 世纪 80 年代以来，浮选柱的发展出现了方兴未艾的局面，浮选柱的发展和应用取得了重大突破，一批新型浮选柱脱颖而出，浮选柱应用范围不断扩大。纵观几十年国内外浮选柱的研究现状，浮选柱新的进展总体来说表现在以下五个方面：

（1）碰撞矿化和析出矿化方式快速融合，促进浮选柱的应用范围不断扩大。由于浮选柱无机械搅拌器和传动部件，与浮选机相比，浮选柱具有结构简单、制造容易、占地小、维修方便、操作容易、节省动力、对微细颗粒分选效果好等优点。随着柱浮选技术的日益成熟，浮选柱应用领域逐步扩大，目前已应用于多种矿物原料的分选，如硫化矿物（黄铜矿、辉钼矿等）、氧化矿物（氧化钨矿、磁铁矿、赤铁矿等）、工业矿物（硫酸盐矿、钾盐矿和磷酸盐矿物等）、石墨及其他非金属矿的分选等。

（2）入选粒级的范围不断扩大，由微细粒选别向粗颗粒选别延伸。浮选柱由浮选流程向磨矿分级回路中的闪速浮选或半自磨排矿分选直接抛尾流程推进。采用流态化浮选柱快速回收大颗粒目的矿物，减少后续作业的入磨量，降低功耗和运行成本。

（3）由精选作业向粗扫选作业扩展，促进工艺流程变革。浮选机与浮选柱联合配置技术日益成熟。同时全流程柱浮选技术在国外多个矿山都有应用，但其可靠性和高效性还有待深入研究。

（4）浮选柱由单一型号向多种型号联合优化配置方向发展。多种浮选柱的出现，为选厂由原来只选用一种型号的浮选柱转变为根据各个作业的工艺特点选用多种型号浮选柱优化联合配置提供了条件，更有利于提高选矿指标和节省能耗。

（5）复合力场浮选柱快速发展。旋流-静态微泡浮选柱将旋流力场和浮选相结合，超声波浮选柱将超声波空化作用与浮选相结合以及磁浮选柱等技术促进了复合力场技术的多样化。

参 考 文 献

[1] Julius. Flotation column, 2008—2009.

[2] 刘殿文, 张文彬. 浮选柱研究及其应用新进展 [J], 国外金属矿选矿, 2002 (6).

[3] 彭寿清, 浮选柱的发展和应用 [J]. 湖南有色金属, 1998, 3 (2): 14-16.

[4] Kohmuench J, Mankosa M, et al. Advances in coarse particle recovery fluidized-bed flotation [C]. XXV IMPC, 2010: 2065.

[5] Peleka E N, Lazaridis N K, Mavrosl P, et al. A new hybrid flotation-microfiltration cell [C] // Centenary of Flotation Symposium. Brisbane, QLD, 6~9 June, 2005.

[6] Krieglsteinl W, Grossmann L, Fleck R, et al. Flotation tests with porphyry copper ores using a laboratory-size hybrid flotation cell [C]. XXVI IMPC, 2012: 2541.

[7] Imhof R, Fletcher M, et al. Application of imhoflot g-cell centrifugal flotation cell [C] // Southern Africa Institute of Mining and Metallurgy, 2007 (10).

[8] Greame J Jamson. Experiments on the flotation of coarse composite particles [C]. XXVII IMPC, 2014.

[9] 杨琳琳, 程坤, 文书明. 浮选柱的研究现状及其进展 [J]. 矿业快报, 2008. 1.

[10] 王冲. CPT 浮选柱在铜选厂的应用实践 [J]. 云南冶金, 2014. 2.

[11] 沈政昌, 陈东, 史帅星, 等. BGRIMM 浮选柱技术的发展 [J], 有色金属 (选矿部分), 2006.

[12] 史帅星. KYZ-B 浮选柱发泡器喷嘴流体动力学数值模拟 [J]. 有色金属 (选矿部分), 2008. 5.

[13] 沈政昌, 史帅星. KYZ-B 型浮选柱系统的设计研究 [J]. 有色金属 (选矿部分), 2006. 4.

[14] М·Г·维杜耶茨基. 乌拉尔选矿研究设计院研制的新型浮选柱 [J]. 国外金属矿选矿, 2002. 4.

[15] 沈政昌, 史帅星, 卢世杰, 等. 浮选设备发展概况 (续一) [J]. 有色设备, 2004 (6).

[16] Cowburn J, Harbort G, Manlapig E, et al. Improving the recovery of coarse coal particles in a Jameson cell [J]. Minerals Engineering 19 (2006): 609 – 618.

[17] 刘炯天. 旋流-静态微泡柱分选方法及应用 (之一): 柱分选技术与旋流-静态微泡柱分选方法[J] 选煤技术, 2000 (1): 42-44.

[18] 刘炯天. 旋流-静态微泡柱分选方法及应用 (之二): 柱分离过程的静态化及其充填方式 [J]. 选煤技术, 2000 (4): 1-5.

[19] 刘炯天. 旋流-静态微泡柱分选方法及应用 (之三): 射流微泡与管流矿化的研究 [J]. 选煤技术, 2000 (3): 1-4.

[20] 刘炯天. 旋流-静态微泡柱分选方法及应用 (之四): 旋流力场分离与强化回收机制 [J]. 选煤技术, 2000 (4): 1-4.

[21] 夏敬源, 杨稳权, 柏仲能. 浮选柱在云南胶磷矿选矿中的应用研究 [J]. 矿冶, 2009 (3): 10-14.

[22] 夏敬源, 李耀基, 杨稳权. 空腔谐振式浮选柱在胶磷矿选矿中的动力学参数研究 [J]. 有色金属 (选矿部分), 2013. 1.

[23] 李敏, 李浙昆, 邹昶方. 基于 FLUENT 的混流式微泡发生器喷嘴结构参数分析 [J]. 昆明理工大学学报, 2009. 34: 74-77.

[24] A 卡佐尔拉, J M 西门尼斯. Microcel 气泡发生器在西班牙选矿厂浮选柱上的应用 [J]. 国外金属矿选矿, 1994. 4.

[25] 沈政昌, 陈东, 史帅星, 等. BGRIMM 浮选柱技术的发展 [J], 有色金属 (选矿), 2006.

[26] Canada Process Technology, CoalPro Manual, 2001. 10.

[27] J. Kohmuench, M. Makosa, E. Yan, et al. Advanced in coarse particle recovery fluidised-bed flotation [C]. XXV IMPC, 2010: 2065-2070.

[28] Graeme J Jameson. New directions in flotation machine design [J]. Minerals engineering, 2010 (23): 835-841.

[29] Jameson, Graeme John. Method and apparatus for flotation in a fluidized bed [J]. Patent, AU2008221231, 2008.

［30］ MERGENTHALER，ROBERT，MERGENTHALER ROBERT. Hybrid float switch，Patent，US4805066A，
1989.

［31］ 韩登峰，浮选柱利用超声波技术的试验研究［D］，北京：北京矿冶研究总院，2010.

［32］ 沈政昌，卢世杰，史帅星，梁殿印．一种矿物浮选柱［P］：中国，200910089189.5. 2012-10-10.

［33］ 冉红想．提纯降杂磁浮选装置的研究［D］．北京：北京矿冶研究总院，2004.

2 柱浮选技术理论基础

柱浮选作为浮选技术的一个重要分支，囊括了以浮选柱为主体设备的浮选流程、设备配置及药剂制度。但就浮选技术本身而言，无论其组成元素如何，最终都是要以实现良好的分选性能为目的，营造适宜的矿物浮选动力学环境。本章先介绍浮选柱性能评价的常用参数，然后阐述柱浮选动力学基础理论，为柱浮选技术的开发与应用提供依据。

2.1 浮选柱性能常用参数

柱浮选技术理论研究的不断深入，揭示了给矿速率、表观气体流速、气体保有量、气泡表面积通量、泡沫层厚度、偏流速率等变量对浮选柱分选效果的重要影响，这些变量也就成为了浮选柱性能评价的常用参数。

2.1.1 表观给矿速率

给矿速率是表征浮选柱处理量的参数，通常用 J_f 表示，单位为 cm/s。给矿速率过小，会浪费浮选柱有效容积，增加不必要的经济投入；给矿速率过大，矿浆驻留时间相对不足，又会影响精矿品位和回收率。1993 年，研究人员[1]对浮选柱应用情况进行了调查，见表 2-1。结果表明，浮选柱的给矿速率应依据矿石性质、流程配置、设备规格及预期的浮选指标来设定。当矿石性质波动范围很大时，应考虑在浮选流程中安装多台并行的浮选柱，还要在操作过程中设定适宜的给矿速率。

表 2-1 不同选厂浮选柱的给矿速率

矿 山	浮选柱规格 $Dc \times Hc$ /m×m	应 用	J_f /cm·s^{-1}	精矿流速 /t·h^{-1}
特里米尔山 (Three Mile Hill)	2.90×14.3	铜精选	2.44	10.00
菲米索 (Fimison)	3.95×17.3	金粗选	1.60	15.00
	2.95×12.0	金/铜	5.51	0.58
	1.40×12.0	金粗选/铜精选	5.52	0.09
马克莱斯 (Macraes) 矿业公司	2.90×11.3	金	3.36	1.77
	2.01×11.6	金	2.19	0.89
泰夫莱 (Tefler) 金矿	0.90×5.9	铜精选	1.30	0.25
西弗吉尼亚 (West Virginia)	3.66×9.76	煤	1.80	15.00
	3.05×14.6	煤	1.94	22.00
CANMET	0.76×7.9	煤	2.00	0.50
阿拉斯加、亚利桑那，墨西哥	2.44×12.2	铅/锌/铜	2.53	15.00
加利福尼亚	1.22×9.76	金	3.03	8.00

矿　山	浮选柱规格 $Dc \times Hc$ /m×m	应　用	J_f /cm·s⁻¹	精矿流速 /t·h⁻¹
爱达荷	0.76×9.76	锌	2.59	4.00
伊　萨	2.50×13.0	铅/锌混合	1.00	8.00
	2.50×16.0	锌再处理	1.20	5.00
	2.50×16.0	铜再处理	2.00	8.00
	2.00×11.0	锌回路	1.20	5.00
印度，奥里萨地区研究实验室	0.22×3.5	煤	1.75	0.06
	1.0×5.0	煤	1.2	1.50
加斯佩（Gaspe）矿	1.83×12.2	铜精选	1.79	3.40
弗吉尼亚，波威尔（Powell）煤业	2.4×6.7	煤	0.63	1.80

2.1.2　表观充气速率

表观气体速率指单位时间内通过浮选柱截面的气体流量，通常用 J_g 表示，单位为 cm/s。它在很大程度上决定了气泡的大小、数量，并会对浮选速率常数产生重要的影响。表观气体速率增加，产生的气泡数量增加，气泡直径也会相应增加，这将直接影响泡沫精矿的品位和回收率。D. Tao 等[2]进行了泡沫稳定性对浮选柱煤效果的影响试验，如图 2-1 所示。随着表观气体速率增大，精矿泡沫中可燃组分、灰分、水的回收率均增加。当 $J_g \geqslant$ 2cm/s，灰分和水的回收率急剧上升。表观气体速率增加至高峰值后，由于减小了气泡在泡沫区的驻留时间而减少了气泡兼并产生的排水效应，导致水的回收率增

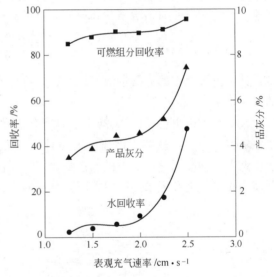

图 2-1　表观气体速率对浮选效果的影响

加。矿粒上浮所需的空气量取决于颗粒的大小和气泡的大小，气泡的大小受供气压力的影响。表观气体流速太小，泡沫区易发生聚集而形成死区，影响精矿品位；表观气体流速太大，会造成浮选柱"溢泡"现象，影响回收率。

测量表观气体流速的方法主要有以下三种方法：

（1）排水集气法。浮选柱表观气体流速的测量采用排水集气法进行，如图 2-2 所示。首先在浮选柱内选择若干个具有代表性的测量点，然后用一个标定高度的、一端封闭的有机玻璃管，在每个测点先充满水，然后垂直倒置插入清水或矿浆中，要保证管口低于液面，当液面下降到第一个测量标志时开始计时，到第二个测量标志时停止计时，记录下所用的时间。以同样的方法进行下一点的测量，直到所有的测点全部测完。为保证测量的准

确性，每个测量点重复测量两次，如果两次测量误差较大，需进行第三次测量。然后，计算出每点的表观气体流速。

浮选柱的表观气体速率可以用单位时间内通过柱体单位横截面上的气体流速来表示，计算公式见式（2-1）。

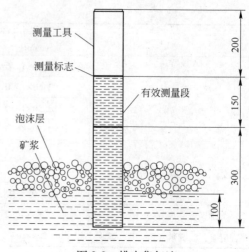

图 2-2 排水集气法

$$J_g = \frac{V}{t \times S} = \frac{S \times L}{t \times S} = \frac{L}{t} \qquad (2-1)$$

式中 J_g——测量点表观气体速率，cm/s；

V——从测量工具中排开清水的体积，cm^3；

S——测量工具的截面积，cm^2；

L——有效测量段的长度，cm；

t——测量时间，s。

先计算出每个测量点排水时间的平均值，代入式（2-1），计算出各点的平均表观气体流速 J_g，也可转换计算充气量水平 Q（$m^3/m^2/min$），计算公式见式（2-2）。

$$Q = \frac{5}{3}J_g \qquad (2-2)$$

计算出各个点的充气量值 Q，然后计算所有测量点的充气量平均值 $\overline{Q}$，即代表浮选柱的充气量水平。

（2）McGill 开-关阀感应器[3]。这个传感器由两个管子（一般直径为 10cm）组成，一个感应器和一个扩散器，顶部可关闭且外壁连接着一个阀门和压力传感器，如图 2-3 所示。压力传感器用一个电子板连接获取信号提供给计算机进行下一步分析。有标记的传感器用来收集气泡和记录当阀门关闭时增加的压力。

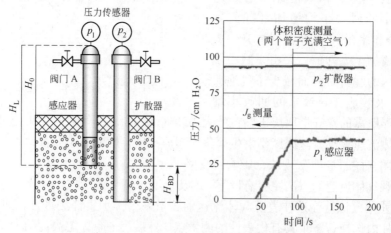

图 2-3 McGill 开关阀测量装置示意及测量压力信号

J_g 值大小取决于压力随着时间增加的梯度变化，计算公式见式（2-3）。

$$J_g = \left\{ \frac{p_{atm} + \rho_b \cdot H_L}{\rho_b \cdot [p_{atm} + \rho_b \cdot (H_L - H_0)]} \right\} \cdot \frac{dp}{dt} \tag{2-3}$$

式中 p_{atm}——当时大气压力，以水柱高度 cm 表示；

H_L——传感器管子的总长度；

H_0——传感器顶部与浮选机溢流堰间的距离；

ρ_b——按照传感器和扩散器管子里充空气时的压力差计算的充气矿浆的密度，g/cm^3：

$$\rho_b = \frac{p_2 - p_1}{H_{BD}}$$

p_1，p_2——以水柱高度计的压力，cm；

H_{BD}——两个管子底部间的距离，cm。

（3）McGill 连续感应器。采用的感应电子管顶部带有 1 个压力传感器和 1 个具有刻度标记的孔口，如图 2-4 所示。气泡进入管子，而空气通过带有刻度标记的孔口溢出。管子中的液位降低直至达到平稳状态。

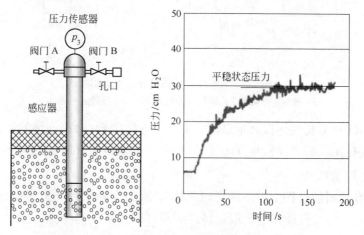

图 2-4　McGill 连续测量装置示意及测量压力信号

J_g 以截面上带有刻度标记的孔口的压力降 Δp 估计，计算公式见式（2-4）。

$$J_g = a \cdot \sqrt{\frac{\Delta p}{\rho_a}} + b \tag{2-4}$$

式中 a，b——经验常数；

ρ_a——空气的密度。

2.1.3 气体保有量

当气体进入浮选柱时，矿浆或水的体积就会被空气所占据。空气在全部混合物（矿浆与空气）中所占据的体积分数称为气体保有量 ε_g，其补集 $1-\varepsilon_g$ 为液体保有量。

气体保有量的增加会导致目的矿物回收率的增加，精矿品位逐渐降低；不同矿物达到最佳分选效果时，所对应的气体保有量大小不相同，由此说明，气体保有量对矿化效率有一定影响，从而影响浮选精矿品位和回收率。通过气体保有量的调控可优化浮选过程，提高浮选效率。浮选过程中，气泡尺寸直接影响气含率的大小，而影响气泡尺寸和气体保有量大小的参数很多，其中充气压力、充气速率和起泡剂用量是最关键的因素。

　　气体保有量可通过一系列方法测量出来（见图2-5）。方法（a）测量的是整个容器的气体保有量，方法（b）和（c）测量的是给定容器的局部气体保有量。方法（b）中给定部分由两个压阀之间的距离决定；方法（c）中给定部分由探头之间的信号路径决定。方法（b）和（c）可用于测量气体保有量的轴向变化。方法（c）加以调整可用来测定柱体内特定点的气体保有量。

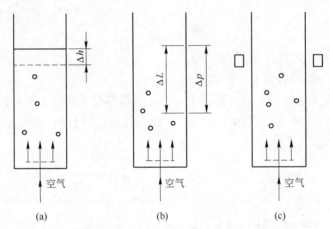

图 2-5　气体保有量测试方法示意图
(a) 液面上升测量法；(b) 压力差测量法；(c) 传感器测量法

　　采用方法（b）分析气体保有量是最简单的，方法（a）会因泡沫的干扰而产生误差，方法（c）需要标定，二者经常与方法（b）所确定的气体保有量存在差距。

2.1.3.1　测量理论

　　在气体保有量测量过程中，应该考虑气体-矿浆的实际情形。为简化方法，可以忽略压力的动力分量，并且假设气泡负重很轻，从而可以忽略气泡-颗粒聚合密度，得出 A 处和 B 处的压力（见图2-6（a））。

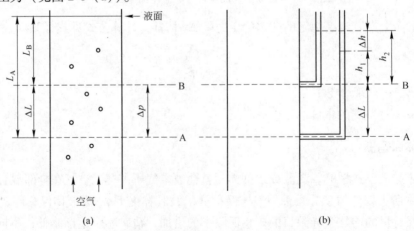

图 2-6　浮选柱气体保有量压力测试法
(a) 常规方法；(b) 水压计测量法

$$p_A = \rho_{sl} g L_A (1 - \varepsilon_{gA})$$
$$p_B = \rho_{sl} g L_B (1 - \varepsilon_{gB})$$

ρ_{sl} 为矿浆密度，ε_{gA}、ε_{gB} 为在面 A、B 上各自的气体保有量（$L(1-\varepsilon_g)$ 的值等于没有气体时的矿浆的高度）。因此，A 和 B 之间的压力差 Δp：

$$\Delta p = \rho_{sl} g \Delta L (1 - \varepsilon_g)$$

ε_g 是 A 和 B 之间的气体保有量，重新调整后，ε_g 见式（2-5）。

$$\varepsilon_g = 1 - \frac{\Delta p}{\rho_{sl} g \Delta L} \tag{2-5}$$

ε_g 是在距离 ΔL 上实测的，柱内其他位置的气体保有量不是它的影响因素。沿着浮选柱有间隔的重复测量，可以确定 ε_g 随着高度变化的分布图。

用充满水的压力表测量压力（见图 2-6（b））：

$$p_A = \rho_W g (\Delta L + h_1)$$
$$p_B = \rho_W g h_2$$

因此：
$$\Delta p = \rho_W g (\Delta L - \Delta h)$$

当上压力计的液面比下压力计的液面高时，Δh 为正（当 Δh 为正时，捕收区的容密度比水小；当 Δh 为负时，捕收区的容密度比水大），那么得出 ε_g，见式（2-6）。

$$\varepsilon_g = 1 - \frac{\rho_W}{\rho_{sl}} \left(1 - \frac{\Delta h}{\Delta L}\right) \tag{2-6}$$

2.1.3.2 测量操作

在三相系统中必须了解压阀之间的矿浆密度，还要明确 ε_g 对 ρ_{sl} 的灵敏度。

考虑到压力是由水压力计测量的，假定 $\rho_{sl} = \rho_W$，由式（2-6）可推导出：

$$\varepsilon_g = \frac{\Delta h}{\Delta L} \tag{2-7}$$

这是测定气-水系统气体保有量的方法，对矿浆来说，式（2-7）给出的是表观保有量 ε_{glapp}。实际保有量 ε_g 和 ε_{glapp} 的关系见式（2-8）。

$$\varepsilon_g = 1 - \frac{\rho_W}{\rho_{sl}} (1 - \varepsilon_{glapp}) \tag{2-8}$$

实际气体保有量与表观气体保有量的关系如图 2-7 所示，在实际保有量和表观保有量之间有一个明显的差异。例如，$\rho_{sl} = 1.3 \text{g/cm}^3$（相当于黄铜矿质量百分数为 30% 的矿浆浓度），实际气体保有量为 20%，表观保有量要比此值小 4%。用压力传感器也会出现相同的问题：假设 $\rho_{sl} = \rho_W$，通过校对方程（2-5），可得出表观保有量比实际保有量小 4%。上面的例子具有特殊性，但却说明了重点，要得到精确的气体保有量必须知道 ρ_{sl}。

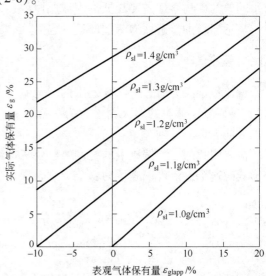

图 2-7 实际气体保有量与表观气体保有量的关系

在浮选过程中，水和气体夹杂的固体物会使问题更加复杂，引起ρ_{sl}的轴向变化，气泡-颗粒聚合体零密度的假设在某些情况下不再适用。一种解决方法是在浮选柱底部附近选取一段测量Δp，该处的气泡负载比较轻，用底流矿浆密度评估整个浮选柱内的矿浆密度。假如颗粒粒度大于$30\mu m$（d_{80}），必须修正颗粒和液体的相对下降速度。

压力方法也有一些实际问题，比如气泡和固体颗粒有可能进入压力表臂。在气-液系统中，气泡可以通过多孔塞或压力臂在容器上的下倾角的连接方式来阻止。在气-浆系统中，固体可通过一个小的下降流排除。安装在浮选柱侧面或探头上的压力传感器可以排除大部分水压力计的操作问题，还能够为浮选过程的监控和操作提供连续的模拟信号。

2.1.4　气泡表面积通量

气体分散作用要产生表面积足够大的小气泡。单位时间内浮选设备单位表面积产生的气泡界面称为气泡表面积通量（S_b）。气体表面积通量与空气分散度的作用相同，是表示气体分散程度的常用变量，同时也是将气体分散与浮选行为直接联系在一起的重要参数。一般情况下，空气分散度用于实际生产，而气体表面积通量则主要用于学术研究，后者的特点在于将气体表面流速与气泡尺寸结合到单一的变量中。

对于气体表面速度为J_g的一群平均尺寸为d_b的气泡，可由几何学推导它的气泡表面积通量，见式（2-9）。

$$S_b = 6J_g/d_b \tag{2-9}$$

从式（2-9）可知气体表面积通量与表观气体速率成正比，与气泡平均直径成反比。

2.1.5　泡沫层厚度

浮选柱泡沫层厚度的变化对浮选柱的选别指标影响较大，一般需保持有较厚的泡沫层（$500\sim1200mm$）。颗粒-气泡结合体在浮升过程中以及在泡沫层内，由于相互碰撞或其他原因发生气泡兼并、破裂，会导致脱附的发生。泡沫层厚度与柱体横截面的大小及起泡剂性质等密切相关。浮选柱泡沫层过高，导致气泡运载能力减小，矿化颗粒的脱附概率增大。疏水性差的矿物浮选需要较低的泡沫层厚度，以便增加回收率。若要求获得较高的精矿品位，可适当增加浮选柱泡沫层厚度。

2.1.6　偏流量

偏流量定义为通过泡沫区的水的净流量（等于底流中水的流量与给矿中水的流量的差值）。常以表观速率的形式表示为J_B（净流量/横截面积，单位为cm/s），向下方向为正，向上方向为负。

需要注意的是，偏流量的控制一般要依据给矿量和底流量的差值来进行，采用表观速率形式时这个差值可以表示为：

$$J_{T-F} = J_T - J_F \tag{2-10}$$

式中　J_{T-F}——底流速率与给矿速率差值，cm/s；

　　　J_T——底流速率，cm/s；

　　　J_F——给矿速率，cm/s。

依据体积流量平衡，可以推导J_B与J_{T-F}的关系为（见图2-8）：

$$J_B = J_{Cs} + J_{T-F} \tag{2-11}$$

式中 J_{Cs}——单位浮选柱横截面积内进入精矿中的固体体积流量，cm/s。

假设浮选柱直径 $d_c = 1m$；$J_F = 1.06cm/s$（给矿量 $Q_F = 500L/min$），精矿回收率为 80%。改变给矿中的固体体积质量分数（也就是在改变 J_{Cs}）。固体体积质量分数大于 12% 时，J_{Cs} 大于 0.1cm/s，此时如果设定 $J_B = 0.1cm/s$，则 J_{T-F} 为负值；如果设定 $J_{T-F} = 0.1cm/s$，则 J_B 大于 2 倍的 J_{T-F}（见图 2-9）。

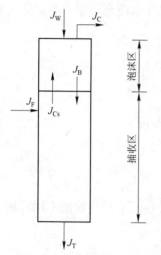

图 2-8　进出浮选柱的体积流量（以表观速率形式表示，即流量/横截面积）

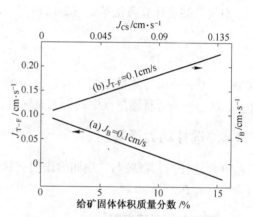

图 2-9　设定 J_{T-F} 值对 J_B 及设定 J_B 值对 J_{T-F} 的影响实例

通过 J_{T-F} 控制 J_B 需要考虑以下几个问题：J_B 要随给矿固体含量变化；J_B 的设定值往往偏大（一般情况下，$J_B < 0.1cm/s$ 也够用）；在较高的给矿固体含量条件下，过大的 J_B 值会造成水的过度消耗，降低捕收区处理量。

2.1.7　泡沫负载能力

泡沫的移动能力也称之为泡沫的负载能力。实际上只有部分矿粒黏着在气泡表面，能通过特定的泡沫区域到达泡沫溜槽。当溢流产率较大时，设计浮选柱的柱体高度与直径比时需考虑泡沫的最大负载能力。对于金属矿浮选泡沫的最大负载能力一般为 $2.5t/(m^2 \cdot h)$，而煤浮选泡沫的最大负载能力一般为 $1.5t/(m^2 \cdot h)$。

2.1.8　矿浆驻留时间分布

矿浆驻留时间分布 RTD 是指物料进入浮选柱到离开浮选柱所消耗的时间分布，它与浮选柱浮选效率直接相关。为全面分析浮选柱内矿浆流动的连续程度，弄清矿粒从浮选柱入口至出口的持续时间很有必要。矿浆的流动形式可以通过向浮选柱内注入可监测材料制成的脉冲示踪粒子并关注这些粒子在浮选柱出口的出现形式来判定。另一种方法是突然改变给料浓度，然后观察出流浓度变化。

对于给定的矿浆流量，可以通过调整浮选柱的尺寸、充气量大小和矿浆密度得到必要的驻留时间分布。如果给矿量恒定，柱体直径 d_c 决定了液相截面流速 v_i，液相流速增大使得相应的浮选时间缩短；另一方面，如果浮选柱高度恒定，给矿速度增大会降低柱内泡沫的上升速度并使矿浆内气泡驻留时间和泡沫的负荷变大。

2.1.9 空气分散度

空气分散度是表征浮选柱内空气分散均匀程度的参数。浮选柱内均匀的空气分布有利于气泡与矿粒更充分地接触，有效增加气泡-颗粒碰撞概率，从而提高浮选效率。

空气分散度主要受浮选柱本身充气性能及几何结构的影响。浮选柱充气越均匀稳定，浮选空气分散度越高。一般情况下，可以通过合理配置浮选柱充气器和添加空气分散罩来提高空气分散度。

空气分散度计算方法见式（2-12）：

$$\eta = \frac{\overline{Q}}{Q_{max} - Q_{min}} \tag{2-12}$$

式中　$\overline{Q}$——所有测量点充（吸）气量的平均值，$m^3/m^2/min$；

Q_{max}，Q_{min}——所有测量点中的最大充气量、最小充气量，$m^3/m^2/min$。

2.2 浮选柱动力学基础

在浮选柱内，颗粒与气泡间的作用有其自身特点。在同一浮选柱的不同区域，动力学过程也会存在差异。

2.2.1 颗粒与气泡间作用

浮选过程涉及的是气泡与矿粒间的相互作用。化学反应涉及的是原子、分子、离子间的相互作用。就粒子间的相互作用来说，可以认为浮选过程与化学反应是相似的。

2.2.1.1 矿化

浮选过程中的充气矿浆是由固相（矿粒）、液相（水）和气相（气泡）三者组成的三相体系，浮选质量的优劣主要取决于矿粒在气泡表面的黏着程度，即气泡的矿化程度。在气泡矿化过程中疏水性矿粒优先黏着在气泡上，从而形成气固联合体；亲水性矿粒很难黏着在气泡上。因此，气泡矿化过程具有选择性，此过程受矿粒表面润湿性、矿粒物理性质、气泡大小及浮选槽中热力学和流体动力学等多种因素的影响。一般情况下，气泡矿化过程有三种类型：惯性接触（碰撞接触）矿化、非惯性接触（黏性接触）矿化和析出矿化。

当气泡与水相对静止时，气泡上方半径为 $R_b + R_p$（R_b 为气泡半径，R_p 为矿粒半径）的水柱内的矿粒均能在重力沉降作用下与气泡发生接触；当气泡与水相对运动时，水掠过气泡时流线弯曲，水中的矿粒受介质黏滞力的影响，运动轨迹与气泡偏离，仅半径为 b 的流速管内的矿粒可能与气泡接触，且 $b < R_b + R_p$。其中 b 的大小取决于矿粒所受介质黏滞力及惯性力的平衡状态。黏滞力使矿粒运动轨迹跟随流线弯曲，惯性力使矿粒运动轨迹偏离流线，如图 2-10 所示。当惯性力起主导作用时，矿粒轨迹偏离流线，可与气泡实现惯性碰撞；当黏滞力起主导作用时，矿粒轨迹跟随流线，以与气泡滑移接触（黏性接触）为主[4,5]。

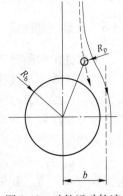

图 2-10　矿粒运动轨迹

上述矿物与气泡的接触过程是完成惯性接触矿化和非惯性接触矿化过程的前提条件，而析出矿化则是气泡直接在矿物表面上析出，气泡与矿粒的接触方式与前两者差异显著。下面对这三种矿化方式分别介绍。

A　惯性接触矿化

气泡的惯性接触矿化方式可分为 4 个阶段：①矿粒和气泡碰撞阶段，即矿粒在矿浆混合过程中与气泡发生碰撞接触过程。②矿粒和气泡黏着阶段。此阶段是矿粒和气泡碰撞之后，疏水性矿粒进一步与气泡水化层接触，使它变薄、破裂的过程，形成固、液、气三相体系。③气-固联合体上浮阶段，经过部分矿粒和气泡黏着之后，相互聚结形成矿粒气泡的联合体，在气泡的浮力作用下携带矿粒进入泡沫层。④形成稳定的泡沫层阶段。经矿粒和气泡之间多次黏着，易脱落的矿粒进入下次的矿化过程，而黏着较牢固的矿粒由气泡带入稳定泡沫层。

a　惯性碰撞

矿物与气泡碰撞的成功概率就决定了整个浮选过程中矿物回收的概率。碰撞概率由体系的流体动力学因素决定，受矿粒粒度、气泡尺寸以及紊流程度的影响。

Gaudin 等人[6]假设气泡表面周围存在斯托克斯流，并且忽略了颗粒的惯性力，利用斯托克斯流函数推出了气泡颗粒的碰撞模型，见式（2-13）：

$$E_{\text{C-St}} = \frac{3}{2} \left(\frac{d_{\text{p}}}{d_{\text{b}}} \right)^2 \tag{2-13}$$

斯托克斯流气泡颗粒碰撞模型应用于气泡雷诺数远小 1 的情况。

Sutherland[7]研究了最早的碰撞模型，单个颗粒和单个气泡的碰撞，使用势流理论计算出气泡周围的流线和气泡颗粒的碰撞效率 $E_{\text{C-pot}}$，见式（2-14），他发现了布朗运动对气泡颗粒碰撞的影响，确定了发生布朗运动的条件，即颗粒（或气泡）直径大于 0.1μm。

$$E_{\text{C-pot}} = \frac{3d_{\text{p}}}{d_{\text{b}}} \tag{2-14}$$

势流气泡-颗粒的碰撞模型应用于雷诺数在 80~500 的情况。

Yoon 和 Luttrell[8]引入了雷诺数对碰撞效率的影响，在原有经验方程的基础上，推导出了气泡颗粒碰撞模型，见式（2-15）：

$$E_{\text{C-YL}} = \left(\frac{3}{2} + \frac{4Re_{\text{b}}^{0.72}}{15} \right) \left(\frac{d_{\text{p}}}{d_{\text{b}}} \right)^2 \tag{2-15}$$

Yoon 和 Luttrell 气泡颗粒碰撞模型应用于介于斯托克斯流和势流之间的流动情况，即雷诺数介于 1 和 100 之间。

Weber 和 Paddock[9]的碰撞模型方程（见式（2-16））的推出与 Yoon-Luttrell 碰撞方程推出的思路大体一致。

$$E_{\text{C-WP}} = \frac{d_{\text{p}}}{d_{\text{b}}} \left[1 + \frac{2}{1 + (37/Re)^{0.85}} \right] \tag{2-16}$$

势流条件存在，颗粒大小接近 0.1μm 时，Sutherland 方程描述得较为合理。但当颗粒直径变大，需考虑惯性力和重力的影响。GS 方程（见式（2-17））可用于移动气泡的势流和斯托克斯数小于 0.1 的情况。

$$E_{C-GS} = E_{C-pot}\sin2\theta_t\exp(I_1 + I_2) \tag{2-17}$$

式（2-17）中 θ_t 表示接触角，I_1 表示流体压力的积极影响，I_2 表示离心力的消极影响，定义方法见式（2-18）和式（2-19），总惯性力是流体压力和离心力的总和。

$$I_1 = 3K_3\left(\ln\frac{3}{E_{C-pot}} - 1.8\right)\cos\theta_t \tag{2-18}$$

$$I_2 = \frac{4\cos\theta_t\left(\dfrac{2}{3} + \dfrac{\cos^3\theta_t}{3} - \cos\theta_t\right)}{\sin^4\theta_t} \tag{2-19}$$

通过确定气泡周围颗粒的浓度和到气泡的流量，Collins 推得了气泡颗粒碰撞效率，采用 Spielman 等人的方法，应用流体力学方程推导出气泡颗粒碰撞效率和气泡颗粒大小的关系见式（2-20）：

$$E_{C-C} \propto \frac{1}{R_b^2 R_p^{2/3}} \tag{2-20}$$

Yang 等人[10]认为细粒通过布朗运动方式接触到气泡表面，通过拦截作用被上升气泡捕获。理论研究中，斯托克斯和势流函数可以求得气泡颗粒的回收效率。他们总结了马兰戈尼效应和流体力学关系式。马兰戈尼数（Ma）定义为式（2-21）：

$$Ma = \frac{E_0}{\alpha R_b \eta_f} \tag{2-21}$$

式中，α 为平衡状态下颗粒的吸附参数；E_0 为表面活性颗粒的吉布斯弹性。马兰戈尼数表示交界面处张力梯度力和黏性力的比值。

Yang 等人推出了斯托克斯流动条件下，气泡表面迟滞和运动的碰撞效率方程，见式（2-22）~式（2-24）：

$$E_{C-Y_1} = \frac{1}{1 + \dfrac{2}{3}Ma}\left[\frac{R_p}{R_b} + (1 + Ma)\left(\frac{R_p}{R_b}\right)^2 + \left(\frac{R_p}{R_b}\right)^3\right] \tag{2-22}$$

$$E_{C-Y_2} = \frac{3}{2}\left(\frac{R_p}{R_b}\right)^2 + \left(\frac{R_p}{R_b}\right)^3 \tag{2-23}$$

势流情况下，碰撞效率方程如下：

$$E_{C-Y_3} = 3\left[\frac{R_p}{R_b} + \left(\frac{R_p}{R_b}\right)^3\right] \tag{2-24}$$

Yang 等人认为气泡-颗粒碰撞主要是因为扩散和拦截的作用。在扩散区，矿粒直径增加，碰撞效率减低，然而在拦截区，矿粒直径增加，碰撞效率随之升高。杨等人也计算出扩散和拦截为传输机理时的矿粒关键粒径。

Nguyen 等人[11~13]提出了由布朗运动和对流回收气泡-颗粒的理论模型。他们采用 40~160nm 的石英颗粒进行试验，使用数值计算的方法得到了气泡-颗粒回收效率与颗粒大小、界面电位、疏水系数和衰减程度的函数关系。理论和试验的结果表明，颗粒直径为 100nm 时，气泡-颗粒的回收效率最低。对于大于 100nm 的颗粒，拦截和碰撞为其主要作用机理。小于 100nm 的颗粒，扩散和胶体力起主要作用。

B. Shahbazia 等人[14]对其中的三种碰撞模型计算出的碰撞效率与试验数据进行了比

较，得到了以下结论：使用斯托克斯方程计算出的碰撞效率最小；由 Yoon-Luttrell 碰撞概率方程计算得到的碰撞效率适中，采用势流方程得到的碰撞效率最大。Collins 和 Recay 等人确认矿粒与气泡碰撞概率随矿粒粒度变小而降低，直到 $d_p \approx 0.1 \sim 1.0 \mu m$，即为胶粒，由于布朗运动，碰撞概率有所增加。对于非胶粒的矿粒而言，布朗运动不是其主要碰撞机理，矿粒的粒度增加或者气泡直径减小时，气泡和矿粒的碰撞效率增加。Dai 等人所做的气泡和颗粒碰撞试验结果也证明了上述理论。然而，对于超细颗粒，布朗运动为其主要碰撞机理，气泡和颗粒的碰撞效率随着颗粒大小和气泡大小的减小而增加。Nguyen 的试验结果与此结论一致。

b 黏着

事实上，矿粒和气泡接触不一定会导致黏着，亲水性的矿粒与气泡惯性碰撞时，尽管可以接触并使气泡变形，但是最终很可能会被反弹出去。从碰撞到黏着要完成的过程有：介于矿粒与气泡间的水化膜薄化、破裂，形成足够长的三相接触周边，矿粒与气泡间出现固-气界面。完成这整个过程所用的时间称为感应时间。因此矿粒和气泡接触后实现黏着的必要条件是：所需感应时间必须小于矿粒与气泡碰撞时的实际接触时间。目前，对矿粒和气泡黏着模型的研究较少。

Glembostkii 等人的试验结果表明，矿粒的感应时间随着矿粒大小的增加和矿粒表面疏水性的减弱而增加。Miller 和 Ye[15] 测试了不同表面疏水性煤矿粒的感应时间，感应时间为 1ms 之下到 100ms。试验研究和理论分析表明矿粒的感应时间和矿粒直径的关系见式（2-25）：

$$t_{ind} = C_1 d_p^{C_2} \tag{2-25}$$

Jowett[16] 提出参数 C_2 由矿粒的流体试验确定，粗矿粒 $C_2 = \dfrac{3}{2}$，细矿粒 $C_2 = 0$。并且，C_2 与接触角、电解质浓度和气泡大小无关。Miller 和 Ye 的试验结果也证明了这个结论。参数 C_1 与流体的黏度和水化膜的有效厚度成正比，与矿粒的密度成反比。

Schulze 和 Gottschalk 的研究表明[17] 碰撞角小于 30° 时，气泡和颗粒的相互作用为碰撞过程，接触时间为 1~4ms。矿粒碰撞角大于 30° 时，矿粒和气泡的相互作用为滑移过程，滑移时间是碰撞时间的 10~20 倍。

矿粒直径小于 100μm 时，气泡表面仅有碰撞和滑移作用，能量过小不能破坏气泡的表面。气泡表面没有发生变形，不会反弹。矿粒和气泡表面接触时间非常短，大约为 100ms 或者更少。

感应时间与矿粒粒度的关系如图 2-11 所示，随着矿浆运动状态由层流向紊流变化，感应时间相应增大。对于粗粒矿物，由于其粒度大、惯性大，一般与气泡的接触时间较短，仅为数毫秒，尤其在紊流状态时，矿粒与气泡的接触时间远远小于感应时间，这就是粗颗粒难浮的原因之一。要实现粗颗粒黏着，就必须减小紊流程度（搅拌强度），使矿粒能在平稳的环境中与气泡接触。

Zongfu Dai 等人[18,19] 最近的研究表明，感

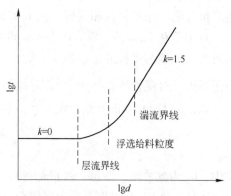

图 2-11 感应时间与矿粒粒度的关系

应时间还与颗粒的接触角、气泡大小等有关。感应时间随着颗粒粒度、接触角和气泡的增大而增大。矿粒与气泡的接触时间取决于矿粒最终的速度，所以减小搅拌强度可以减小矿粒的运动速度，进而增大矿粒与气泡的接触时间，有利于实现矿粒与气泡的黏着。

假设完全移动的气泡表面附近为势流，Dobby 和 Finch 推导出了滑移时间模型，定义滑移时间 t_{sl} 为矿粒从碰撞到离开气泡表面的时间，见式（2-26）。

$$t_{sl} = \frac{d_p + d_b}{2(u_p + u_b) + u_b\left(\dfrac{d_b}{d_p + d_b}\right)}\ln\left(\tan\frac{\theta_c}{2}\right) \tag{2-26}$$

Hewitt 等人[20]的试验数据表明，气泡-矿粒黏着的效率随矿粒粒度和气泡直径的减小而变大。粒度的增加导致滑移时间减少，诱导时间增加。

Collins 等通过试验证明：

当 $d_p = 4 \sim 30\mu m$，$d_b \leqslant 100\mu m$ 时，

$$E_c \approx P_c \propto d_p^{1.5}/d_b^2$$

当 $d_p = 10 \sim 50\mu m$，$d_b = 600 \sim 1000\mu m$ 时，

$$E_c \approx P_c \propto d_p^{1.5}/d_b^{1.67}$$

式中，E_c 为气泡对矿粒的捕获概率，$E_c = P_c \cdot P_a$；当矿物表面充分疏水时，P_a 趋近于 1，$E_c \approx P_c$。

Pyne H. H. 等在考虑到近流体动力作用力及分子作用力的情况下，通过理论分析，导出黏性流体运动（气泡的 $Re < 20$）及位势流体运动（无黏性流体运动）下的接触概率近似式（2-27）和式（2-28）：

$$P_{cs} \propto 0.11\frac{R_p^{1.4}}{R_b^2} \cdot A^{1/6} \tag{2-27}$$

$$P_{cp} \propto 1.1\frac{R_p^{0.8}}{R_b} \cdot A^{1/15} \tag{2-28}$$

式中，P_{cs}、P_{cp} 分别为黏性流及位势流接触概率；A 为哈马克（Hamaker）常数。

在不考虑 A 的情况下，上述两式结果基本相同，在黏性流体运动情况下 $P_{cs} \propto R_p^{1.4 \sim 1.5}/R_b^2$，可见，随着矿粒粒度的减小，它与气泡的接触概率急剧下降。

A 的影响不大，其作用仅在于表示接触以及浮选是否可能发生。当 $A < 0$ 时，介质有效地对抗气泡——矿粒互相接近，接触将不发生。

对小于 $0.1\mu m$ 的矿粒，因布朗运动的扩散效应可使胶态矿粒偏离流线而不规则运动，从而增大气泡与矿粒的接触概率。对于这种 $0.1\mu m$ 以下的矿粒，接触概率 P_c 将随粒度减小而增大。对黏性流：$P_{cs} \propto R_p^{\frac{2}{3}}$；对位势流：$P_{cp} \propto R_p^{\frac{1}{2}}$。

修正的 Dobby-Finch 黏着模型[21]可以用于计算黏着效率 E_A，见式（2-29）。

$$E_{A\text{-}DM} = \frac{\sin^2\theta_a}{\sin^2\theta_c} \tag{2-29}$$

式中，θ_a 为黏着角，Dobby 和 Finch 提出 θ_a 与诱导时间 t_{ind} 有关；θ_c 为最大碰撞角。

Dobby 和 Finch 提出，最大碰撞角 θ_c 是气泡雷诺数 Re_b 的函数。θ_c 的表达式与 Jowett

的试验数据一致。试验数据表明，θ_c 和气泡雷诺数的对数存在线性关系，见式（2-30）~式（2-32）。

$$\theta_c = 78.1 - 7.37 \lg Re_b,\ 20 < Re_b < 400 \tag{2-30}$$

$$\theta_c = 85.5 - 12.49 \lg Re_b,\ 1 < Re_b < 20 \tag{2-31}$$

$$\theta_c = 85.0 - 2.50 \lg Re_b,\ 0.1 < Re_b < 1 \tag{2-32}$$

Luttrell 和 Yoon[22] 给出了计算矿粒-气泡黏着概率的关系，见式（2-33）：

$$E_{A-LY} = \sin^2 \left\{ 2\arctan \exp \left[\frac{-(45 + 8Re_b^{0.72})v_b t_{ind}}{30R_b \left(\dfrac{R_b}{R_p} + 1 \right)} \right] \right\},\ 0 < Re_b < 100 \tag{2-33}$$

试验结论表明，由 Yoon-Luttrell 碰撞和黏着方程计算出的石英颗粒的浮选速度常数远大于 GS 方程和 Dobby-Finch 方程所得的计算值。对于细颗粒 0~48μm 的方铅矿，由 Yoon-Luttrell 碰撞和黏着模型计算出的浮选速度常数大于 GS 方程和 Dobby-Finch 方程所得的计算值。然而，大于这个粒度范围时，由 GS 方程和 Dobby-Finch 方程所得的计算值略大。

c　脱落

迈克认为脱落气泡和矿粒脱落概率与粒度的 $\dfrac{7}{3}$ 次方成正比，后来伍德伯恩提出脱落概率 P_d 与粒度 d 的关系见式（2-34）。

$$\begin{aligned} d \leqslant d_{max}\ &\text{时，}\ P_d = (d/d_{max})^{1.5} \\ d > d_{max}\ &\text{时，}\ P_d = 1 \end{aligned} \tag{2-34}$$

式中，L_{max} 表示矿粒在突然冲击下，仍然不会脱落的最大粒度，一般估计的为 400μm。由式（2-34）可得，粒度越小，脱附概率越小，越难从气泡上脱附。对于 1μm 的矿粒，脱落概率近似为 10^{-4}，几乎不发生脱附。

Derjaguin 等人推断，对于 100μm 矿粒，矿粒和气泡间的脱附力远远大于 1μm 的矿粒。因此，小于 1μm 矿的矿粒-气泡稳定性概率可以视为一样的。

D. Xu 等人[23] 的研究表明气泡-颗粒的聚集取决于颗粒粒度、平均接触角、滞留介质的黏度和应用的振动频率。

Schulze[24,25] 提出了矿粒-气泡稳定性概率 E_S，见式（2-35）。

$$E_S = 1 - \exp\left(1 - \frac{1}{Bo}\right) \tag{2-35}$$

Schulze 推导出邦德数 Bo 的方程，邦德数描述气泡-颗粒集合体的聚集程度。$Bo>1$ 时，湍流中黏着于气泡表面的矿粒将会脱附。Schulze 方程的简化形式见式（2-36）。

$$Bo = \frac{3.75\rho_p d_p^2 \varepsilon^{2/3} / d_b^{1/3}}{6\sigma\sin(180 - \theta/2)\sin(180 + \theta/2)} \tag{2-36}$$

式中，ρ_p 为矿粒密度；d_p 为矿粒直径；d_b 为气泡直径；ε 为浮选槽内的能量耗散率；σ 为表面张力；θ 为接触角。

上述方程表明脱附力和矿粒粒度有关。d_p 增大，Bo 数随之增大，稳定性概率 E_S 降低。

d_p 增加到一定程度时，矿粒将会从气泡上脱附在槽体分散率 ε 很低的部分，矿粒仍能黏着于气泡上。然而，分散率 ε 很低时，浮选速度也很低，导致浮选的回收率下降。所以对于粗粒而言，影响其浮选速度的主要因素是气泡-颗粒集合体稳定性概率，粗粒更容易发生脱附。

B 非惯性接触矿化

与惯性接触矿化类似，气泡的非惯性接触矿化过程也可以分为 4 个阶段，但两种矿化方式的前两个阶段差别明显。首先，非惯性接触矿化的前提是气泡与矿粒发生非惯性（黏性）接触。非惯性接触特点是，由于矿粒质量很小，运动速度较慢，矿粒沿气泡表面滑移至被液流夹带而去的时间较长（根据理论推算，直径 R_p 为 5μm 的矿粒在直径 R_b 为 1mm 左右的气泡上滑移接触的时间为 440ms）。其次，非惯性接触矿化的黏着阶段并不必使水化膜破裂。与气泡发生非惯性接触的矿粒粒度较小，比表面积很大，表面力开始起作用。依据互凝（异凝聚）理论可知，这种矿粒与气泡的"聚团"或黏着并不意味二者的真正接触，并不形成接触周边，在矿粒与气泡之间存在一定厚度水膜分隔，形成"无接触黏着"。

C 析出矿化

除了气泡颗粒在矿浆中接触、黏着外，气泡矿化的另一种重要形式是气泡在矿粒表面的析出。在迅速降低容器压力的条件下，溶于液相的气体发生过饱和现象，是液相中气泡析出的直接原因。气泡析出过程如图 2-12 所示。压力突然减小，溶于矿浆中的气体分子会在过饱和后很短的一瞬间（曲线的Ⅰ段）内突破水分子间的引力而在某些地点开始聚集。气体分子聚集到一定数量后即进行分子合并，突然从矿浆中析出，形成气泡胚，半径为 R_{min}（曲线的Ⅱ段）。此段时间很短，约 10^{-12}s；形成气泡胚后，气体分子继续向气泡胚扩散，气泡长大直到平衡（曲线的第Ⅲ段）。

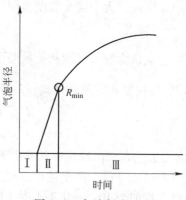

图 2-12 气泡析出过程

R_{min} 表示不再溶于水而能稳定存在于矿浆中的气泡胚的最小半径，如果气泡胚半径小于 R_{min}，气泡内的气体就会因毛细压力过大而再次溶于水。R_{min} 可用式（2-37）进行计算[26]：

$$R_{min} = \frac{2\gamma gl}{K(C - C_1)} = \frac{2\gamma gl}{p - p_1} \qquad (2-37)$$

式中 γgl ——气液界面张力；

K ——亨利公式常数；

$C - C_1$ ——溶液中气体过饱和量；

$p - p_1$ ——减压数值，以气体溶解饱和压为起点。

从式（2-37）可以看出，气液界面张力越小，减压程度越大，R_{min} 值越小，此时气泡胚越容易存在。

在减压过程中，如果气泡在接触角大于零的固体表面析出，则更容易直接从水溶液中析出。假设从液相中析出气泡所需功为 W_1，在固体表面析出气泡所需功为 W_2，那么二者比值与固体接触角 θ 的关系可由式（2-38）表示：

$$\frac{W_1}{W_2} = \frac{1 + \tan^2 \dfrac{\theta}{2}}{\sqrt[3]{3\tan \dfrac{\theta}{2} + 1}} \tag{2-38}$$

式（2-38）说明，矿粒的疏水性越强，气泡在矿粒表面的析出现象越明显。气体析出过程往往产生大量微细气泡，这些微细气泡在矿粒表面析出会显著提高细粒级矿粒的选别效果。

2.2.1.2 矿物粒级对矿化过程的影响

浮选不仅要求矿物单体解离，而且要求矿物粒度符合要求。泡沫浮选的最佳粒度范围因矿物种类、浮选过程工艺参数及浮选机形式的不同而不同，粒度太粗或太细均不适于浮选，即适宜的浮选粒度是有上、下限的。基于对大量实验及生产数据的分析，泡沫浮选的最佳粒度范围的下限约为 $3 \sim 7\mu m$。一般硫化物较低为 $3 \sim 5\mu m$，氧化矿物较高为 $5 \sim 7\mu m$。对泡沫浮选工艺而言，卢寿慈建议矿粒粒度范围的划分见表2-2。

表 2-2 矿粒粒度范围的划分

名　　称	粒级范围/μm
粗粒	> 150
细粒	100~7
微粒	3~0.1
胶粒	<0.1

胡熙庚等人[27,28]认为 $74 \sim 100\mu m$ 以上的粗粒是多重物理分选方法的极佳对象，泡沫浮选反而难以发挥作用；小于 $0.1\mu m$ 是典型的胶粒尺寸；$5 \sim 0.1\mu m$ 粒度范围具有胶体的一些性质，难以用常规泡沫分选法处理，而这个粒度范围恰恰是含泥矿浆的主要粒度，称为微粒；常规泡沫浮选的最佳适宜粒度范围为 $100 \sim 7\mu m$ 或 $74 \sim 3\mu m$，即所谓细粒。浮选粒度范围计算如下：

在静态条件下，Schulze 得出的浮选粒度上限公式见式（2-39）：

$$d_{\max} = \left[-\frac{3}{2} \frac{\gamma_{LG} \sin\omega \sin(\omega + \theta)}{\Delta\rho g} \right]^{\frac{1}{2}} \tag{2-39}$$

式中　γ_{LG}——液气界面张力，N/m；

$\quad\quad\theta$——接触角，（°）；

$\quad\quad\Delta\rho$——矿粒与液体间的密度差，kg/m³；

$\quad\quad g$——重力常数，$9.81 m/s^2$；

$\quad\quad\omega$——$\omega = 180° - \dfrac{1}{2}\theta$。

不同物质的矿物的液气界面张力、接触角和密度不同，所以浮选粒度上限也不尽相同。例如，石英 $\rho_p = 2500 kg/m^3$，水 $\rho_W = 1000 kg/m^3$，若 $\theta = 60°$，$\gamma_{LG} = 0.05 N/m$，求得 $d_{\max} = 1.129 mm$。

然而，浮选设备中存在的紊流力场会影响矿粒与气泡的黏着和上升，矿粒将获得相对

綦流速度 v_{rt}，此时，浮选粒度上限由式（2-40）确定：

$$d_{max} = 2\left\{\frac{3}{2\pi\rho_p v_{rt}^2}\int_{h_e(\omega)}^{h_c(\omega)}\begin{bmatrix}\frac{2}{3}\pi R_p^3\rho_f g\left[1 - \frac{2\rho_f}{\rho_p} - \cos^3\omega + \frac{3h}{2R_p}\sin^2\omega - \frac{3}{L_a R_p^2}\sin\omega\sin(\omega+\theta)\right] - \\ \pi(R_p\sin\omega)^2\left(\frac{2\gamma_{LG}}{R_b} - 2R_b\rho_p g\right)\end{bmatrix}dh\right\}^{\frac{1}{3}}$$

$$(2-40)$$

式中，R_p 和 R_b 分别为矿粒和气泡的半径；ρ_p 和 ρ_f 分别为矿粒和气泡密度；L_a 为毛细常数或拉普拉斯常数；$h_e(\omega)$ 为矿粒在界面的平衡位置与中心角 ω 的函数；$h_c(\omega)$ 为矿粒从气泡表面脱落进入液相的临界点。

Przemyslaw B. 等人[29]提出了不同的最大粒度公式，并且根据先前其他研究者的试验数据，比较了不同浮选机的最大粒度，见式（2-41）。

$$d_{max} = B\left[\frac{C\sin\theta_d/2(A - 100)}{A - C\sin\theta_d/2}\right] \tag{2-41}$$

式中，A 表示浮选动力学特征的变化参数，取代了颗粒的加速度 a。B，C 为常数，θ_d 为矿粒的脱附角。

常数 B 和 C 的定义见式（2-42）和式（2-43）。

$$C = \frac{100}{\sin(90/2)} = 141.42 \tag{2-42}$$

$$B = d_{max}/100 = \sqrt{\frac{6\sigma\sin^2(90/2)}{\rho_p - \rho_f}}/100 \tag{2-43}$$

所以将 B 和 C 代入方程，可得式（2-44）。

$$d_{max} = \sqrt{\frac{6\sigma}{(\rho_p - \rho_f)g}}\sin(\theta_d/2)\left[\frac{A - 100}{A - 141.42\sin(\theta_d/2)}\right] \tag{2-44}$$

浮选粒度下限由式（2-45）给出：

$$d_{min} = 2\left[\frac{3\sigma^2}{v_{br}^2\rho\gamma_{LV}(1 - \cos\theta)}\right]^{\frac{1}{3}} \tag{2-45}$$

式中，v_{br} 为气泡上升速度，m/s；σ 为线性张力，N；γ_{LV} 为气液交界面的表面张力；θ 为接触角。

2.2.1.3 矿化气泡形式

浮选过程中气泡矿化是由大量气泡和矿粒共同作用的结果，而气泡和矿粒之间的黏着过程存在三种形式：

（1）微细矿粒群黏着在气泡底部，形成"矿化尾壳"。

（2）多个小气泡共同携带一个粗矿粒，形成矿粒——微泡簇。

（3）若干个微细矿粒和多个小气泡共同黏着形成絮团。这种形式中气泡和矿粒之间黏着的接触面积大，而且它们之间没有残余水化层的气固直接接触。

矿化气泡形式与浮选设备结构及操作参数密切相关，在浮选过程中这三种形式并存，只是各自所占比例不同，而大多数浮选过程以第一种形式为主。

2.2.2　动力学分区

微观上，性质不同的矿粒和气泡在浮选环境中呈现不均一分布，最终导致宏观上浮选效果的不同。为了描述这些不均一性，一般将浮选柱分为捕收区和泡沫区两个区域（典型逆流浮选柱），如图 2-13 所示。捕收区内矿浆流向下运动，与上升的气泡接触碰撞，被捕获的矿粒黏着在气泡表面浮升至液面，并在液面以上聚集形成泡沫区，保持一定的浮选柱内液位高度，泡沫可自溢流至泡沫槽中，底流区在充气器安装位置以下，矿浆不与气泡接触，基本不参与浮选过程。

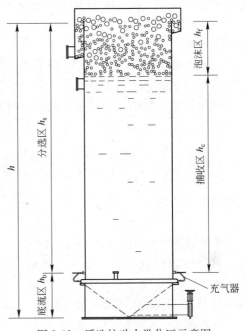

图 2-13　浮选柱动力学分区示意图

2.2.2.1　捕收区

一般认为颗粒的捕收过程遵循一级动力学方程，是固体浓度和速率常数 k_c 的函数。某一成分的回收率由以下三个参数决定：速率常数、有效的驻留时间和混合参数。在设计与应用浮选柱时，应了解捕收区混合过程[30]。

A　一级动力学混合模型

混合的一个极端现象就是柱塞流，流体中所有元素（包括所有的矿粒）的驻留时间都一样。浮选柱中，柱塞流意味着柱的中心轴上存在可浮矿物浓度梯度。混合的另一极端现象就是完全混合，其中各元素的驻留时间不同，但各处的浓度相同。由一级速率方程，假设柱塞流的驻留时间为 t，则回收率见式（2-46）。

$$R = 1 - \exp(-kt) \tag{2-46}$$

假设完全混合系统的平均驻留时间为 τ，则回收率见式（2-47）。

$$R = 1 - (1 + k\tau)^{-1} \tag{2-47}$$

混合对回收率具有决定性的作用。例如：当 $t = \tau = 5\mathrm{min}$，$k = 0.5\mathrm{min}^{-1}$ 时，柱塞流的回收率为 92%，而完全混合的回收率仅为 71%。后面也将说明混合对矿物分离起着决定性作用。

工业或实验室试验一般采用直径为 5cm，高为 5~10m 的浮选柱，其流态接近柱塞流；然而，实际浮选柱中的固体和液体混合是介于柱塞流和完全混合两种情况之间。这种混合过程常用以下两个模型之一来描述：连续槽体模型或柱塞流扩散模型。连续槽体模型适合于成排布置机械式浮选机。对于浮选柱，柱塞流离散模型可以很好地描述捕收区轴线上的混合过程。浮选柱尺寸参数可以直接引入柱塞流离散模型，却不能引入连续浮选模型。因而，适合浮选柱捕收区的模型是一维（轴向）柱塞流扩散模型（假设径向为完全混合模型）。

假设浮选柱中水和矿粒都是向下流动的。示踪样品从捕收区顶端给入，以给入点为原点，给定时间和给定轴距上的示踪样品浓度是浮选柱湍流混合的函数。混合程度通过轴向扩散系数 E（长度^2/时间）量化。如果按时间测量尾矿排出口示踪样品的浓度（给入时，时间记为0)，那么就可以得到液体和固体在捕收区的驻留时间分布情况（RTD）。可用平均驻留时间和无量纲槽体扩散数 Nd 建立 RTDs 的算术模型，并用以描述浮选柱内的流体混合情况。当捕收区高度为 H_c 时，固体和液体的槽体扩散数可由式（2-48）表示：

$$Nd = \frac{E}{uH_c} \tag{2-48}$$

式中，u 是液体填隙式速度或颗粒速度。在一些文献里，把 Nd 的倒数称为 Peclet 数，后面将讲到 E 是柱体尺寸的函数，所以 Nd 可以由工艺和设计参数直接得到。

测量混合参数的目的就是量化混合对回收率的影响。它们间的关系见式（2-49）：

$$R = 1 - \frac{4a\exp\left(\frac{1}{2Nd}\right)}{(1+a)^2\exp\left(\frac{a}{2Nd}\right) - (1-a)^2\exp\left(\frac{-a}{2Nd}\right)} \tag{2-49}$$

其中

$$a = (1 + 4k\tau Nd)^{1/2}$$

当为柱塞流时（$E = 0$，所以 $Nd = 0$），式（2-49）化简后为式（2-46）；当为完全混合时（$E = \infty$），为式（2-47）。Levenspiel（1972）用图表示了式（2-49），同时揭示了其与 V/V_p 的关系。其中，V 是反应器的实际体积，V_p 是与实际反应器所得回收率相同的柱塞流反应器的体积。与 Levenspiel 相似的图表如图 2-14 所示。在特定常数 k 条件下，$k\tau$ 线是等体积线或等驻留时间线。运用图 2-14 和式（2-49）分析以下假定的数据及其结果为：实验室柱塞流条件下，假定要在 5min 反应时间内使回收率（一级动力学速率方程）达到 86.5%，由式（2-46）得，$k_c = 0.4\text{min}^{-1}$，$k_c\tau = 2$。相同反应条件时，在 $Nd = 0.5$ 的工业浮选柱中，如果平均

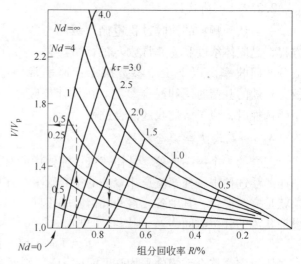

图 2-14 柱塞流分散模型条件下回收率是 k、τ 和 Nd 的函数（图解式（2-49））

驻留时间为 5min 时，回收率仅仅为 75%。如果要获得 86.5% 的回收率，则需要 8.3min 的平均驻留时间（$V/V_p = 1.66$，见图 2-14）。

因此，回收率是 k、τ 和 Nd 的函数。Nd 又是 E、u 和 H_c 的函数。RTD 试验的目的是测量 τ 和 E 的值，这可以通过拟合 RTD 曲线与 RTDs 扩散模型来达到目的。

B 混合参数的测定

很多学者已经研究了如何测量驻留时间的分布[31]。对浮选柱而言，有效的办法就是取样后，在捕收区顶部定点给入示踪样品，然后分析排矿口所得的示踪样品。如 Levenspiel（1979）介绍的那样，采用 RTD 的测量值来估算参数时要特别仔细。比如说，明确底流分布很关键，如果部分底流产品要再循环进入给料，此时要对给矿中的示踪粒子重新取样。

RTD 中的平均驻留时间 τ 和方差 σ^2 可由实验数据计算而得。如果采用间歇样（每间隔时间 t_j 取一次样），则平均驻留时间和方差可分别由式（2-50）和式（2-51）表示：

$$\tau = \frac{\sum t_j c_j \Delta t_j}{\sum c_j \Delta t_j} \qquad (2\text{-}50)$$

$$\sigma^2 = \frac{\sum (t_j - \tau)^2 c_j \Delta t_j}{\sum c_j \Delta t_j} \qquad (2\text{-}51)$$

式中，c_j 是示踪样品在 Δt_j 时刻的浓度：

$$\Delta t_j = (t_{j+1} - t_{j-1})/2$$

相对方差 σ_r^2（σ^2/τ^2）可以用来把扩散模型所得的理论 RTD 数据拟合到试验所得的 RTD 数据中。使用扩散模型时，必须知道测量 RTD 时的给料和底流的边界条件。从底流流取样，也就是在浮选柱外取样，设定排料口临界条件为封闭式反应器，给料临界条件因为有两股给矿流（矿浆和补加水），比较复杂。为了尽量接近封闭式反应器给矿条件，示踪样品应该在捕收区顶部定点给入；对于实验室浮选柱而言，捕收区顶部可以认为是给料点。假设给料和排料条件都满足，Nd 则可以由式（2-52）推导求解。

$$\sigma_r^2 = 2Nd - 2Nd^2 [1 - \exp(-1/Nd)] \qquad (2\text{-}52)$$

所以，知道 μ（$\mu = H_c/\tau$）和 H_c，用式（2-52）就可以计算 E 的值。Levenspiel[32] 给出了模型适用的 $Nd \sim 1$ 的上限。

Dobby 和 Finch[33] 研究了浮选柱 RTDs 模型及其拟合曲线。测量液体示踪样品浓度的方法如图 2-15 所示。图 2-15 所表示的是在边长为 0.45m 和 0.9m 的正方形辉钼矿浮选柱中测定的结果。代入离散模型后所得的结果如图 2-16 所示。

a 轴向扩散系数

液体轴向扩散系数 E_1 可通过图 2-16 所示的模型拟合曲线计算而得。从试验结果可以看出 E_1 和柱直径呈线性关系，见式（2-53）。

$$E_1 = 0.063 d_c \left(\frac{J_g}{1.6} \right)^{0.3} \qquad (2\text{-}53)$$

式中，d_c 的单位为 m；J_g 的单位为 cm/s；E_1 的单位为 m^2/s。

式（2-53）中 J_g 项来自于 Baird 与 Rice[34] 对大直径气泡浮选柱的研究。E_1 随 J_g 的增大而增大，这是因为伴随气泡流上升的矿浆流增大。气泡直径是个复杂因素，当其超出了适宜浮选的气泡范围（$d_b = 0.5 \sim 1.5$mm）时，E_1 随 d_b 减小而增大，但这个减小程度却不能量化。

Laplante 等人[35] 提出 $E_1 \propto d_c^{1.33}$，且 E_1 随矿浆密度的减小而增大。但对浮选柱却没有足够的数据说明这两个关系，另外，也没有必要将 E_1 揭示得比式（2-53）更精确；Laplante 等人通过引入轴向扩散系数模型化了捕收区 RTD，并且认为单一 E_1 值已经足够。

浮选柱中轴线稍微偏离时，返混现象就很严重，所以要对式（2-53）进行修正。Tinge 与 Drinkenburg（1986）[36] 在故意使浮选柱偏离中轴线的条件下，对 2~10cm 直径的泡沫柱进行一系列的示踪试验，提出式（2-54）：

$$E_\alpha = E(1 + 1100 d_c \alpha)^2 \qquad (2\text{-}54)$$

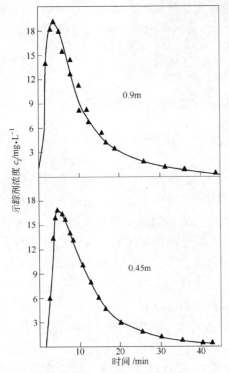

图 2-15　边长为 0.45m 和 0.9m 正方形浮选柱
捕收区内液相驻留时间曲线

（示踪剂由气泡-矿浆界面层附近注入）

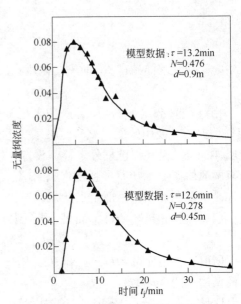

图 2-16　数据（来自图 2-15）
与柱塞流扩散模型的拟合

　　式中，E_α 是直径为 d_c（m）、偏移中轴线 α 度的浮选柱扩散系数。E 是浮选柱未偏移中轴线时的扩散系数。对于直径为 1m，高为 10m 的浮选柱，假设式（2-54）可用于此浮选柱。如果垂直度偏差 1cm，相对 10m 的柱体高度，这确实可以说是轻微错位，也就是 $\alpha = 0.001$，但此时 $E_\alpha/E = 4.4$。由此可见，浮选柱轻微偏离中轴线都会导致很强的轴向混合。在实验室浮选柱中，这个现象表现为巨大的环流（实际上，实验室浮选柱是否偏差，最好就是看气泡和流体类型）。目前，还没有研究大型浮选柱中的偏差问题。

　　固体轴向扩散系数 E_p 也是浮选研究的重点值。表 2-3 总结了图 2-17 中固体示踪样品试验的扩散模型参数。从结果可以推出浮选柱中固体和液体扩散系数很相似，这一点可由 Rich 等人的气泡柱实验证实，因此得到式（2-55）：

$$E_p = E_1 = 0.063 d_c \left(\frac{J_g}{1.6}\right)^{0.3} \tag{2-55}$$

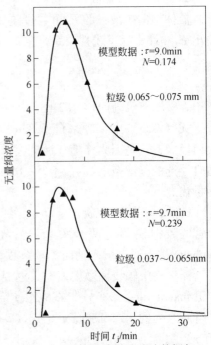

图 2-17　固体示踪样品试验数据与
柱塞流扩散模型的拟合

表 2-3　0.45m 浮选柱中固体（MnO₂）示踪粒子驻留时间

矿物粒级/mm	d_p 平均值/μm	τ_p/min	N_p	E_p
0.106~0.15	125	6.0	0.143	0.037
0.075~0.106	88	7.3	0.186	0.029
0.065~0.075	63	9.0	0.174	0.038
0.037~0.065	44	9.7	0.239	0.036
固体平均				0.035
水		12.6	0.278	0.033

b　颗粒平均驻留时间

颗粒驻留时间的分布如图 2-17 所示，可以看出驻留时间的变化趋势是随着颗粒粒度的增大而缩短。逆流柱的操作参数 τ_p 可以通过式（2-56）计算：

$$\tau_p = \tau_1 \left[\frac{J_{st}/(1 - \varepsilon_g)}{J_{st}/(1 - \varepsilon_g) + U_{sp}} \right] \tag{2-56}$$

式中，U_{sp} 是颗粒的滑动速度，可以通过 Masliyah（1979）[37] 提出的式（2-57）进行计算：

$$U_{sp} = \frac{g d_p^2 (\rho_p - \rho_{s1})(1 - \phi_s)^{2.7}}{18\mu_f (1 + 0.15 Re_p^{0.687})} \tag{2-57}$$

其中

$$Re_p = \frac{d_p U_{Sp} \rho_1 (1 - \phi_s)}{\mu_f}$$

Yianatos 等人[38] 分析了气泡夹带的固液上升流对 τ_p/τ_1 的影响，数据表明在浮选柱中气泡流中的固体含量与矿浆中的一样，这样式（2-56）就可以计算颗粒的驻留时间了。在加拿大魁北克 Les 矿山测试的 MnO₂ 有效驻留时间与颗粒粒度的关系如图 2-18 所示，式（2-56）可以很好地预测各值。

这里举个特殊的例子来阐明液体速度对 τ_p/τ_1 的影响。图 2-19 表明了 τ_p/τ_1 随液体黏

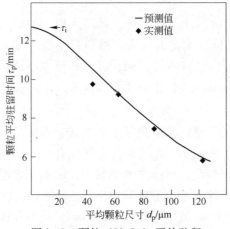

图 2-18　颗粒（MnO₂）平均驻留
时间对颗粒尺寸曲线

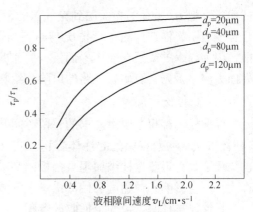

图 2-19　固体颗粒与液相平均
驻留时间对液相速度的曲线

（假设条件：$\rho_p = 4.0\text{g/cm}^3$，

矿浆质量浓度 20%（Dobby 与 Finch，1985））

度的变化情况，特别是在矿物粒度大于 $40\mu m$ 的条件下。采用较矮的实验室浮选柱（高为 $2 \sim 5m$）可能存在问题，要想获得与工业浮选柱（高为 $10 \sim 12m$）相同平均驻留时间，J_{sl} 的值应较小。

c　颗粒的槽体扩散常数

式（2-48）中的矿粒速度项可描述为 $u = J_{sl}/(1-\varepsilon_g) + U_{Sp}$。把它和式（2-55）代入式（2-48）即可得到浮选捕收区固相的连续槽体扩散数的表达式，见式（2-58）。

$$Nd = \frac{0.063d_c(J_g/1.6)^{0.3}}{[J_{sl}/(1-\varepsilon_g) + U_{Sp}]H_c} \tag{2-58}$$

如果捕收区被垂直地分为几个部分，d_c 就表示各部分的当量直径（当量直径就是面积与横截面相同的圆的直径），式（2-58）没有考虑浮选柱挡板和垂直度的影响。

C　捕收区高度的定义

浮选柱捕收区一般存在两种形式的给矿，一种是浮选柱给矿，另一种是冲洗水作用下泡沫区的矿浆返回，所以捕收区高度比较难以定义。柱体高度的作用可以通过分析给料点以上的矿浆浓度梯度来表达。柱塞流扩散模型可在偏流水速率为 $0.3cm/s$、分散系数 E 不同的条件下确定给料点之上的混合矿浆程度。图 2-20 表明，实验室浮选柱的 E 很小，给料点上方的矿物浓度存在很陡的梯度，这表明捕收区从给料点开始，H_c 可以定义为给料点到充气器的距离。因此，实验室浮选柱的给料口和界面层间存在截然不同的选择区域。

对工业浮选柱，假设 $d_c = 1m$，其浓度梯度很平缓，表明混合的程度很高。因此，对工业浮选

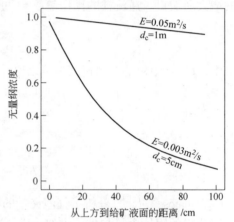

图 2-20　工业浮选柱（直径 1m）
与实验室浮选柱（直径 5cm）
从上方到给矿液面不同距离
处示踪剂浓度梯度

柱而言，把 H_c 定义为界面层到充气器的距离最为恰当。工业浮选柱给料点以上的矿浆混合程度表明，浮选柱的运行情况与给料口的垂直位置无太大关系。给料口不能太接近界面，因为给入的矿浆会破坏界面层（特别是直接向上给料时）。同样，给料口也不能低于界面太多，否则会有矿浆短路的风险，给料口的最佳点为低于界面 $1 \sim 2m$ 处。

D　高径比的影响

浮选柱的容积主要由要求的驻留时间和给入的矿浆体积量决定。很明显，不同高径比（柱体形状）可获得相同的柱体容积。式（2-58）表明 H_c/d_c 过大会降低混合程度，同时也描述了大直径浮选柱添加垂直挡板的基本原理。但是，浮选柱的形状不仅影响矿浆混合程度，还会影响矿粒速度、偏流水量和气体流量，这些参数都将影响浮选柱性能。

设计浮选柱时，可固定捕收区容积 V_c，变换 H_c/d_c 值。假设 $V_c = 7.85m^3$，给料和操作条件见表 2-2。图 2-21 表明了偏流水量 Q_B、液相隙间速度 u_1（当 $Q_F = 600L/min$）和气体流量 Q_g 与 H_c/d_c 的关系。当 Q_B 和 Q_g 的表观速率固定（分别为 $0.3cm/s$ 和 $1.6cm/s$）时，随着 H_c/d_c 的增加，Q_B 和 Q_g 都减小。Q_B、Q_g 和 u_1 的条件公式见式（2-59），为捕收区高度

的函数。

$$Q_B = \frac{J_B V_c}{H_c} \qquad (2\text{-}59a)$$

$$Q_g = \frac{J_g V_c}{H_c} \qquad (2\text{-}59b)$$

$$u = \frac{Q_F + Q_B}{A_c(1 - \varepsilon_g)} = \frac{1}{1 - \varepsilon_g}\left(\frac{Q_F H_c}{V_c} + J_B\right) \qquad (2\text{-}59c)$$

式（2-59a）表明 Q_B 随 H_c 的增大而减小。式（2-59c）用于计算 U_{Sp}、τ_p 和 Nd。当 $Q_F = 600L/min$ 时，矿物 A 的回收率 R_{CA}、τ_p、Nd 与 H_c/d_c 间的关系如图 2-22 所示。在如下多因素条件下 Nd 会随 H_c/d_c 的增大而减小：H_c 增大，分散系数（$E \propto d_c$）减小，u_l 增大。由于图 2-19 所示的原因，τ_p 增大。在这些因素的联合作用下，A 和 B 矿物的回收率都会随着 H_c/d_c 的增大而增大。

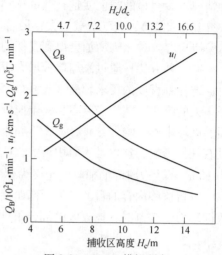

图 2-21　H_c/d_c 模拟研究：
浮选柱高度对偏流水量和气-液流量的影响[39]

（$V_c = 7.85m^3$，$Q_F = 600L/min$）

在四个不同的 H_c/d_c 值和几个给料流速下，品位和回收率曲线如图 2-23 所示。随着轴向混合程度的降低，提高 H_c/d_c 值可以提高捕收区的分离效果，尽管在 $H_c/d_c > 10 : 1$ 时效果不是很明显。分离效果的提高程度取决于矿物 A 和矿物 B 的捕收区速率常数。

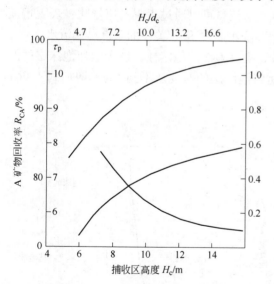

图 2-22　H_c/d_c 模拟研究：浮选柱
高度对气颗粒驻留时间、颗粒分散数
和捕收区回收率的影响

（$V_c = 7.85m^3$）

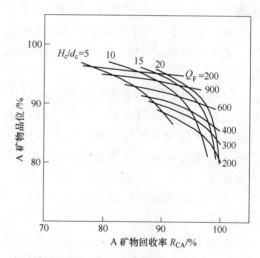

图 2-23　H_c/d_c 模拟研究：H_c/d_c 和
Q_F 对捕收区性能的影响

（Q_F 不同时，调节每台浮选柱的 V_c 值使 τ_p 值不变）

提高 H_c/d_c 值有两种方法，但都有重要的限定。第一种方法：采用较高的浮选柱。这种情况下，明显的约束就是有效的柱体顶部空间。随着 H_c/d_c 的增大（V_c 为常数），Q_g 减小（见图 2-21），气泡负载增大；最后气泡满载，超过此点后，增大 H_c/d_c 不起任何作用。d_c 保持为常数时，H_c 增加会得到类似的结果。

第二种方法：通过添加挡板增大 H_c/d_c 值。这将避免气泡过载的问题，但是之前提到对浮选柱垂直度的要求较高（见式(2-54)），挡板也是如此。安装挡板时，垂直偏差将带来很大的影响，挡板安装不当，轴向混合只会增大而不会减小。如果矿浆和空气在挡板截面的区域中不是均匀分布，那么这将彻底破坏浮选柱性能。在浮选柱中加挡板对 Q_B 的值没有任何影响，这也是表面积很大，Q_B 很高的浮选机中不加冲洗水的原因之一。通常把高为 10m，直径为 1m 的捕收区定义为标准单元[40]。

分析这些内容的目的是为了阐明混合对捕收区运行情况的影响。当浮选柱的运行由捕收区动力学控制时，捕收区的混合条件和颗粒的驻留时间是浮选柱设计的关键参数。

2.2.2.2 泡沫区

A 泡沫特征及组成

浮选柱在生产和使用过程中要注意很多问题，特别是要注意浮选过程中泡沫特征（泡沫层厚度、气体驻留时间、稳定性、颜色、大小、流动状态等），从而判断浮选柱的运行状态。根据浮选工业实践经验，气泡矿化理论及浮选柱流体力学，浮选柱要保证对矿浆具有良好的混合作用，使矿粒均匀地分布在柱体内，同时促进某些难溶性药剂的溶解，以利于药剂和矿粒充分作用。

浮选柱泡沫与常规浮选机泡沫的最大区别是增加了冲洗水，冲洗水有两个作用：提供偏流水和将固体颗粒收集到泡沫槽中的溢流水。水流量可以通过表观流速量化：表观偏流水速率 J_B、流向精矿的表观水速率 J_{CW} 和表观冲洗水速率 J_W，关注的重点是偏流水。

偏流水能够补充从泡沫中自然流失的水分，提高泡沫的稳定性，也会增加泡沫层的厚度。即便在没有固体物的情况下，偏流水也能将泡沫层的厚度从不到 10cm 增加到 100cm 以上[41]。

除此以外，冲洗水还能增加泡沫层中水的含量，或者反过来讲，降低了泡沫层中的气体含量或气体保有量，图 2-24 说明浮选柱泡沫与常规浮选机泡沫相比空气保有量降低。

无固体物的泡沫组成情况可以通过气体保有量、气泡大小、示踪曲线等参数的测量揭示出来。图 2-25 显示气泡大小增加（因小气泡的兼并引起），在靠近界面层的区域最为明显。温度曲线（冲洗水的温度低于矿浆的温度）也显示泡沫至少在两个区域形成（见图 2-26），这两个区域的分界点对应的是 74% 的气体保有量（见图 2-27）。

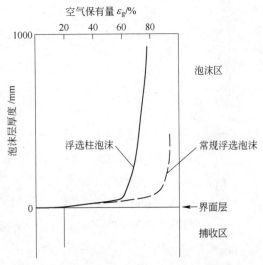

图 2-24 典型浮选柱与常规浮选机泡沫情况对比

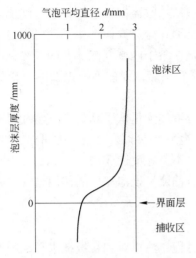

图 2-25　气泡大小与泡沫层厚度关系描述

（两相系统）

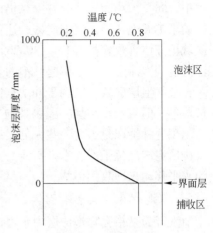

图 2-26　泡沫的温度曲线

（冲洗水比给入水温度低）

图 2-28 说明泡沫区由三个区域组成：扩展泡沫层（靠近界面层）、充填泡沫层和冲洗水入口上的排出气泡。

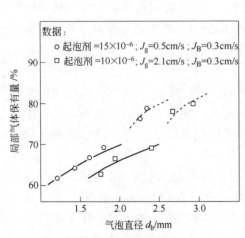

图 2-27　局部气体保有量和

气泡大小关系在 $\varepsilon_g = 74\%$ 时发生不连续现象[42]

（短画线：充填气泡层，气体保有量大于 74%；

实线：扩展气泡层，气体保有量小于 74%）

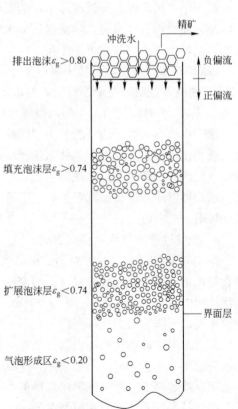

图 2-28　从两相研究中得出的泡沫结构

在与具有清晰界面的第一层泡沫碰撞后，气泡从捕收区向上进入扩展气泡层。在这个过程中，同类大小的气泡合并，且仍保持球状。气泡在碰撞界面产生了冲击压力波，压力波推动了扩展泡沫层内气泡碰撞，这种现象似乎是在某个区域气泡兼并的主要原因，在这个区域里液体含量较高（$1-\varepsilon_g > 0.26$），使气泡薄而易碎，但前面所提及的碰撞机理在常规浮选机的泡沫层中不会引起气泡的兼并。

充填气泡层区域扩展到了冲洗水进口处，部分液体含量低于 0.26，气泡相对来说都能保持球形，但直径在增加，大多数向上移动的气泡分布良好。在这一层里，兼并率降低了，出现这种情况是因为一些大的气泡快速上升来不及碰撞造成的。

排出泡沫层位于冲洗水入口线上方，此处为负偏流。该泡沫层的作用是将垂直移动改变为水平移动来回收固体物。

B　清洗行为及其影响因素

清洗行为是指去除泡沫层中水力夹带矿粒的过程，注重对细粒级疏水颗粒的回收，但需要注意，所有颗粒，无论是疏水还是亲水的，都可能被夹带。

在常规浮选机内开展的大量研究表明，颗粒夹带率正比于水的回收率[43]。对于直径小于 5μm 的颗粒，其夹带率几乎与水的回收率相等[44]。

对于浮选机来说，降低泡沫中水的回收率很难，事实上，矿浆区域需要补加水来稳定泡沫层。而对浮选柱来说，降低泡沫中水的回收率是可行的，因为泡沫水主要是由冲洗水提供，给矿中的水回收率近乎于零。

Les 矿在多种规格浮选柱中采用脉冲示踪粒子的研究方法说明了水的回收效果（见图 2-29）。曲线 4 说明溢流中没有给矿中水，其实少量给矿中的水已穿过界面层；对比曲线 3 和曲线 2，二者对应的给矿中的水位置分别为界面层上下 10cm。

给矿中的水回收率表示的是夹带颗粒回收率的边界条件（一个最差的情况）。与常规浮选机相比，较为开放的浮选柱泡沫层结构有利于去除水力夹带的矿粒。在浮选柱中，泡沫层气泡间的水膜厚度是常规浮选机中的 4~5 倍。研究水的回收率是检测颗粒夹带的有效方法。可以采用盐类示踪粒子开展工业和实验室试验来评价操作变量对给矿中的水回收率的影响。

a　充气速率和气泡直径的影响

图 2-30 说明了充气速率对给矿中的水回收率的影响。随 J_g 的增加，泡沫中给矿中的水含量增加。在较低充气速率（$J_g < 1.5 cm/s$）条件下，泡沫厚度约 10cm 时，给矿中的水在泡沫层中的含量已接近零。在 $J_g > 2 cm/s$ 时，给矿中的水能穿过 70~80cm 的泡沫层，引起负偏流，清洗行为弱化甚至消失。

充气速率是矿物选择过程的一个很重要的变量，如果充气速率很高（$J_g > 2 cm/s$），那就需要较厚（大于 1m）的泡沫层；如果充气速率较低（$J_g < 1 cm/s$）、较薄（小于 0.5m）的泡沫层就足够了。充气速率对选择的影响得出了 J_g 的上限，从实验室和工业性试验可以看出，最大的充气速率一般是在 3~4cm/s，更常用的充气速率为 1.5~2cm/s。

起泡剂含量（气泡大小）是控制给矿中的水进入泡沫层的另一因素，直径较小的气泡会增加给矿中的水进入泡沫层的机会。因此，起泡剂含量会影响产生负偏流的上部充气速率。

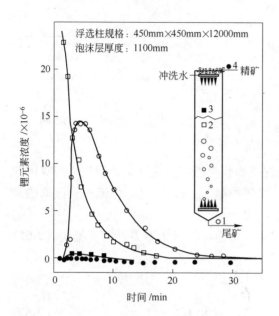

图 2-29　工业性浮选柱中示踪粒子
浓度和时间的关系（Les Mine Gaspe）
（$J_g = 0.68\text{cm/s}$，$J_w = 0.6\text{cm/s}$）

1—尾矿排出口；2—捕收区；3—泡沫区；4—精矿排出口

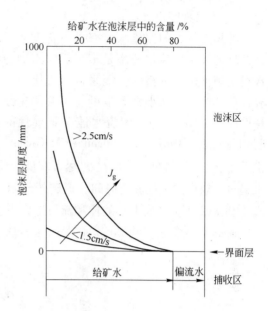

图 2-30　充气速率对泡沫水中给矿中的
水含量的影响
（冲洗水出口以上的泡沫不包括其中）

b　偏流量的影响

图 2-31 说明 J_B 在相对较高的情况下（$J_B > 2\text{cm/s}$）对清洗行为的影响。不断增加 J_B 能够降低水力夹带作用，但它不能弥补高 J_g 带来的不利影响。

将 J_B 增加到某个值（在这里大约是 0.4cm/s）实际上是不利的。这说明混合作用的加强导致了较高的表观偏流水速率。给矿中的水夹带直达混合充分的上部泡沫层，这将使给矿中水进入溢流。冲洗水在偏流水和溢流水间的分流取决于下列几个因素，预测起来比较困难。表观溢流水速率 J_{CW} 由公式（2-60）给出：

$$J_{CW} = J_g \left(\frac{1 - \varepsilon_{g0}}{\varepsilon_{g0}} \right) \qquad (2-60)$$

式中的 ε_{g0} 是上部泡沫层气体保有量，一般认为是 80%。可以通过测定溢流中的固体物速率或固体含量估算 J_{CW}。

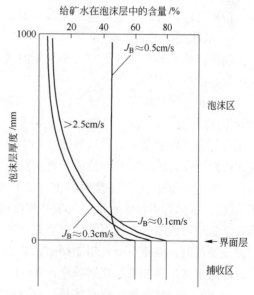

图 2-31　偏流水速率对泡沫水中
给矿中的水含量的影响
（冲洗水出口以上的泡沫不包括其中）

很明显，如果 J_{CW} 和 J_B 是已知的，冲洗水速率 J_W 可以推断出来：$J_W = J_{CW} + J_B$。

如果高一点的偏流水速率是不合理的，那么合理的最小偏流水速率是多少呢？添加冲洗水对实现浮选柱的潜在性能来说很关键，但也有证据证明，J_B 减小到零也可能不会恶化浮选柱性能（见图 2-32），偏流水速率重要性的证明相对缺乏。1987 年，Clingan 和 McGregor[45]

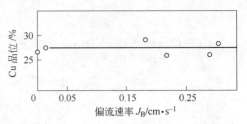

图 2-32 偏流水速率对精矿品位的影响
（直径 5cm 的浮选柱，Mt. isa 矿铜再选精矿）

记录了 $J_B > 0$ 的情况，他们在 J_B 尽可能低的情况下操作浮选柱，这样做会使进入捕收区的水最少，获得最大的驻留时间，遇到的问题是如何控制 $J_B > 0$。当时的偏流测量读取的是底流和给矿（矿浆或水）的体积流量差，误差很大。

Egan 等人提出量化偏流水的另一种方法是引入排出冲洗水比率 D_W[46]，见式（2-61）和式（2-62）。

$$D_W = Q_W / Q_{CW} = J_W / J_{CW} \tag{2-61}$$

$$J_B = (D_W - 1) \frac{Q_{CW}}{A_C} = (D_W - 1) J_{CW} \tag{2-62}$$

Egan 等人发现，在 $1.2 < D_W < 1.5$（对应 $0.2 J_{CW} < J_B < 0.5 J_{CW}$）时，细粒的硫化精矿的选择效果令人满意，$D_W > 1.5$ 时则没有任何优势。

研究表明，温热的冲洗水能够改善浮选柱的选择效果，这可能是因为水黏度的降低有助于冲洗水从泡沫中排除（Kaya 和 Laplante 1988）[47]。如果水温度太高，用常规的起泡剂时泡沫层就会坍塌。维持正偏流很重要，但在某些情况下（例如浮选柱流程的精扫作业，精矿要返回处理）也可能采用负偏流，再极端的情况就是一点冲洗水都不加。

c 泡沫层厚度的影响

前面讨论的各个变量之间的相互影响及任一变量的建议性设定值都是针对一般情况，泡沫层厚度也不例外。

100cm 是常用的泡沫层厚度，这个厚度能够有效抑制高充气速率引起的矿物夹带。较厚的泡沫层也降低了液位控制的精度要求。矿浆液位一般是由位于泡沫与矿浆界面层以下的压力传感器标定出来的。这种传感器的测定值经常受到气体保有量和矿浆密度改变的影响，因此，在传感测定的液位值与真实的液位值之间就会存在误差。

一些工厂依据生产经验得出泡沫层厚度不会明显影响浮选效果，泡沫层厚度改变50cm 仅仅意味着捕收区容量（一般捕收区高度是 10m）改变 5%，这对捕收区回收率的影响几乎是难以检测的。在不采用过高充气速率且冲洗水分配效果较好时，若以降低脉石夹带为主要目的，维持 50cm 的泡沫层厚度比较理想。如给矿密度增加或品位提高，也可以通过降低泡沫层厚度来保证回收率（Amelunxen 等人 1988，Kosick 等人 1988）[48]。

由于泡沫层厚度难以精确测量，到目前为止还没有足够的试验数据来说明泡沫层厚度对浮选指标的影响。如果泡沫层厚度不是一个重要的影响因素，那么最佳的控制策略应是最小化泡沫层厚度，最大化捕收区能力。要想弄清这个问题，首先需要一个精确的泡沫层厚度测量装置。

C 选择性

选择性关乎疏水性矿粒的分选效果，不同疏水性的矿粒在气泡上的捕收概率也不同。

如果矿粒总是重复脱落-再黏着行为，那么具有较高速率常数的矿粒会连续地选择出来，这种现象会因泡沫兼并而发生。气泡兼并源于气泡比表面积减少，会导致气泡重组，引起矿粒脱落和再次黏着。浮选柱内发生的气泡兼并取决于泡沫层厚度（Yianatos 等人证实泡沫层厚度超过 60cm 时气泡直径会增大一倍）和固体负荷等参数。

可依据泡沫层中矿粒脱落-再黏着的过程绘制精矿品位曲线，图 2-33 描述了 Les 矿选厂中 Mo、Cu、Fe 的硫化矿的品位曲线。浮选柱是在较厚泡沫层（150cm）、较小充气速率（1.1cm/s）条件下操作的。给矿中的水渗入泡沫层的高度不大于 10cm，在界面层以上 Mo 得到了富集，说明了泡沫的选择过程。采用 40cm 的泡沫层时 Mo 未得到富集，这么薄的泡沫层可能与冲洗水的混合效果较好，掩盖了泡沫层的富集过程。

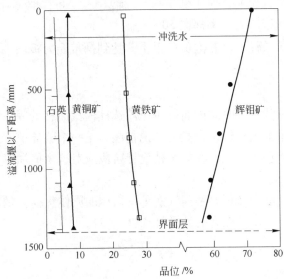

图 2-33 辉钼矿、黄铁矿、黄铜矿、石英的品位曲线
（直径 0.45m 的浮选柱，Gaspe 矿）

另外一个关于铜的硫化矿品位曲线表明，在大于 150cm 厚的泡沫层中，铜品位没有变化。这可能是因为泡沫达到了满负荷，当矿粒脱落以后，已没有自由的气泡表面提供给颗粒的再黏着过程。

上述内容观测了气泡的选择性，某些脱落的矿粒会从泡沫区返回到捕收区再次被捕收，在两个区域之间建立循环，这个循环会影响整个浮选柱对矿物的选择作用。

D 脱落

量化矿粒从气泡上的脱落（或者研究它的补集——泡沫层回收率 R_f）很有意义，但难度很大。实验室方法有：在有泡沫和无泡沫的条件下分别反算 R_f（Shaning，1985）[49]；从顺流和逆流浮选柱操作中计算能够满足已测定浮选柱回收率的泡沫回收率 R_f（Contini 等，1988）[50]；把泡沫区与捕收区进行隔离（Falutsu，Dobby 1980）[51]。在实际选厂中则是对浮选柱取样，利用泡沫层物质平衡的方法进行计算的。

对颗粒从泡沫层气泡上脱落的过程理解还不够深入，仅是做了一些尝试性观测。脱落过程与颗粒尺寸有关，颗粒越大，程度越高（见图2-34）。选择性可能与粗颗粒脱落增加有关，粗颗粒更易在观测过程中被锁定，因此粗颗粒选择性地脱落应理解为矿物的选择性。在大型浮选柱中脱落现象的增强可能与泡沫混合效果提高有关。实验室浮选柱的壁面效应能够稳定泡沫层，降低脱落程度。

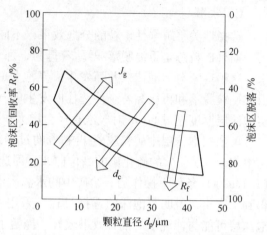

图 2-34 泡沫区回收率对颗粒尺寸的依赖关系

在实验室浮选柱和中试浮选柱中的脱落率达50%，在工业浮选柱中可能更高。为了反算 R_c 和捕收速率常数，建议在实验室和中试浮选柱试验中假定 $R_f = 50\%$，脱落过程可能取决于气泡的负荷，比如，对于低负荷钼浮选气泡来说，泡沫区的回收率都在50%以上。在另外一种极端条件下，气泡负荷很重，达到携带能力极限，此时的泡沫层回收率会很小。

E 携带

携带速率可以表示为单位时间内通过单位浮选柱横截面积的固体质量。已知条件下最大携带速率的实际测量值被称作携带能力。携带能力是一个临界值，此时较高浓度矿浆中的大部分细粒级矿粒将得到回收，在浮选柱设计阶段应对这个值加以考虑。

a 携带能力模型

携带速率取决于气泡表面积速率和气泡单位面积的固体负荷。携带能力与携带速率取决于相同的变量，因此，携带能力的计算见式（2-63）：

$$C_a = K_1 \frac{\pi d_p \rho_p J_g}{d_{b0}} \tag{2-63}$$

式中，d_{b0} 为浮选柱顶端的气泡大小（J_g 已经在前面定义过了）。浮选柱内测定的携带能力是通过 $d_{b0} > d_b$ 时的气泡来说明的。这种方式定义的携带能力比其他参数更加适用于浮选柱的按比例放大过程。单位体积空气内的固体质量可以定义为 C_g（这里 $C_g = C_a / J_g$）。

b 实验携带能力

携带能力可以在既定条件下通过确定精矿速率对给矿速率的函数来测量。当精矿速率达到最大值时就是携带能力。驻留时间一定时，可以通过改变给矿中的固体含量来调整给矿速率。可以预知，随着给矿率的增加，精矿率也会增加，直至精矿速率达到最大值（假设充气速率，药剂用量和冲洗水率都已调整好，且系统处于负偏流状态），实际情形会复杂一些。图 2-35 显示了两个例子。图 2-35（a）给矿为细粒级硫化矿（$d = 80 \sim 16 \mu m$），最大的精矿速率是 34g/min，$A_c = 20.3 cm^2$，得出携带能力 $C_a = 1.7 g/min/cm^2$。图 2-35（b）给矿是二氧化硅（$d = 80 \sim 35 \mu m$），最大的精矿速率是 15g/min，$A_c = 5.01 cm^2$，得出 $C_a = 3.0 g/min/cm^2$。

这两个例子都说明给矿速率过量后精矿速率是降低的，这是由于精矿粒度变细的缘故，如图 2-36 和图 2-37 所示。图 2-36 描述了三个给矿速率条件下的锌硫化矿浮选柱选别

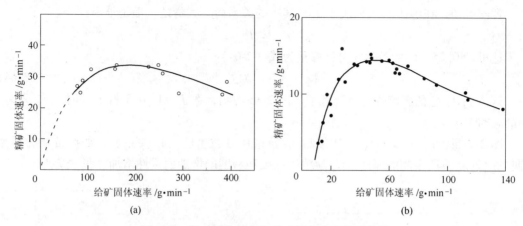

图 2-35 精矿固体速率与给矿固体速率关系曲线

(a) Mt. isa 矿选厂铜精矿再处理，$d_c = 5.1 \text{cm}$[52]；(b) 二氧化硅 $d_c = 2.5 \text{cm}$

试验中精矿粒级的分布情况。最大精矿速率产生在固体给矿速率为 80g/min 时，超过这个给矿速率，精矿速率和精矿颗粒粒级就会降低。在浮选柱流程中得到图 2-37 中的数据，由于给矿速率过大，第一台浮选柱比第二台产出了粒级更细的精矿，得到了更低的 C_a。

精矿颗粒大小的降低和随之发生的精矿速率的降低，似乎是源于泡沫上粗颗粒的率先脱落，如图 2-34 所示。虽然这很复杂，但 C_a 值仍然能够说明最大的精矿固体速率。

实验室浮选柱的实验已经揭示了 C_a 值在 $J_g > 1.5 \text{cm/s}$ 的范围内相对独立于充气速率。如果此时计算 C_g（每单位气体容积的精矿固体，$C_g = C_a / J_g$），那么 C_g 将随 J_g 的增加而降低（见图 2-38），这就是为什么在浮选柱设计中应优先选择 C_a 的原因。

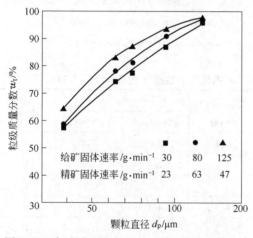

图 2-36 中试浮选柱内三个不同的给矿固体速率
条件下，硫化锌精矿的颗粒大小分布
（最大携带能力 C_a 出现在给矿固体速率为 80g/min 时）

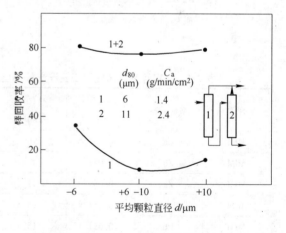

图 2-37 Mt. isa 矿一段浮选柱锌精矿再处理
过程中最细粒级组分的回收率[53]

C_a 独立于 J_g 的原因可以追溯到同 J_g 与 d_{b0} 的关系上。在捕收区，d_b 和 J_g 的关系大概如下：

$$d_b \propto J_g^{0.25}$$

观察可知，在泡沫区 d_b 取决于 J_g，其中的关系尚不太清楚。但是推断：

$$d_b \propto J_g^q$$

这里 $q>0.25$。C_a 的表达式可以修正为式（2-64）：

$$C_a = K_1 \pi \rho_d d_d J_g^{1-q} \tag{2-64}$$

这样 J_g 对 C_a 的影响程度就降低了。图 2-36 说明，在 $J_g = 1.5 \sim 3 \text{cm/min}$ 时，式（2-64）中的 q 约等于 1。

图 2-39 说明了 C_a 数据与精矿产品 d_{80} 及精矿颗粒密度 ρ_p 的关系。正如携带能力模型（见式（2-64））所预测的那样，C_a 随精矿粒级和密度的增加而线性增加（见表 2-4）。

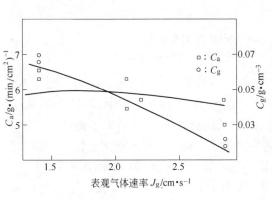

图 2-38 携带能力 C_a 和充气速率 J_g 的关系曲线

（$J_g>1.5 \text{cm/s}$ 时对 C_a 的影响不大，

而 C_g 随 J_g 增大而减小）

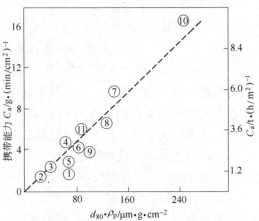

图 2-39 携带能力与精矿产品颗粒

d_{80} 和密度 ρ_p 的关系曲线

（数据：$6\mu m<d_{80}<44\mu m$；$2.6 \text{g/cm}^3 <$

$\rho_p<5.8 \text{g/cm}^3$；$0.025m<d_c<1.0m$）

表 2-4 从实验室浮选柱和工业浮选柱得出的不同携带能力数据（也可参考图 2-39）

矿样地点	给矿矿物	柱直径 /m	颗粒直径 $d_{80}/\mu m$	密度（ρ_p）/g·cm^{-3}	C_a g/min/cm^2	C_a t/h/m^2	编号
MIM	Cu	0.051	16	4.3	2.0	1.2	A
MIM	Zn	0.051	6	4.0	1.4	0.84	B
MIM	Zn	0.051	11	4.0	2.3	1.38	C
MIM	Pb/Zn	0.051	16	4.2	4.5	2.70	D
MIM	Pb	0.051	15	4.5	2.7	1.62	E
MIM	Pb	0.051	14	5.8	4.1	2.46	F
Sullivan	Zn	0.051	35	4.0	9.1	5.46	G
Disputada	Cu	0.91	30	4.2	6.2	3.72	H
Kidd Creek	Cu	0.20	23	4.2	3.8	2.28	J
Inco	Cu	1.1	44	5.6	16.1	9.66	K
U. of T	Silica	0.025	35	2.6	5.13	3.08	L

当 d_{80} 以 μm 为计量单位，ρ_p 以 g/cm^3 为单位时，图 2-37 给出了如下关系，见式 (2-65)。

$$C_a = 0.068 d_{80} \rho_p \quad (\text{g/min/cm}^2) \tag{2-65a}$$

$$C_a = 0.041 d_{80} \rho_p \quad (\text{t/h/m}^2) \tag{2-65b}$$

式 (2-65) 是一个经验模型，因此只适用于实测的变量，对实验数据 d_{80} 的上限（约 40μm）必须要注意。有证据表明当 d_b 大于 40μm 时，携带能力不再随 d_p 的增加而正比增加，而是达到一个最大值（既然 C_a 只是细颗粒矿物的一个约束条件，那么携带模型的粒级上限已不能算做一个严格的限定）。当 $J_g < 1.5$ cm/s 时，C_a 可能会随 J_g 的降低而降低。

从携带能力数据上来观察，浮选柱直径 d_c 大于 1m 的话，C_a 的值与浮选柱直径就没有太大的关系。与浮选机槽体不同，溢流堰长度与面积比率似乎不再是一个控制性的参数，这可能是因为冲洗水使浮选柱泡沫流动性变好的缘故。浮选柱直径明显超过 1m 时，水平方向的质量传输能力最终会成为携带能力的限制条件。目前还不知道式 (2-65) 有效的最大浮选柱直径是多少。

从浮选柱设计角度讲，C_a 的实验值是很有用的。在已知给矿（尤其是 d_{80}）和 J_g（其值应落在适合于经验公式的范围内）的条件下，式 (2-65) 可以估算 C_a 的值。

c 与携带能力相关的操作说明

浮选柱应在最大生产效率下工作，当操作人员寻求浮选柱的最大产能时，就会重点关注设备的携带能力。

达到携带能力时，浮选柱对给入矿浆的波动非常敏感。如矿浆品位和矿浆中固体物含量增加将会使可浮性矿物的给矿速率增加。既然浮选柱工作状态已达到携带能力，再去增加给矿速率则意味着降低矿物回收率。改变操作方式，比如增加充气速率，这样做在常规浮选机里可能会起作用，但在浮选柱里不起作用（如果增加充气速率能够提高携带能力，那么就说明此时浮选柱为负偏流状态，意味着精矿品位的损失）。增加冲洗水速率和提高液位是一个解决的办法，但却要以牺牲精矿品位为代价。合理的控制方式是降低给入的固体物速率并维持上浮矿物的给矿速率为常数。

通过改变浮选柱操作变量来调节给矿条件没有现成的方法，这需要在设计阶段加以考虑。或者最好采用多段浮选柱配置，借助下向流浮选柱对底流进行再处理（也就是扫选作业）。流程设计应满足工程处理量要求，以免在实际操作中超出了浮选柱携带能力。在多段浮选柱中，一段浮选柱会给矿过量，其携带能力可能会降低。对于多段浮选柱流程来说，还有一个问题要考虑，那就是对于流程下游的浮选柱精矿如何处理，尤其是在给矿品位持续降低，浮选柱的精矿品位太低，不能作为最终产品时。在已达浮选柱携带能力时，无法将不合格精矿返回再处理。这就说明，浮选柱流程至少应该有三个作业，扫选作业浮选柱的不合格精矿可以返回到粗选作业（未达到携带能力）。

F 泡沫层稳定性

在常规浮选机中，药剂与固体物会影响泡沫层稳定性，浮选柱也不例外。Espinosa-Gomez 等人给出了药剂对泡沫层稳定性的影响。在不考虑起泡剂类型的条件下，$30 \times 10^{-6} \sim 40 \times 10^{-6}$ 浓度的脂肪酸会使泡沫层破灭。脂肪酸是要与乳化剂按 3:1 的比例添加的，只有添加了这种乳化剂，泡沫层才能形成。也有报道提出固体物导致泡沫层的不稳定性，一种现象是气泡膨胀，传输固体颗粒，然后破灭。另一种现象就是在泡沫层中形成发黏且没有矿化的大气泡。

固体物影响泡沫层稳定性是由于它的尺寸和疏水程度。假设固体颗粒直径为 d_p，直径与气-水界面（也就是气泡表面）形成的接触角为 β（见图 2-40），当另一气-水界面与颗粒接触时也会形成相同的接触角。颗粒周围的水膜厚度为 $d_p\cos\beta$。如果 $d_p\cos\beta$ 小于水膜的临界破裂厚度，那么颗粒就会造成水膜破裂和泡沫层的不稳定性。

接下来的分析如图 2-40 所示，不考虑颗粒尺寸，$\beta \geqslant 90°$ 的强疏水性颗粒会引起水膜破裂；$\beta = 0°$ 的亲水性颗粒会促进水膜的稳定性。后者的观测与浮选柱泡沫的关联度更高，因为亲水性颗粒抑制效率很高。

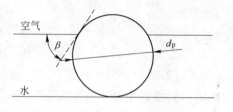

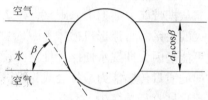

图 2-40   疏水颗粒诱导两个气泡兼并

上面的分析是针对单个气泡，并外延到小载荷泡沫层，是经过了试验验证的。气泡带上负荷以后，其图像就比较复杂了。带负荷的气泡就有了进入界面层和排出水化膜水的阻力，好像水化膜的水的黏度增加了一样。

图 2-41 描述了固体物对气泡的影响。浮选柱能够仅靠冲洗水（至少在实验室和中试浮选柱中）就能稳定厚度超过 1m 的泡沫层，这不同于常规浮选机的溢出泡沫。在较重的负荷条件下，即使是常规浮选机的溢出泡沫也可以维持 30cm 的泡沫层厚度。

在较强的疏水性颗粒条件下，气泡的破灭可能是某些时候需要在冲洗水中添加起泡剂来稳定泡沫层的原因，也可能是某些时候浮选柱需要比常规浮选机更少的捕收剂的原因。降低颗粒疏水性可以使较厚的泡沫层维持稳定。

从现实角度看，以起泡剂在溶剂内的浓度（如 mg/L）来量化药剂用量比起固体含量（g/kg）更好。尤其是在给料的固体百分含量不同时，比如在对比浮选柱与浮选机性能时，这点很重要。大幅度改变溶剂内起泡剂的浓度会改变气泡直径，导致浮选结果混乱。在使用浮选柱时，给矿中的固体含量较低，泡沫层破灭的可能性较大（比如扫选及某些粗选作业）。Harbour Light 矿山的实践表明，在低品位（2%）给矿条件下，浮选柱可做粗选。在某些应用场合，低负荷意味着要降低泡沫层厚度。

在粗粒级、大密度固体颗粒条件下，泡沫区密度可能超过直接支撑它的矿浆密度，随后泡沫层或部分泡沫层就会下沉穿过密度更低的下部区域。这可能就是增加给矿矿浆密度会导致泡沫不稳定的原因。解决的方法就是降低泡沫层厚度，增加冲洗水量并向冲洗水中添加起泡剂，以此增加固体去除速率。这样可以增加泡沫层中的含水量，降低泡沫层密

图 2-41   固体负荷对泡沫稳定性的影响

度，维持泡沫层稳定。

2.2.2.3 区域间作用

前面章节介绍了捕收区与泡沫区各自特点。捕收区的回收率取决于捕收速率常数、颗粒驻留时间和轴向混合程度。泡沫区的实用模型与捕收区模型是同步发展的，泡沫区性能特点也比较清晰。泡沫区存在固体携带能力的限度，并可由式（2-65）预测这个限度的第一近似值。矿粒会从泡沫区脱落到捕收区，即使泡沫所携带的固体物没有达到满负荷，这个现象也会存在，且矿粒越大越容易脱落。

在两个区域的界面层，颗粒传输作用发生在两个方向上。从捕收区到泡沫区的颗粒传输模式是颗粒黏着在上升气泡上。通常，浮选柱内矿粒夹带过程的重要性会被忽略。气泡兼并导致泡沫上的部分颗粒脱落，随后被偏流水从泡沫区运回捕收区。大量的颗粒脱落现象首先发生在泡沫区的前几十毫米的厚度上。此处，气泡上升速率迅速降低，气泡合并也在同时发生。下文就是要说明两个区域的相互作用是如何影响浮选柱整体性能的，分析内容与捕收速率常数 K_c 相关。

A 区域混合对回收率的影响

图 2-42 说明了不同设备配置的泡沫区和捕收区情况，图 2-42（a）表示浮选柱配置，图 2-42（b）表示浮选机配置。

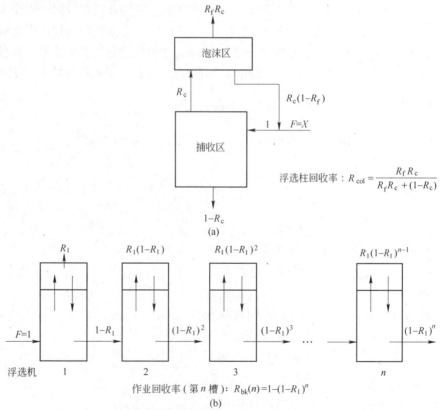

图 2-42 浮选柱配置和浮选机配置中捕收区和泡沫区示意图
(a) 浮选柱配置；(b) 浮选机配置

在浮选柱配置里，R_c 是捕收区回收率，R_f 是泡沫区回收率。假定捕收速率常数和再捕收速率常数相同，则总的回收率 R_{fc} 可以写为式（2-66）：

$$R_{fc} = \frac{R_c R_f}{R_c R_f + 1 - R_c} \qquad (2-66)$$

对于槽体配置，单个作业的捕收区回收率用 R_{ci} 表示，任一作业的泡沫区回收率用 R_f 表示，则单个槽体的总回收率 R_i 可以用式（2-67）表示为：

$$R_i = \frac{R_{ci} R_f}{R_{ci} R_f + 1 - R_{ci}} \qquad (2-67)$$

在浮选机的连槽配置中，总的连槽回收率 $R_{bk}(n)$ 见式（2-68）[54]。

$$R_{bk}(n) = 1 - (1 - R_1)^n \qquad (2-68)$$

两种配置的关键差异在于从泡沫上脱落的颗粒在捕收区的驻留时间不同。对浮选柱来说，颗粒从泡沫上脱落后在捕收区的驻留时间和原先一样多，从而完成再捕收过程。而在连槽配置的浮选机中，从泡沫脱落的矿粒在第 2 槽中的平均驻留时间总是少于原来的驻留时间，再捕收的机会就相对少一些。

为了对比两种设备配置的浮选性能差异，做了一个仿真研究，目的是分析捕收区和泡沫区对两种可浮性矿物分选效果的影响。为了便于对比，可以认为在两种设备配置中，泡沫对矿粒夹带行为所产生的回收率为零。

仿真实验比较了两个槽子的连槽配置（每个槽子捕收区混合状态等同于一个完整的混合器）和一个浮选柱配置。为了保证比较的一致性，可以认为浮选柱捕收区混合效果等同于两个完整的混合器。假定总捕收区平均驻留时间 τ_p 在两种设备配置中相同。如捕收速率常数 k_c 和所有设备的泡沫区回收率 R_f 都相同，对浮选柱来说，捕收区回收率可表示为：

$$R_c = 1 - \left(1 + \frac{k_c \tau_p}{2}\right)^{-2} \qquad (2-69)$$

将式（2-69）代入式（2-66）可得 R_{fc}。

对连槽浮选机配置：

$$R_{ci} = 1 - \left(1 + \frac{k_c \tau_p}{2}\right)^{-1} \qquad (2-70)$$

代入式（2-67）和式（2-68）可得 R_{bk}（2）。

仿真模型中给料包含捕收速率常数 K_{cA} 为 0.80 的矿物 A，捕收速率 K_{cB} 为 0.08 的矿物 B。通过不断变化的 τ_p 值，可得出一系列的品位和回收率的值。假定两种矿物的泡沫区回收率相同，泡沫区回收率 R_f 为 50% 时的品位-回收率图表已经由图 2-43 给出了。图 2-44 显示了 R_f 为 30%、50%、70% 时品位与回收率的关系；图 2-45 显示的是在等同于 4 个完整搅拌槽混合效果的连槽浮选机和 R_f 为 50% 的条件下，品位与回收率的关系。

浮选柱配置分选效果要好于浮选槽配置的

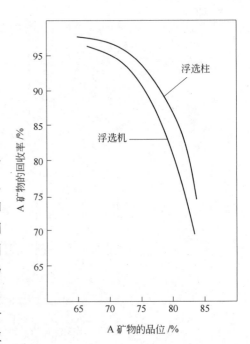

图 2-43　仿真例子中的品位-回收率关系曲线
（$R_f = 50\%$，$n = 2$）

效果。在浮选柱配置中，分选效果随泡沫脱落的增加而变好，也就是 R_f 降低。当精选回收率降低时，在粗选-精选流程中浮选柱对提高分选效果的作用也是相似的（假设粗选作业的浮选设备有足够的能力处理循环负荷）。

从图 2-44 可以清晰地看出，浮选机配置中 R_f 的值没有影响分选性能（处理能力除外）。因此，在浮选机配置中假定 R_f 为常数并不会对品位-回收率关系曲线形状的确定造成明显影响。

需要注意，泡沫对矿粒夹带作用和泡沫选择性并未在仿真结果中加以考虑。将混合状态转变为柱塞流（比如通过增加 H_c/d_c 或者是浮选机槽子的数量来实现）可以改善两种设备配置条件下的品位-回收率关系（见图 2-45）。很明显，如果浮选设备对矿浆的混合效果等同于一个完整混合器，那么两种配置条件下的品位-回收率关系就很相近。

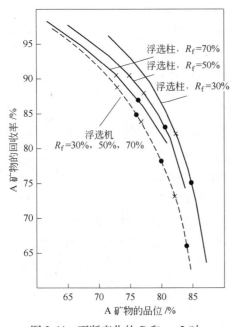
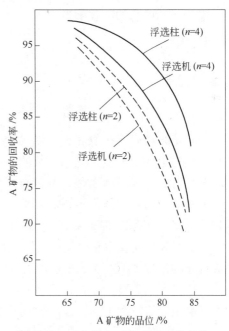

图 2-44　不断变化的 R_f 和 $n=2$ 时，
仿真例子中品位-回收率关系曲线（数据点是仿真值）

图 2-45　$n=2$ 和 4，$R_f=50\%$ 时的品位-
回收率仿真示意图

B　速率常数定义

在实验室浮选柱和仿真模型中浮选速率常数 K_c 都是一个重要参数。然而，K_c 的测量是比较困难的，因为设计试验时要将泡沫区和捕收区结合在一起，同时又要单独考察每个区域的浮选性能。在柱浮选工艺中通常会引用一个总的速率常数（用 k_{fc} 表示），这种做法是把浮选柱作为单独的个体。在大多数情况下，k_{fc} 不是一个真正意义上的速率常数。既然 k_{fc} 是在浮选柱设计和放大过程中常用的速率常数，那么分析 k_{fc} 和 k_c 的差异就显得很重要。两个速率常数之间的关系取决于混合状态。如下内容是在混合过程的两个极端——柱塞流与完全混合条件下，对 k_{fc} 和 k_c 进行比较分析。

a　完全混合情况

在完全混合条件下，当捕收区的颗粒驻留时间为 τ_p 时，总的回收率可用 k_{fc} 表示（见式（2-71））：

$$R_{fc} = 1 - (1 + k_{fc}\tau_p)^{-1} \tag{2-71a}$$

用 k_c 表示的总的回收率为：

$$R_{fc} = \frac{[1 - (1 + k_c\tau_p)^{-1}]R_f}{[1 - (1 + k_c\tau_p)^{-1}]R_f + 1 - (1 + k_c\tau_p)^{-1}} \tag{2-71b}$$

式（2-71a）与式（2-71b）是等同的，取消条件，得出式（2-72）：

$$k_{fc} = k_c R_f \tag{2-72}$$

b 柱塞流情况

在柱塞流条件下，当捕收区颗粒驻留时间为 τ_p 时，总的回收率用 k_{fc} 表示（见式（2-73a））。

$$R_{fc} = 1 - \exp(-k_{fc}\tau_p) \tag{2-73a}$$

用 k_c 表示的总的回收率为：

$$R_{fc} = \frac{[1 - \exp(-k_c\tau_p)]R_f}{[1 - \exp(-k_c\tau_p)]/R_f + 1 - [1 - \exp(-k_c\tau_p)]} \tag{2-73b}$$

式（2-73a）与式（2-73b）是等同的，得出式（2-74）：

$$k_{fc} = \frac{1}{t_p}\ln[\exp(k_c t_p)R_f + 1 - R_f] \tag{2-74}$$

k_c 可以被看成一个真正的速率常数，在柱塞流情况下，k_{fc} 是 τ_p 的函数（见式（2-74）），所以它不具有真正速率常数的性质；在完整搅拌状态下，k_{fc} 不再是 τ_p 的函数（见式（2-72）），当 R_f 成为常数，k_{fc} 就有了真正速率常数的性质。

很明显，从 k_c 中估测 k_{fc} 的值需要认识 R_f。表 2-5 说明了柱塞流情况下二者的关系。可以看出，在 k_c 值较大时，不管 R_f 怎么样，k_{fc} 都与 k_c 值接近。如果 k_c 值较大的条件得以满足，这就意味着实验室和中试浮选柱能够通过测量 k_c 来估测 k_{fc}，并且 k_{fc} 可以用于浮选柱放大设计的过程中。然而，工业浮选柱中矿粒的传输并非柱塞流，那么 R_f 对 k_{fc} 就会变得很重要（见式（2-71））。即使实验室和工业浮选柱的 k_c 值相同，也不能在柱塞流条件下假设实验室浮选柱和工业浮选柱的 k_{fc} 值相同。

表 2-5 柱塞流负载前提下 k_{fc} 和 k_c 的关系

k_{fc} 测量值	R_f 假定值/%	k_c/min⁻¹	k_c/k_{fc}
	100	1.20	1.00
1.2	75	1.25	1.04
	50	1.32	1.10
	25	1.43	1.19
	100	0.20	1.00
0.2	75	0.23	1.15
	50	0.29	1.45
	25	0.39	1.95

目前，R_f 值及其影响因素的量化数据是很有限的，可以确信在实验室或中试浮选柱中所获得的有代表性的 R_f 值分布在 40% ~ 80% 这个区间内，在大直径工业浮选柱中 R_f 将明显低于这个值。

C 浮选柱操作方式

研究人员曾对气-浆或气-水流的顺流式浮选柱进行过操作。顺流式浮选柱引人之处在于：在逆流浮选柱中粗粒级（例如大于 $100\mu m$）矿粒的沉淀速率会缩短驻留时间；高速率常数的矿物（如煤）向下的矿浆速率会受到气体保有量的限制。

区域之间的相互作用或许会对浮选过程产生许多负面的影响，重新捕收的过程对从泡沫上脱落的颗粒也不再有原始的驻留时间。实际上，顺流设计可能会将脱落的颗粒当作尾矿排出，这样就丧失了重新捕获的机会，降低了回收率，但却增加了选择性。顺流浮选柱可能必须得用较薄的泡沫层厚度来达到回收率要求。

总体来说，柱浮选动力学理论研究虽已取得了重大进展，但仍无法对柱浮选过程做出全面解析。首先，柱浮选过程是极为复杂的，存在诸多影响因素，研究者仅能针对某些因素选用相应的方法对柱浮选过程进行描述，不同浮选动力学模型也往往只能突出一个或几个方面的柱浮选动力学过程。因此，综合各种模型的长处，将柱浮选子过程的不均一性在同一模型中做出描述仍是浮选理论发展的基本方向；其次，对于现存的柱浮选动力学模型本身而言，普遍存在某些缺陷，模型参数多由经验确定，对浮选新流程（机柱联合流程）、新设备（流化床浮选柱、磁浮选柱、超声波浮选柱）的适用性差，无法精确预测过程的结果，完善已有模型是一项艰巨的任务；再次，某些柱浮选子过程的微观方面（如气泡在矿粒表面的析出机理、矿粒在泡沫层中的脱落等）难以量化和测定，深入直观地揭示这些过程的本质是浮选理论发展的新内容。

参 考 文 献

［1］M T 伊图库巴尔. 浮选柱浮选中决定浮选柱高度的因素［J］. 国外选矿快报，1998（2）：9-12.

［2］Tao D, Luttrell G H, Yoon R H. A parametric study of froth stability and its effect on column flotation of fine particles［J］. Int. J. Miner. Process, 2000（59）：25-43.

［3］Rodrigo Araya Ledezma. Gas Distribution in Industrial Flotation Machines：A Proposed Measurement Method［D］. McGill University, 2009.

［4］卢寿慈. 现代浮选理论及工艺. 武汉：武汉钢铁学院，1983.

［5］沈政昌，卢世杰. 大型浮选机评述［J］. 中国矿业，2004（2）：229-233.

［6］Gaudin A M. Flotation［M］. McGraw Hill Book Co. , Inc, New York, 1932.

［7］Sutherland K L. Physical chemistry of flotation XI. Kinetics of the flotation process［J］. J. Phys. Chem. 52（1948）：394-425.

［8］Kouachi S, Bouhenguel M, Amirech A, et al. Yoon － Luttrell collision and attachment models analysis in flotation and their application on general flotation kinetic model［J］. Desalination, 2010（12）：Volume 264, 228 － 235.

［9］Weber M E, Paddock D. Interceptional gravitational collision efficiencies for single collectors at intermediate Reynolds numbers［J］. J. Colloid Interface Sci. , 1983, 94（2）：328-335.

［10］Yang S M, Han S P, Hong J J. Capture of small particles on bubble collector by Brownian diffusion and interception［J］. J. Colloid Interface Sci, 1995：125-134.

［11］Anh V Nguyen, John Ralston, Hans J Schulzu. On Modelling of bubble-particle attachment probability in flotation［J］. Minerals Engineering, 2009, 22（1）：57-63.

［12］Anh V Nguyen, George P, Jameson G J. Demonstration of a minimum in the recovery of nanoparticles by flotation：theory and experiment［J］. Chemical Engineering Science, 2006, 61（8）：2494-2509.

［13］Phong T Nguyen, Anh V Nguyen. Validation of the generalised sutherland equation for bubble-particle encounter efficiency in flotation: effect of particle density ［J］. Minerals Engineering. 2009, 22: 176-181.

［14］Shahbazia B, Rezaib B, Javad Koleinic S M. Bubble-particle collision and attachment probability on fine particles flotation ［J］. Chemical Engineering and Processing. 2010, 49: 622-627.

［15］Miller J D, Ye Y. The significance of bubble/particle contact time in the analysis of flotation phenomena-the effect of bubble size and motion, presented at 114th Ann. SME/AIME Meeting, Denver, CO. 1987.

［16］Jowett A. Formation and distribution of particle-bubble aggregates in flotation ［J］. in Fine Particles Processing, Proc. Int. Symp. on Fine Particles, LasVegsa, Nev. （P. Somasundaran, ed.）, AIME, N. Y., 1980: 720-754.

［17］Schulze H J, Gottschalk G. Investigations of thehydrodynamic interaction between a gas bubble and mineral particles in flotation ［J］. Proc. 13th Int. Mineral Processing Congr. Warsaw, Poland, （J. Laskowski. ed.）, Elsevier, 1981, N. Y. 63-84.

［18］Zongfu Dai, Daniel Fornasiero, John Ralston. Particle-bubble collision models-a review ［J］. Advances Colloid and Interface Science, 2000 （85）: 231-256.

［19］Zongfu Dai, Daniel Fornasiero, John Ralston. Particle-bubble attachment in mineral flotation ［J］. Journal of Colloid and Interface Science, 1999, 217: 70-76.

［20］Hewitt D, Fornasiero D, Ralston J. Bubble particle attachment efficiency ［J］. Min. Eng. 1994: 657-665.

［21］Dobby G S, Finch J A. A model of particle sliding time for flotation size bubbles ［J］. J. Colloid Interface Sci, 1986, 109 （2）: 493-498.

［22］Luttrell G H, Yoon R H. Determination of the probability of bubble – particle adhesion using induction time measurements, in Production and Processing of Fine Particles （A. J. Plumpton, ed.）, CIM Conference of Metallurgists, Montreal, Pergamon, 1988: 159-168.

［23］Xu D, Ametov I, Grano S R. Detachment of coarse particles from oscillating bubbles——the effect of particle contact angle, shape and medium viscosity ［J］. International Journal of Mineral Processing. 2011, 101: 50-57.

［24］Schulze H J. Probability of particle attachment on gas bubbles by sliding ［J］. Adv. Colloid Interface Sci., 1992 （40）: 283-305.

［25］Schulze H J. Flotation as a heterocoagulation process: possibilities of calculating the probability of flotation ［J］. Surfactant Science Series, 1993, 47: 321-353.

［26］Zlokarnik M. Erzmetall. 1973, 3: 107-113.

［27］胡熙庚, 黄和慰, 毛钜凡, 等. 浮选理论与工艺 ［M］. 长沙: 中南工业大学出版社, 1991.

［28］Welsby S D D, Vianna S M S M, Franzidis J P. Assigning physical significance to floatability components ［J］. International Journal of Mineral Processing, 2010, 97: 59-67.

［29］Przemyslaw B, Kowalczuk, Oktay Sahbaz, et al. Maximum size of floating particles in different flotation cells ［J］. Minerals Engineering, 2011, 24: 766-771.

［30］Finch J A, Dobby G S. Column flotation ［M］. Oxford: pergamon press, 1990.

［31］Levenspiel O. The Chemical Reactor Omnibook ［M］. OSU Book Stores, Corvallis, OR, 1979: Chapters 61-64.

［32］Levenspiel O. Chemical Reaction Engineering ［M］. Wiley, N. Y., 1972: Chapter 9.

［33］Dobby G S, Finch J A. Mixing characteristics of industrial flotation columns ［J］. Chem. Engng. Science, 1985, 40 （7）: 1061-1068.

［34］Baird M H I, Rice R G. Axial dispersion in large unbaffled columns ［J］. chem. Eng. J., 9, 1975: .

171, 174.

[35] Laplante A R, Yianatos J B, Finch J A. On the mixing characteristics of the collection zone in flotation columns, in Column flotation' 88 (K. V. S. Sastry, ed.), SME Annual Meeting Phoenix, Arizona, 69-80.

[36] Tinge J T, Drinkenburg A A H. The influence of slight departures from vertical alignment on liquid dispersion and gas holdup in a bubble column [J]. Chem. Eng. Sci., 41 (1): 165-169.

[37] Masliyah J H. Hindered settling in a muti-species particle system [J]. Chem. Eng. Sci., 1979 (34): 1166-1168.

[38] Yianatos J B, Finch J A, Laplante A R. Apparent hindered settling in a gas-liquid-slurry countercurrent column [J]. Int. J. Mineral Processing, 1986: 18 (3/4): 155-166.

[39] Yianatos J B, Laplante A R, Finch J A. Estimation of local hold up in the bubbling and froth zones of a gas-liquid column [J], Chem. Eng. Sci. 1985, 40 (10): 1965-1968.

[40] Yianatos J B, del Villar R, Finch J A, et al. G. S. Preliminary flotation column design using pilot scale data, in Proceeding Copper' 87 (A. L. Mular, G. Gonzalez and C. Barahona, eds.), Published by the University of Chile, 1987: 171-184.

[41] Yianatos J B, Finch J A, Laplante A R. The cleaning action in column flotation froths [J], Trans. Inst. Min. Metall. (Section C), 1987 (96): 199-205.

[42] Yianatos J B, Finch J A, Laplante A R. Holdup profile and bubble size distribution of flotation column froths [J]. Canadian Metallurgical Quarterly, 1986, 25 (1): 23-29.

[43] Lynch A J, Johnson N W, Manlapig E V. Mineral and coal flotation circuits-their simulation and control [M]. Elsevier, Amsterdam, 1981: 26-87.

[44] Trahar W J. A rational interpretation of the role of particle size in flotation [J]. Int. J. Mineral Processing, 1981: (8): 289-327.

[45] Clingan B V, McGregor D R. Column flotation experience at Magma Copper Co. [J]. Minerals and Metallurgical Processing, 1987, 3 (3): 121-125.

[46] Egan J R, Fairweather M J, Meekel W A. Application of column flotation to lead and zinc beneficiation at Cominco, in Column Flotation' 88 (K. V. S. Sastry, ed.), SME Annual Meeting Phoenix, Arizona, 1988: 19-26.

[47] Kaya M, Laplante A R. Evaluation of the potential of wash water addition and froth vibration on gangue entrainment in mechanical flotation cells, in Proc. Ⅱ Inter. Mineral Processing Symp. (Y. Aytekin, ed.) Izmur, Turkey, 1988, 10 (4~6): 175-186.

[48] Amelunxen R. Llerena R, Dunstan P, et al. Mechanics of column flotation operation, in Column Flotation' 88 (K. V. S. Sastry, ed.), SME Annual Meeting Phoenix, Arizona, 149-156.

[49] Shaning Yu. Particle collection in a flotation column, M. Eng. thesis, McGill University, Montreal, Canada. 1985.

[50] Contini N J, Wilson S W, Dobby G S. Measurement of rate data inflotation columns [J] in Column Flotation'88 (K. V. S. Sastry, ed.), SME Annual Meeting Phoenix, Arizona, 1988: 81-89.

[51] Falutsu M, Dobby G S. Direct measurement of collection zone recovery and froth drop back in a laboratory flotation column [J], Minerals Engineering, in press.

[52] Espinosa-gomez R, Yianatos J B, Finch J A, et al. N. W. Carrying capacity: limitations in flotation columns, in Column Flotation' 88 (K. V. S. Sastry, ed.), SME Annual Meeting Phoenix, Arizona, 143-148.

[53] Espinosa-gomez R, Finch J A, Dobby G. S. Column carrying capacity: particle size and density effects [J]. Minerals Engineering, 1988, 1 (1): 77-79.

[54] Harris C C. Flotation machines, in Flotation-A. M. Gaudin Memorial Volume (M. C. Fuerstenau, ed.) A. I. M. E., N. Y., 1976: 753-815.

3　浮选柱流态特征

浮选柱内三相流体的流态特征对颗粒碰撞、气泡矿化、流动混合等过程存在显著影响。浮选柱内由气泡流扰动形成的气、液、固三相流态十分复杂，与浮选柱的设计参数和运行参数间的本质联系到目前为止仍然没有足够的认识，这是浮选柱的放大和优化仍以工程经验为主的原因之一。因此，研究浮选柱内的流态特征是十分重要的工作。

浮选柱流态特征研究工作一直是浮选柱研究的重要方面，对于浮选柱设计、放大和优化具有重要意义。长期以来人们主要以理论建模研究和试验研究为主，而随着近年来计算流体力学技术（Computational Fluid Dynamics，CFD）的发展，CFD 技术在浮选柱流态特征研究中的应用变得愈发广泛。为了描述浮选柱内的流态特征，一般将浮选柱视为反应器或柱式反应器。众所周知，柱塞流反应器（Flug Flow Reactor，FFR）和连续搅拌反应器（Continuous Stirred Tank Reactor，CSTR）是两种理想的反应器，同时，二者也是连续作业流程设备流态研究的基础[1]。柱塞流反应器的特点是反应物料在反应器中不存在返混，即反应器的每一截面上物料的性质完全相同；而连续搅拌反应器的特点则是反应物料在反应器中的返混程度达到最大化，即反应器中每一点的物料的性质完全相同，实现了整个反应器中物料的均一化。两种反应器其实是实际反应器的两个极端情况。目前，轴向扩散模型（The Axial Dispersion Model，ADM）和多槽串联模型（The Tanks-In-Series Model，TISM）是研究浮选柱流态的基础理论模型。轴向扩散模型是将浮选柱理解为柱塞流反应器来研究浮选柱流态特征。而多槽串联模型则将浮选柱内部流态视为多个连续搅拌反应器来研究浮选柱流态特征。浮选柱内多相流驻留时间分布（Residence Time Distribution，RTD）是浮选柱理论研究中模型验证、建模分析和流态特征描述的重要基础。

实验流体力学方法是研究浮选柱流态的重要手段。浮选柱流态特征理论分析过程中涉及一系列重要流动参数如扩散系数、表观气速、气泡表面积通量等，这些特征参数是浮选柱流态的重要表征，同时也是浮选柱流态理论建模分析的基础。人们运用示踪法、粒子图像测速法（Particle Image Velocimetry，PIV）和电学分析法等先进的实验流体力学方法实现了诸多关键特征参数的获取，对浮选柱技术的发展起到了积极作用。许多关键流态特征参数能否准确确定将直接影响浮选柱性能的预测和放大，是非常重要的研究工作。而这些浮选柱关键流态特征的量化和获取常常十分困难，需要先进流体力学实验方法的引入。

随着计算机技术和计算流体力学的发展，利用 CFD 方法开展设备的研究工作愈来愈普遍。由于浮选柱流态理论模型分析存在大量假设和简化，存在试验测试对于许多关键参数仍然无法准确获取甚至无法获取等现实问题，CFD 方法参与到浮选柱流态研究中是非常必要的，而且发挥了愈来愈重要的作用。

本章主要从理论建模分析、试验研究和计算流体力学研究三个方面介绍浮选柱流态特征。

3.1 浮选柱流态特征理论建模分析

3.1.1 基于轴向扩散模型的浮选柱建模

轴向扩散模型（Axial Dispersion Model，ADM）是一个用来描述非理想流动的理论流动模型[2]。在浮选柱理论研究发展过程中，人们提出了各自的浮选柱理论模型，而轴向扩散模型可谓其中最重要的基础支撑[3]。描述浮选柱流动结构的轴向扩散模型可表达为式（3-1）[4,5]。即对于逆流碰撞的浮选柱，在捕收区的顶部脉冲给入示踪物，质量传递方程表达了示踪物浓度 c 与到给入点的轴向距离 x 及时间 t 之间的关系。D 是轴向分散（扩散）系数。

$$\partial c / \partial t = - \bar{u} \partial c / \partial x + D \partial^2 c / \partial x^2 \tag{3-1}$$

式中，c 为示踪物浓度；$\bar{u}$ 为平均流速。

轴向扩散模型常常以无量纲形式出现，见式（3-2）。

$$\partial c^* / \partial \theta + \partial c^* / \partial \lambda = Nd \partial^2 c^* / \partial \lambda^2 \tag{3-2}$$

无量纲量定义如下：

$$c^* = c / c_0, \ \theta = t / \tau, \ \lambda = x / L, \ Nd = \frac{D_x}{u_i L}$$

式中，c^* 为无量纲的浓度；c_0 为浮选柱的初始浓度；θ 为无量纲时间；τ 为平均驻留时间；λ 为无量纲长度；L 为浮选柱的特征高度；Nd 为容器扩散数。

不难发现，轴向扩散模型是一个单参数模型，其关键参数即为扩散系数 D，一般在模型中以特征值 Nd 或 Pe（$Pe = 1/Nd$）表征。Pe（Pelect 数）是 Nd 的倒数，用来表示对流与扩散的相对比例。随着 Pe 数的增大，扩散输运的比例减少，对流输运的比例增大。Pe 常用来表征浮选柱内的混合特性。

3.1.1.1 轴向扩散模型的求解

轴向扩散模型（式（3-1））是一个二阶偏微分方程，模型的求解过程其实就是浮选柱研究分析的过程。当考虑稳态求解轴向扩散模型时，结合一阶浮选速率模型，获得的就是浮选柱的回收率[6]。当考虑瞬态求解轴向扩散模型时，其解主要用于拟合浮选柱内驻留时间分布以获取轴向扩散参数。该求解过程是一个复杂的问题，需要考虑三个方面的因素。第一，求解的边界条件，是开放系统还是闭合系统。第二，求解方法，是解析解还是数值计算，很多情况无法获取解析解。第三，求解的结果其实就是驻留时间分布函数，而很多情况这种解是无穷级数的。因此，参数估计的拟合方法，是采用直接搜索还是力矩搜索等也是值得考虑的。

轴向扩散模型应用于瞬态问题拟合浮选柱驻留时间分布的目的是为了预测轴向扩散系数。众所周知，偏微分方程的求解离不开初边值条件的设置。总的说来，轴向扩散模型的边界条件应用较多的有两大类，即开放边界（open-open condition）和闭合边界（close-close condition）。开放边界是闭合边界的简化，因此，当采用开放边界时可以获得轴向扩散模型的解析解。在开放边界条件下，Gibilaro[7] 在拉普拉斯域获取了轴向扩散模型微分方程的解，见式（3-3）。

$$\overline{f}(s) = \frac{\overline{F}(1,\ 2)}{\overline{F}(0,\ s)} = \exp\left[\frac{Pe}{2}(1-\beta)\right] \tag{3-3}$$

其中

$$\beta = \left(1 + \frac{4s}{Pe}\right)^{1/2}$$

将式（3-3）逆变换，可得式（3-4）。

$$f(0) = \sqrt{\frac{Pe_t}{4\pi\theta^3} \times \left[\frac{Pe}{4\theta}(1-\theta)^2\right]} \tag{3-4}$$

在时间域上求解，可得式（3-5）。

$$f(t) = \sqrt{\frac{Pe_t}{4\pi\theta^3} \times \left[\frac{Pe}{4\theta}(2 - t/\tau - \tau/t)\right]} \tag{3-5}$$

对式（3-5）进行无因次处理，则可得到轴向扩散模型在开放边界条件下的驻留时间分布函数，见式（3-6）。[8]

$$E(\theta) = \left[1/(4\pi\theta^3 Nd_{oo})\right]^{1/2}\exp\left[(1/4Nd_{oo})(2 - \theta - \frac{1}{\theta})\right] \tag{3-6}$$

式中，Nd_{oo}为开放边界下的槽体分散数。

获取准确的闭合边界条件下的解析解是困难的，其结果也是无穷级的。与开放边界的拉普拉斯域解析解相比，式（3-7）为闭合边界条件下在拉普拉斯域的解。

$$G(s) = \frac{\overline{C}(1,\ s)}{C(0,\ s)} = \frac{4\beta\exp(Pe/2)}{(1+\beta)^2\exp\left(\frac{Pe}{2}\beta\right) - (1-\beta)^2\exp\left(-\frac{Pe}{2}\beta\right)} \tag{3-7}$$

式（3-8）给出了一种解的形式。

$$E(\theta) = 4Nd_{cc}\exp\left(\frac{1}{2Nd_{cc}}\right) \cdot \sum_{n=1}^{\infty} \frac{\lambda_n(2\lambda_n Nd_{cc}^2\cos\lambda_n + Nd_{cc}\sin\lambda_n)}{4\lambda_n^2 Nd_{cc}^2 + 4Nd_{cc} + 1} \cdot \exp\left(-\frac{1 + 4\lambda_n^2 Nd_{cc}^2}{4Nd_{cc}^2}\right)$$

$$\tag{3-8}$$

式中，Nd_{cc}为闭合边界下的槽体分散数；λ_n为超越方程的n次方根，符合式（3-9）。

$$\cot\delta_n = \frac{\delta_n}{Pe} - \frac{Pe}{4\delta_n} \tag{3-9}$$

可以发现，通过数学方法获取轴向扩散模型的解建立了驻留时间分布函数的数学表达式，这为轴向扩散参数的确定奠定了基础。

3.1.1.2 示踪法获取轴向扩散参数

轴向扩散参数是浮选柱建模分析的核心参数之一，该参数的获取对于模型的应用、流态特征分析具有非常重要的作用。用理论推导确定轴向扩散参数是困难的。因此，利用实验方法获取轴向扩散参数成为了重要的选择。轴向扩散参数的测定亦是一个复杂的问题。目前，示踪法用于轴向扩散参数的研究成为最主要的方法。示踪法是一种应用最为广泛的流态计算方法，它可以给出设备内不同相段驻留时间分布的完整信息。示踪法要求示踪物是带有分子微小扩散系数的动力学惰性随动，即随流体移动但不对流体造成影响。一般情况下，示踪法在入口处给入示踪物，在出口处检测示踪物随时间的变化情况。诸如染色法、电解法、夹磁法、热流法、放射同位素法和彩色照相法等方法都可用于示踪测试。值得注意的是，针对不同相可能需要采用不同的示踪方法。如固相扩散的驻留时间分布可以通过引入放射源或本身具有放射性的物体颗粒来测量，或者是利用具有相同物理化学性质的铁磁体材料对固相进行研究。引入其他气体成分或是惰性气体同位素则可以用来测定气相的驻留时间分布。示踪法可以分为稳态示踪法和非稳态示踪法，两种方法的引入都是为了更好地计算轴向扩散系数。

A 稳态示踪法

稳态示踪法是在浮选柱内特定点（非给矿口）连续引入示踪物直到确定整个浮选柱内浓度处于平衡状态（不随时间变化）。这种情况下，入口 c_0 下游处的浓度将保持恒定，而入口上游处浓度将会以对数级减少。这样扩散系数则可由式（3-10）计算：

$$D = - \overline{u}(z - z_0)/\ln(c/c_0) \tag{3-10}$$

式中，$z-z_0$ 为从上游的示踪物测量点到给入点的距离；c 和 c_0 分别为示踪物测量点和给入点的浓度值。

用稳态示踪法确定轴向扩散系数时，为了获得更加精确的结果和评价扩散模型是否适当，需要对若干个点进行示踪试验。这样就可以对试验结果的平均扩散系数和均方根偏差进行评价。由于截面流动的非均匀性会影响局部测试结果，所以需要对浮选柱截面的足够多的点进行示踪浓度测试。而这样就导致稳态示踪法的成本较高。另一方面，稳态示踪法不在设备的入口和出口处监测浓度，而且由于稳态给入也使得入口和出口处的浓度值是恒定的，这就导致稳态示踪法无法获取浮选柱过渡过程的特征。

B 非稳态示踪法

在实际研究中，非稳态示踪法应用较为普遍。非稳态示踪法与稳态示踪法不同，示踪物在设备的入口处给入，并呈脉动或阶梯性给入，而在设备出口处监测浓度变化。非稳态示踪法获取轴向扩散参数，是通过试验中的示踪物响应曲线与轴向扩散方程的解析解（见式（3-6）和式（3-8））拟合获得的。非稳态示踪法获取的轴向扩散参数符合浮选柱出、入口的流态条件，同时需要定义示踪物入口的初始状态，即微分方程的初边值。前面已经提到，轴向扩散模型的初边值条件，主要有开放边界和闭合边界两类。对于试验而言，示踪物的给入方法和测量方法与理论假设之间必然会存在偏差。严格来说，示踪试验并不严格遵守上述的任意一种边界条件。

轴向扩散模型解析求解获取轴向扩散系数是复杂的，解析解往往是无穷级数的求和。因此，实际应用中，一般采取逆向求解过程。即根据试验获得的响应曲线，通过数学方法推导模型参数。非稳态示踪法采用脉冲或阶梯引入，示踪物耗费小，试验程序简单，相对稳态示踪法具有优势。

很容易论证，非稳态示踪法在设备入口处的示踪介入和离开浮选柱时示踪物的浓度监测，是可以得到入口处的示踪介入脉冲扰动的响应函数 $c(t)$ 或步进扰动的响应函数 $F(t)$ 与各相驻留时间分布（Residence Time Distribution，RTD）的密度函数 $E(t)$ 是相符的。轴向扩散参数的获取是一个复杂的逆向获取微分方程解的过程。在实际运用中，常常使用到最小二乘法、力矩法和选点法等，这里作简要介绍。

a 最小二乘法

当逆向求解微分方程时，利用最小二乘法可得到可靠的结果。对这一情况的考虑可归纳为对方程 $\mathrm{d}\Delta/\mathrm{d}F_e = 0$ 的求解，见式（3-11）。

$$\Delta = \sum_{i=1}^{n} (c_{ei} - c_{ci})^2 \tag{3-11}$$

式中，c_{ei} 为试验浓度值；c_{ci} 为不同 Peclet 标准值下扩散方程（3-1）的解析解。最小二乘法可用于对总的响应曲线或其中某一部分进行分析。如果整个柱体为试验区，则 $c_c(t)$ 由式（3-12）给出：

$$c_c(t) = (\bar{t}Pe/4\pi^3)^{1/2}\exp[(Pe/4)(2 - t/\bar{t} - \bar{t}/t)] \tag{3-12}$$

最小二乘法的主要缺点是计算复杂，会大量消耗计算机的计算时间。

b 力矩方法

对于实际运算，力矩方法也是常常采用的。响应函数按照无量纲形式划分：值 $\theta = tu/L$ 表示在横坐标轴上，$c_i = c_{ei}\Big/\sum_{i=1}^{n} c_{ci}\Delta t$ 表示在纵坐标轴上（即前后数据间测量的间隔量）。状态的初始力矩由式（3-13）计算：

$$a_k = \sum_{i=1}^{n} c_{ei}\theta_i^k \Delta\theta \tag{3-13}$$

式中，n 为测量浓度值 c_{ei} 的数量，$i = \overline{1, n}$；$\Delta\theta = u\Delta t/L$。为了确定 K 阶中心矩，需要使用式（3-14）：

$$\mu_k = \sum_{i=1}^{n} (\theta_i - a_1)^k c_{ci}\Delta\theta \tag{3-14}$$

RTD 力矩可根据分散方程式计算得出。RTD 的第二中心力矩通常由式（3-15）计算得出：

$$\sigma^2 = \mu_2 = 2Pe^{-1}\{1 - Pe^{-1}[1 - \exp(-Pe)]\} \tag{3-15}$$

当示踪试验中示踪物在矿浆给料点给入，并在尾矿出口处完成浓度测试时，公式成立。

当通过试验结果来计算无量纲驻留时间分布时，需要使用到式（3-16）

$$\sigma^2 = \mu_2 = \tau[\theta^2] - (\tau[\theta])^2 = \sum_i (c_i\theta_i^2\Delta\theta) - (\sum_i c_i\theta_i\Delta\theta)^2 \tag{3-16}$$

由于不考虑响应曲线的"尾巴"，在计算中运用力矩方法会产生一些不可避免的误差。对于大的 t，$c(t)$ 函数趋向于零。从某一特定力矩 t^* 开始，c 值将因为超过测量仪器的灵敏度而不会改变。对于高阶力矩，误差一般出现在高 t 值时的浓度评价中，并从根本上对最终结果产生影响。例如，与实际值相比（t_m 是时间响应函数最大 c 值对应的时间），当 $Pe = 1$ 时，在 $t^* = 10t$ 的示踪浓度测试终点将导致十倍的低估 RTD 的分散。对于低混合强度（大的 Peclet 值），力矩计算的差异在整体驻留时间分布曲线和截断的驻留时间分布曲线中会迅速减小。如上所述，平均驻留时间 τ 不等于1，因此，Pe 值可以在无量纲形式下通过 RTD 的第一力矩进行评估。对于低混合，关系式近似于 $\tau = 1 + Pe^{-1}$。为了在后面公式中计算混合强度，RTD 曲线"尾巴"的截断误差将较小，但是实际中会产生额外的误差。

为了减少曲线"尾巴"的影响，建议采用不同的方法，如用试验曲线代替部分响应函数的曲线。

c 选点方法

选点方法包括利用一个或若干响应曲线上的特征点来计算有效扩散系数。因此，对于一台没有高度限制的浮选柱，基于 Peclet 数可提出式（3-17）。

$$Pe = 2L^{-1}\left[1 - (ut_m/L)^2\right]^{-1}ut_m \tag{3-17}$$

式中，L 是试验部分的长度（从示踪引入点到取样点的距离）；t_m 是测量参数达到最大值所需的时间。这一关系式需满足下列条件，见式（3-18）。

$$\left.\frac{\partial c}{\partial t}\right|_{\substack{t=t_m \\ z=h+L}} = 0 \tag{3-18}$$

选点方法的优点在于可以利用所得到的试验曲线，通过非线性复杂函数与 c 相联系。该方法的限制是函数必须是单调的。这一方法的缺点是曲线最大值处不能正确测量和对于未限制高度的浮选柱假设不够充分。选点方法的其他应用是测试与特定示踪浓度对应的时间 t_{1i} 和 t_{2i}，示踪浓度来源于曲线图 $c(t)$ 上升和下降部分。当使用这一方法时，扩散系数由下式进行计算，见式（3-19）。

$$D_i = \left[2\ln(t_{1i}/t_{2i})\right]^{-1}\left[(L - ut_{2i})^2 t_{2i}^{-1} - (L - ut_{1i})^2 t_{1i}^{-1}\right] \tag{3-19}$$

为了减少随机误差对扩散系数 D 产生的影响，在不同的示踪浓度下测量 t_{1i} 和 t_{2i} 以及通过一系列 D_i 值的平均值来计算扩散系数。由于样品数量的增加，此方法的精度得以提高。

对于给料点的已知示踪浓度和此设备内物料的平均驻留时间 τ，Peclet 标准值通过式（3-20）计算：

$$Pe = 4\pi\left[c(\tau)/c_0\right]^2 \tag{3-20}$$

式中，$c(\tau)$ 是在时间 τ 时此设备出口处的示踪浓度。

3.1.1.3 基于驻留时间分布的轴向扩散模型分析

通过以上的简单分析，我们可以得出结合驻留时间分布试验和轴向扩散模型的驻留时间分布函数理论推导公式，可以逆向求解轴向扩散系数。驻留时间分布曲线和轴向扩散特征参数都是浮选柱流态特征的重要表征。

A 浮选柱内各相的驻留时间分布

图 3-1 给出了在实验室开展浮选柱驻留时间分布研究的典型例子。气体通过位于底部的不锈钢分配器进入浮选柱内，并在试验中维持气液交界面在一恒定状态。充气量由标定好的气体流量剂实时监测。在排矿口实时监测示踪物的变化。图 3-2 给出了不同充气速率条件下，一个实验室浮选柱液相驻留时间分布无因次曲线。可以看到，无充气时，浮选柱内的驻留时间分布曲线近似于柱塞流。当引入气体后，浮选柱混合强度明显加强。

浮选柱内的泡沫浮选过程是一个气、液、固三相复杂混合过程，每一相的驻留时间分布特性的确定对于浮选柱的研究都具有重要意义。图 3-3 给出了利用放射性示踪法获取气泡驻留时间分布的实验装置示意图。图 3-4 和图 3-5 分别为实验室浮选柱和工业浮选柱气泡的驻留时间分布曲线。可以看到，不论是试验室浮选柱还是工业浮选柱，不同测试位置的驻留时间分布曲线形状是相似的，泡沫出口处（传感器 3）的驻留时间分布比给矿口处（传感器 2）存在一个时间延迟。

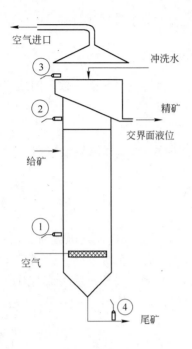

图 3-1 浮选柱驻留时间分布试验示意图

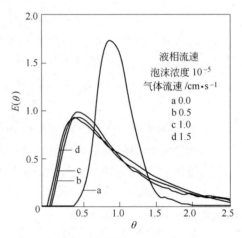

图 3-2 不同充气速率下，试验室浮选柱
液相驻留时间分布无因次曲线

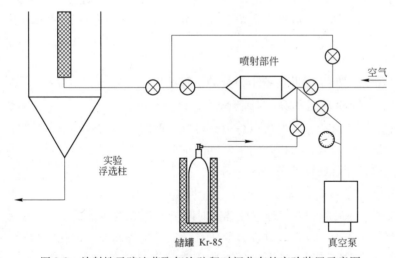

图 3-3 放射性示踪法获取气泡驻留时间分布的实验装置示意图

了解矿粒的驻留时间分布，特别是不同粒级矿粒的驻留时间分布非常重要。Yianatos[9]等人在这方面做了大量的基础研究工作。图 3-6 给出了总体矿粒和液相的驻留时间分布曲线。可以看到，固体颗粒的驻留时间分布曲线峰值明显低于液相矿粒的分布曲线，由于大量的颗粒较早地离开了浮选柱，所以导致固体颗粒的平均驻留时间相对于液相流体短。综合前面的分析，浮选柱多相体系内，液、气、固三相的流动混合特性存在显著差异，需要分别开展针对性研究。图 3-7 给出了三个粒径颗粒：-0.039mm 细颗粒，+0.038~-0.075mm 中间粒级和+0.075~-0.15mm 粗粒级的驻留时间分布曲线。可以看到，细粒级

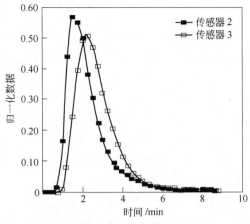

图 3-4 实验室浮选柱气泡的驻留时间分布曲线 图 3-5 工业浮选柱气泡的驻留时间分布曲线

的驻留时间分布曲线峰值最低，而粗粒级的驻留时间分布曲线的峰值最高。也就是说，随着粒径的增加，颗粒的平均驻留时间会有显著地降低。由于粗颗粒在浮选柱内的驻留时间较短，被分选的概率自然就低，这就从流动混合的角度解释了粗颗粒分选困难的原因。基于以上的数据分析，表 3-1 给出了各试验的平均驻留时间和方差数据。需要说明，表 3-1 中测试试验 1 液相驻留时间分布数据和测试试验 2、3、4 的不同粒径的固相驻留时间分布数据不是在同一条件下测试的。

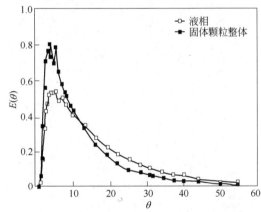
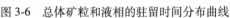
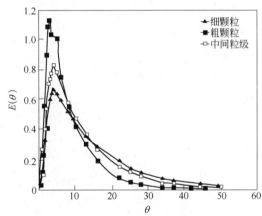

图 3-6 总体矿粒和液相的驻留时间分布曲线 图 3-7 粒径对固体颗粒驻留时间分布的影响

表 3-1 试验测得的平均驻留时间和扩散数

序号	测 试 相	平均驻留时间 τ/min	方差 σ^2/min^2	差 值	扩散数 Nd
1	液相	20.1	291.6	0.7222	0.94
2	固相（−38μm）	18.5	171.4	0.500	0.39
3	固相（−7+38μm）	13.4	93.5	0.521	0.42
4	固相（−150+75μm）	9.6	48.1	0.522	0.42
5	液相	14.3	105.3	0.515	0.41
6	固相（−38μm）	12.8	86.4	0.527	0.43
7	固相（−7+38μm）	10.5	58.9	0.534	0.44
8	固相（−150+75μm）	7.8	28.7	0.472	0.36
9	固相（−150μm）	10.5	57.2	0.519	0.42

B 轴向扩散模型分析

示踪试验的响应函数即试验的驻留时间分布函数和轴向扩散模型的解（见式（3-6）和式（3-8））都给出驻留时间分布函数方程，通过试验和理论数据的拟合，可以确定轴向扩散系数，这是基于轴向扩散模型的驻留时间分布函数拟合的主要意义。

试验获取浮选柱的驻留时间分布曲线后，同驻留时间分布理论推导函数进行拟合分析，获取扩散系数等模型参数是模型最为重要的应用。对于开放边界的轴向扩散模型驻留时间分布函数解析解（见式（3-6）），图 3-8 给出了应用最小二乘法不同 Pe_{oo} 条件下，试验数据和理论预测的吻合情况。可以看到，在大的 Pe_{oo} 参数下试验数据与理论推导吻合得更好，而较小的 Pe_{oo} 参数时，试验数据与理论推导吻合得相对较差。

对于闭合边界的轴向扩散模型驻留时间分布函数解析解（见式（3-7）和式（3-8）），图 3-9 给出了拉普拉斯域下采用最小二乘法不同 Pe_{oo} 试验数据和理论预测的吻合情况。可以看到，闭合边界时，不论 Pe 参数的大小，理论推导和试验数据都吻合得更好。因此，可以认为闭合边界比开放边界对于预测驻留时间分布更准确，但是也存在闭合边界的解析解较为复杂的问题。

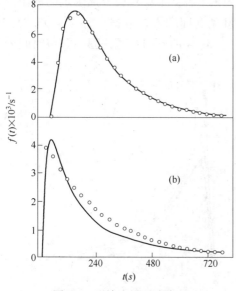

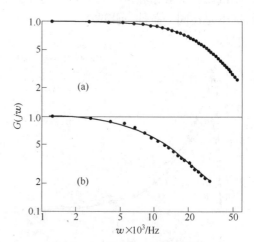

图 3-8 开放边界下试验和
理论计算的驻留时间分布函数 $f(t)$ 的对比
（a）$Pe_{oo}=6.31$，$\tau_{oo}=134$；（b）$Pe_{oo}=0.77$，$\tau_{oo}=398$

图 3-9 闭合边界下试验和理论
计算的驻留时间分布函数 $G(t)$ 的对比
（a）$Pe=4.82$；（b）$Pe=0.34$

正因为闭合边界求解的困难性，比较不同的数值拟合方法对理论推导驻留时间分布函数的影响变得重要。图 3-10 对比了不同充气量下最小二乘法和力矩法对闭合边界驻留时间分布函数的影响。可以看到，不论是较小充气量还是较大的充气量，最小二乘法拟合的驻留时间分布函数都与试验数据吻合得更好。

图 3-11 和图 3-12 分别给出了相同给矿和进气速率条件下，实验室浮选柱和工业浮选柱的试验驻留时间分布，闭合边界拟合的试验驻留时间分布及开放边界条件的拟合试验驻留时间分布的对比。可以看出，闭合边界和开放边界拟合的驻留时间分布都与试验驻留时间分布吻合得很好。工业浮选柱的驻留时间分布曲线的波峰比试验驻留时间分布来得更

早。整体而言，无论是试验浮选柱还是工业浮选柱，闭合边界驻留时间分布拟合结果均比开放边界驻留时间分布拟合结果更为准确。

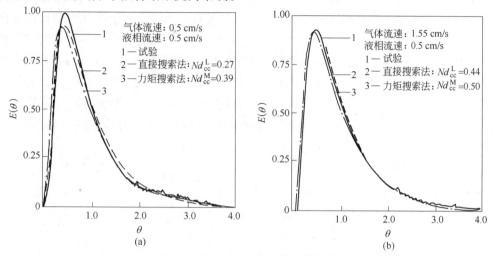

图 3-10 不同充气量下最小二乘法和力矩法对闭合边界驻留时间分布函数的影响
（a）较低表观气速拟合方法比较；（b）较高表观气速拟合方法比较

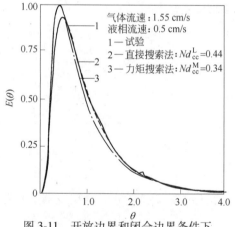

图 3-11 开放边界和闭合边界条件下试验室浮选柱的试验驻留时间分布对比

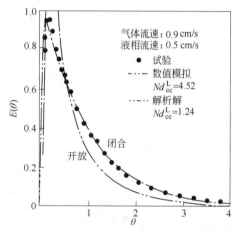

图 3-12 开放边界和闭合边界条件下工业浮选柱（$\phi2.5\text{m}\times13\text{m}$）的试验驻留时间分布对比

3.1.2 基于多槽串联模型的浮选柱建模

轴向扩散模型在浮选柱理论建模分析中得到了很广泛的应用，通过扩散系数来表征浮选柱流态特征，但是轴向扩散模型也存在局限和不足之处[10,11]。首先，轴向扩散模型仅考虑浮选柱的轴向变化，而没有考虑到径向的流动混合，这对大型工业浮选柱的预测是不充分的。第二，轴向扩散模型没有考虑回流问题，因此，在大回流条件下模型的准确性存疑。第三，有研究表明，轴向扩散模型在 Pe 值大于 5 时具有较好的适用性，而对于较小的 Pe 值预测的准确性降低。第四，轴向扩散模型是一个二阶的偏微分方程，其求解过程是复杂的，而且对于不同的边界条件往往会得到不同的结果。人们也常用多槽串联模型研究分析浮选柱[12,13]，目前多槽串联模型在浮选柱研究中最重要的应用是驻留时间分布函数的预测，通过驻留时间分布曲线的变化表征浮选柱流态特征。

3.1.2.1 多槽串联模型

多槽串联模型是将浮选柱简化为 N 个理想的容积相等的连续反应器，每个连续反应器内理想混合，而相互之间则可以回流和直流。从某种程度上说，多槽串联模型可以看作是轴向分散模型（在空间坐标轴上）的离散模拟。多槽串联模型是基于物料平衡的，其原理示意图如图 3-13 所示。令多槽串联模型中连续反应器的个数为 N，各反应器的有效容积分别为 V_{R1}、V_{R2}、$\cdots$、V_{Ri}、$\cdots$、V_{RN}，物料的初始体积流量为 v，初始浓度为 c_{A0}，各反应器的出口浓度为 c_{A1}、c_{A2}、$\cdots$、c_{A3}、$\cdots$、c_{AN}，出口物料相对于初始物料浓度 c_{A0} 的转化率分别为 x_{A1}、x_{A2}、$\cdots$、x_{Ai}、$\cdots$、x_{AN}，物料在多槽串联模型中的平均驻留时间为 $\bar{\tau}$[1,14]。

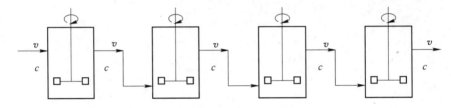

图 3-13 多槽串联模型原理示意图

当各反应器体积相等即：

$$V_{R1} = V_{R2} = \cdots V_{Ri} = \cdots = V_{RN}$$

多槽串联模型的总容积为：

$$V_R = NV_{Ri}$$

多槽串联模型的平均驻留时间为：

$$\bar{\tau} = \frac{V_R}{v} = N\frac{V_{Ri}}{v}$$

多槽串联模型的无因次平均驻留时间为：

$$\theta = \frac{\tau}{\bar{\tau}}$$

多槽串联模型采用阶跃法测量驻留时间分布时，其中第 i 级充分混合反应器的示踪剂物料衡算方程为式（3-21）。

$$vc_{i-1} - vc_i = V_{Ri}\frac{dc_i}{d\tau}$$

$$\frac{dc_i}{d\tau} + \frac{v}{V_{Ri}}c_i = \frac{v}{V_{Ri}}c_{i-1}$$

$$\bar{\tau} = N\frac{V_{Ri}}{v}$$

$$\frac{dc_i}{d\tau} + \frac{N}{\bar{\tau}}c_i = \frac{N}{\bar{\tau}}c_{i-1} \tag{3-21}$$

式（3-21）为一阶线性微分方程，其通解为式（3-22）：

$$c_i = e^{-\int_0^\tau \frac{N}{\bar{\tau}}d\tau}\int_0^\tau \frac{N}{\bar{\tau}}c_{i-1}e^{-\int_0^\tau \frac{N}{\bar{\tau}}d\tau}d\tau = \frac{N}{\bar{\tau}}e^{-N\frac{\tau}{\bar{\tau}}}\int_0^\tau c_{i-1}e^{N\frac{\tau}{\bar{\tau}}}d\tau \tag{3-22}$$

式（3-22）中 c_i 和 c_{i-1} 是同步变化的，因此无法直接积分得出解析解。通过逐级计算寻找规律的数学处理方法可以得到式（3-23）：

$$\frac{c_N}{c_0} = 1 - \mathrm{e} - N\theta \left[1 + N\theta + \frac{1}{2}(N\theta)^2 + \frac{1}{3!}(N\theta)^3 + \cdots + \frac{1}{(N-1)!}(N\theta)^{N-1} \right]$$

（3-23）

即驻留时间分布函数为式（3-24）：

$$F(\theta) = \frac{c_N}{c_0} = 1 - \mathrm{e}^{-N\theta} \sum_{i=1}^{N} \frac{1}{(i-1)!}(N\theta)^{i-1}$$

（3-24）

根据驻留时间分布函数的意义，见式（3-25）。

$$E(\theta) = \frac{\mathrm{d}F(\theta)}{\mathrm{d}\theta}$$

（3-25）

则可以得出驻留时间分布密度函数，见式（3-26）。

$$E(\theta) = \frac{N}{(N-1)!}(N\theta)^{N-1}\mathrm{e}^{-N\theta}$$

（3-26）

不难看出，参数 N 在多槽串联模型中作用类似于 Pe 在轴向扩散模型中的作用，用于表征反应器内的混合强度。图 3-14 给出了不同 N 值对驻留时间分布的影响[15]。可以看出，当 N 趋近于无穷大时，反应器变为理想的柱塞流反应器，而当 $N=1$ 时反应器则变为理想的连续搅拌反应器。

3.1.2.2 基于驻留时间分布的多槽串联模型分析

Goodall[16] 等人基于多槽串联模型在一个直径 54mm，高度 2300mm 的实验室浮选柱上，利用金的同位素 $^{89}\mathrm{Au}_{191}$ 研究了浮选柱的驻留时间分布特性。图 3-15 给出实验原理的示意图。在浮选柱内的泡沫出口、泡沫区、泡沫区与捕收区交界面、给矿处、捕收区以及排矿口处设置了 5 个测试点。表 3-2 给出了驻留时间分布试验的试验条件参数。表 3-3 和表 3-4 给出了 5 个测试位置不同试验条件下的结果，获取了扩散系数、N 值和平均驻留时间等关键参数。在气液交界面（测试位置 3），多槽串联模型 N 值均小于 1，这说明浮选柱内有短路流存在。相对而言，在泡沫出口（测试位置 1）和排矿口（测试位置 5）处，多

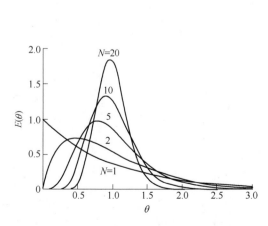

图 3-14 N 值对驻留时间分布的影响

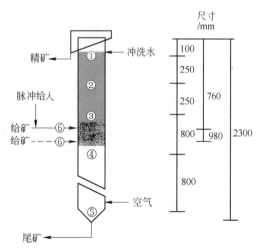

图 3-15 浮选柱驻留时间分布测试原理及测点分布

槽串联模型 N 值较大，有柱塞流的趋势。可以得到，混合强度随着平均驻留时间的增加而降低。因为标准的多槽串联模是一个单参数（N 值）的物理模型，所以在浮选柱的驻留时间拟合中有可能存在误差偏大的情况。

表 3-2 驻留时间分布试验的试验条件

项目	参　数	给矿率 /cm·s⁻¹	矿浆浓度	冲洗水 /cm·s⁻¹	充气率 /cm·s⁻¹	给矿到顶部的距离/mm	泡沫浓度 /×10⁻⁶	泡沫深度 /mm
1	给矿率	0.93	20	0.25	2.31	760	25	650
2	给矿率	0.84	20	0.25	2.31	760	25	650
3	给矿率	0.73	20	0.25	2.31	760	25	650
4	给矿率	0.63	20	0.25	2.31	760	25	650
5	给矿率	0.53	20	0.25	2.31	760	25	650
6	冲洗水	0.73	20	0.29	2.31	760	25	650
7	冲洗水	0.73	20	0.27	2.31	760	25	650
8	冲洗水	0.73	20	0.25	2.31	760	25	650
9	冲洗水	0.73	20	0.23	2.31	760	25	650
10	冲洗水	0.73	20	0.20	2.31	760	25	650
11	充气率	0.73	20	0.25	5.07	760	25	650
12	充气率	0.73	20	0.25	7.08	760	25	650
13	充气率	0.73	20	0.25	4.51	760	25	650
14	充气率	0.73	20	0.25	2.31	760	25	650
15	充气率	0.73	20	0.25	1.69	760	25	650
16	泡沫浓度	0.73	20	0.25	2.31	760	25	650
17	泡沫浓度	0.73	20	0.25	2.31	760	20	650
18	泡沫浓度	0.73	20	0.25	2.31	760	15	650
19	泡沫浓度	0.73	20	0.25	2.31	760	10	650
20	矿浆浓度	0.73	20	0.25	2.31	760	25	650
21	矿浆浓度	0.73	15	0.25	2.31	760	25	650
22	矿浆浓度	0.73	10	0.25	2.31	760	25	650
23	重复	0.93	20	0.25	2.31	760	25	650
24	重复	0.73	20	0.25	2.31	760	25	650
25	泡沫高度	0.73	20	0.25	2.31	980	25	910
26	泡沫高度	0.73	20	0.25	2.31	980	25	780
27	泡沫高度	0.73	20	0.25	2.31	980	25	680

表 3-3 试验获取的模型数据（泡沫区，测试传感 1、2）

试验	测试传感器 1					测试传感器 2				
	τ	D/uL	N	τ_1/min	r	τ	D/uL	N	τ_i/min	r
1	109	0.153	2.01	10.2	2.06	89	0.178	1.64	6.8	1.35
2	117	0.147	2.14	11.0	2.00	105	0.160	1.89	8.0	1.27
3	130	0.145	2.18	12.0	1.94	117	0.153	2.01	9.0	1.27
4	139	0.140	2.28	13.0	1.90	122	0.151	2.06	9.3	1.25
5	150	0.136	2.36	13.9	1.84	129	0.147	2.13	9.9	1.24
6	151	0.088	4.16	14.1	1.24	137	0.096	3.72	10.6	1.05
7	144	0.113	3.01	13.4	1.55	131	0.129	2.55	9.9	1.18
8	130	0.145	2.18	12.0	1.94	117	0.153	2.01	9.0	1.27
9	122	0.159	1.19	11.2	2.13	102	0.225	1.17	7.9	1.50
10	98	0.161	1.87	9.1	2.17	89	0.249	1.03	6.8	1.55
11	40	0.222	1.19	3.7	2.99	46	0.248	1.01	3.4	1.55
12	49	0.155	1.98	4.6	2.05	46	0.232	1.11	3.5	1.52
13	106	0.149	2.09	9.6	2.00	75	0.182	1.58	5.8	1.37
14	130	0.145	2.18	12.0	1.94	117	0.153	2.01	9.0	1.27
15	202	0.139	2.27	19.0	1.91	182	0.102	3.46	13.9	1.08
16	130	0.145	2.18	12.0	1.94	117	0.153	2.01	9.0	1.27
17	122	0.151	2.06	11.4	2.01	103	0.171	1.73	7.8	1.32
18	118	0.157	1.95	11.0	2.10	95	0.182	1.59	7.1	1.36
19	110	0.166	1.80	10.1	2.22	90	0.189	1.50	7.0	1.38
20	130	0.145	2.18	12.0	1.94	117	0.153	2.01	9.0	1.27
21	68	0.219	1.21	6.3	2.93	43	0.248	1.01	3.3	1.56
22	51	0.253	0.98	4.8	3.41	36	0.280	0.84	2.8	1.65
23	113	0.153	2.01	10.6	2.04	93	0.174	1.66	7.2	1.34
24	105	0.163	1.85	9.8	2.17	93	0.248	1.03	7.4	1.55
25	165	0.128	2.58	15.4	1.73	148	0.139	2.31	11.3	1.22
27	148	0.136	2.36	13.8	1.84	129	0.145	2.18	9.9	1.22
28	131	0.143	2.21	12.2	1.94	116	0.510	2.066	8.9	1.25

注：r—柱塞流循环率；τ—平均驻留时间；τ_i—柱塞流平均驻留时间；D/uL—槽体分散数；N—多槽串联模型 N 值。

表 3-4 试验获取的模型数据（矿浆区，测试传感 3、4、5）

试验	测试传感器 3			测试传感器 4			测试传感器 5		
	τ/min	D/uL	N	τ/min	D/uL	N	τ/min	D/uL	N
1	44	0.395	0.49	61	0.245	1.03	101	0.149	2.09
2	57	0.363	0.56	73	0.231	1.11	118	0.140	2.28
3	67	0.337	0.63	84	0.220	1.24	138	0.132	2.41

试验	测试传感器 3			测试传感器 4			测试传感器 5		
	$\tau/\min$	D/uL	N	$\tau/\min$	D/uL	N	$\tau/\min$	D/uL	N
4	81	0.318	0.70	91	0.209	1.30	163	0.127	2.52
5	91	0.294	0.78	102	0.200	1.38	180	0.124	2.68
6	47	0.402	0.48	58	0.273	0.87	107	0.157	1.94
7	64	0.372	0.54	77	0.248	1.01	133	0.153	2.01
8	67	0.337	0.63	84	0.220	1.24	138	0.132	2.41
9	71	0.302	0.75	91	0.196	1.43	142	0.118	2.86
10	76	0.287	0.81	96	0.181	1.59	150	0.102	3.27
11	49	0.428	0.43	65	0.274	0.87	105	0.166	1.80
12	16	0.554	0.28	72	0.256	0.96	131	0.144	2.20
13	38	0.390	0.50	83	0.234	1.10	135	0.136	2.30
14	67	0.337	0.63	84	0.220	1.24	138	0.132	2.41
15	85	0.282	0.83	86	0.204	1.34	150	0.106	3.21
16	67	0.337	0.63	84	0.220	1.24	138	0.132	2.41
17	64	0.321	0.68	80	0.226	1.16	132	0.136	2.36
18	61	0.304	0.74	78	0.248	1.01	129	0.141	2.26
19	60	0.302	0.75	81	0.240	1.06	123	0.142	2.24
20	67	0.337	0.63	84	0.220	1.24	138	0.132	2.41
21	48	0.447	0.40	43	0.251	0.99	98	0.189	1.58
22	80	0.554	0.28	40	0.269	0.89	81	0.209	1.30
23	60	0.393	0.50	64	0.240	1.01	106	0.145	2.16
24	67	0.286	0.81	97	0.186	1.56	153	0.100	3.30
25	160	0.256	0.96	25	0.355	0.58	97	0.216	1.24
26	89	0.289	0.80	22	0.344	0.61	98	0.202	1.36
27	68	0.337	0.63	20	0.341	0.62	100	0.208	1.31

Mavros 等人[17]在标准多槽串联模型基础上考虑了回流作用，引入了回流率 λ_h。当回流率 λ_h 较低时，说明相对混合小，而当回流率 λ_h 较大时则说明浮选柱内混合强度大，这样多槽串联模型就变成了 λ_h 和 N 的双参数模型。图 3-16 给出了不同回流率 λ_h 时，推导的驻留时间分布函数和试验数据的对比。可以看到，回流率 λ_h 接近 10 时，驻留时间分布函数更接近于试验数据。

Yianatos 等人[18~21]结合最新的大型工业浮选柱驻留时间分布的试验数据，提出一个对于大型浮选柱拟合更好的驻留时间分布函数模型（Large and Small Tank in Series，LSTS 模型）。该模型将浮选柱驻留时间分布函数分成一个大的充分混合反应器（驻留时间 τ_L）、两个小的充分混合反应器（驻留时间 τ_S）以及一个死区（时间 τ_P），其原理示意图如图 3-17 所示。两个小的充分混

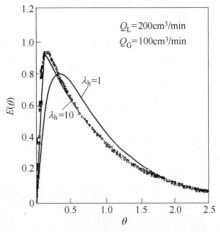

图 3-16   不同回流率 λ_h 时，推导的驻留时间分布函数和试验数据的对比

合反应器可以理解为描述给矿口附近区域和气泡生成区。考虑到大型工业浮选柱均设计有分区板，一个大的充分混合反应器则用来描述从进口到气泡发生器之间的区域（带有分区板）。该模型的驻留时间分布函数见式（3-27）。不难看出，LSTS 模型也是基于多槽串联模型的。

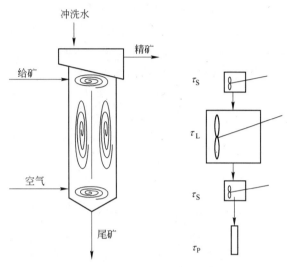

图 3-17　LSTS 模型原理示意图

$$E(t) = \frac{\left(\dfrac{t - \tau_P}{\tau_S} - \alpha\right) e^{\frac{-(t-\tau_P)}{\tau_S}} + \alpha e^{\frac{-(t-\tau_P)}{\tau_L}}}{\tau_L - \tau_S}$$

(3-27)

其中
$$\alpha = \frac{\tau_L}{\tau_L - \tau_S}$$

　　LSTS 模型对智利铜业 Salvador 选厂 2m×6m×13m 浮选柱驻留时间分布试验进行了验证。图 3-18 为对比了 LSTS 模型、ADM 模型（闭合边界条件）和试验的液相驻留时间分布。LSTS 模型与试验数据可以很好地吻合。图 3-19 给出了 LSTS 模型、轴向扩散模型（ADM）

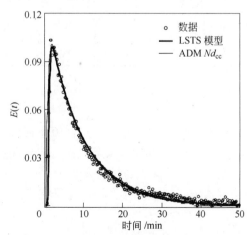

图 3-18　LSTS 模型、ADM 模型（闭合边界条件）和试验的液相驻留时间对比

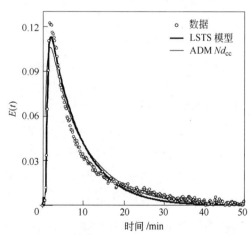

图 3-19　LSTS 模型、ADM 模型（闭合边界条件）和试验的固相驻留时间对比

（闭合边界条件）和试验的固相驻留时间分布曲线。不难看出，LSTS 模型最为贴合试验数据，预测最为准确。表 3-5 列出了文献中涉及的几个工业浮选柱驻留时间测试数据、LSTS 模型及轴向扩散模型（ADM）预测数据的比较结果。整体而言，LSTS 模型和 ADM 模型预测的驻留时间都可以同试验数据吻合，而 LSTS 模型给出了更多细节的信息。

多槽串联模型研究分析浮选柱驻留时间分布为浮选柱理论建模、混合特性分析、放大和优化设计提供了十分重要的支撑，是非常重要的浮选柱理论研究方法之一。

表 3-5 文献中涉及的几个工业浮选柱驻留时间测试数据、LSTS 模型及 ADM 模型预测数据的比较结果

试验现场		试验数据	LSTS 模型	ADM 模型 Nd_{cc}
Andina 液相	τ/min	8.83	9.05	11.25
	τ_P/min		1.65	
	τ_L/min		6.62	
	τ_S/min		0.39	
	Nd			0.8
MIM 液相	τ/min	36.78	32.4	36.8
	τ_P/min		0	
	τ_L/min		30.80	
	τ_S/min		0.80	
	Nd			2.66
Salvador 液相	τ/min	10.67	10.13	10.75
	τ_P/min		0.57	
	τ_L/min		9.09	
	τ_S/min		0.23	
	Nd			1.83
Salvador 固相	τ/min	10.17	8.88	
	τ_P/min		0.68	
	τ_L/min		7.62	
	τ_S/min		0.26	
	Nd			1.83

3.2 浮选柱流态特征试验研究

前一节主要介绍了浮选柱流态相关的理论建模分析。本节主要介绍浮选柱流态特征的实验流体力学研究，这不仅能让我们直观地认识浮选柱内的流体流动状态，而且能直接获取重要的流体动力学特征参数。浮选柱内的流体动力学特征参数的试验研究有两个关键点，一个是局部气泡特征参数的获取，另一个是由气泡流所引起的浮选柱流态研究。

3.2.1 局部气泡特征参数测量

对于浮选柱而言，由于没有搅拌装置，气泡流在浮选过程中的重要性变得更为突出。

在浮选柱内，气泡流不仅需要同矿粒碰撞矿化，还要实现混合作用。因此，气泡特征参数的研究是非常重要的[22]。从浮选柱理论建模研究中也不难看出，获取局部气泡特征参数如气泡大小、分布、速度和相含率等是研究局部特征流动和相间作用的基础。近年来，实验流体技术手段得到了飞速的发展，局部气泡特征参数的测试方法和技术也得到了很好地发展。表 3-6 总结了气泡特征参数测试方法的特点。

表 3-6 气泡特征参数测试方法简介

方 法	测量参数/测量法则	方法优点	方法缺点
照相法	图片分析	简易，无接触	槽壁和液体必须透明；无法对设备的总体积进行测量并且当气泡大小不一时更难测量
示踪法	RTD 的评价与分析	简易，无接触	不能得到局部特征；结果处理起来较难
真空法	局部取样并进行电镜测量	局部参数测量	需要校准；在值较大时难以执行；取样会引起流动紊乱
脱气法	突然脱气后气泡层上下边界的动力学变化	无接触；应用于高气流	评价槽体的平均分布；计算需要进行先验假设
化学法	通过改变气体的局部压力达到其成分的质量吸收	无接触	对槽体平均值进行评价；须已知气体吸收动力学和气泡驻留时间
压力计法	沿浮选柱主轴压力梯度	同上	评价截面区域值
放射法	X 射线或中子放射的吸收和散射测量	同上	利用放射计算光通道处的平均值
声音、可见光和紫外线辐射吸收测量	测量方法正如其名	无接触	辐射能不能被介质吸收；不能用于高值测量；在其他参数已知条件下只能测评一种参数
点电导率法	电阻在汽化和液化是突然变化的	局部测量，探测器尺寸小，运输方便	不能对小气泡分散和高紊流状态测量；使用时需要校准和标定；不能用于非球形气泡和绝缘液体（非导电性）
光学纤维法		同上	除后一项外与上相同；此外，不能用于三相流系统
压力计/皮托管		局部测量	不能用于紊流，测试仪器会造成流动失真
涡旋风力测定	微小涡旋的转速	局部测量，能够进行速度评价，可用于高速相中	不能测量脉动成分；需要校准
温差风速测量	热电阻测量，热电-EDP	局部测量，对速度的方向和脉冲进行测量	需要校准，结果的测量和识别较复杂；流动失真，对介质的温度变化和其他干扰较敏感；测量时与点电导率探头法有相同的缺点
激光多普勒风力测量	通过气泡或者流体局部非均匀性光学密度的反射及光波频率进行评价	局部测量，无接触，可以评价瞬时速度的方向	当大气泡存在时，不能用于大直径柱体（只能靠近柱体壁），或者是非透明液体

续表3-6

方　法	测量参数/测量法则	方法优点	方法缺点
声音共振	评价声波吸收范围	无接触	评价截面均匀分布；对紊流敏感
声音风力测量	通过气泡或者流体局部非均匀性对超声波的反射频率进行评价	与温差风速测量法相同	其信号很能获得和进行处理
电导率或电容（电阻抗）测量		简易	在电极之间进行平均值测量
电化学方法	电流流过电极产生电化学反应	局部测量，可以对速度矢量进行评价	测量时需要校准，液体常常发生下列现象：失真、电极进入流体
自动生成法	研究区域或整个设备作为核心时，测量螺线管内相的转变	气泡大小分布不会对其产生影响	需要校准，固相会对测量结果产生影响

　　值得注意，表3-6中的光学方法获取气泡特征参数虽然有非接触测量的优势，但是在三相不透明介质和工业不透明设备中的应用受到很大限制。粒子成像测速（Particle Image Velocimetry，PIV）和激光多普勒测速仪（Laser Doppler Velocimetry，LDV）等先进的光学测试手段的应用，同样受到复杂仪器、系统使用的限制，而且由于气泡表面对光的强烈反射和散射作用，一般只能测试槽壁或在低气体保有量（一般30%）下进行测量。

　　对于其他的测试方法，一般需要在测量点引入探头，而探头对于局部紊流的影响是该类方法的主要缺点。为了评价探头尺寸对测试的影响，式（3-28）给出了同探头碰撞的最小气泡直径 d_{bmin}。

$$d_{bmin} = (6b\gamma/\rho_1 g)/3 \tag{3-28}$$

式中，b 为探头直径；γ 为表面张力；ρ_1 为液相密度。对于不含表面活性剂的水-气系统，当 $b=0.1$ mm 时，$d_{bmin}=0.8$ mm。

3.2.1.1　电导探针法获取局部气泡特征参数

　　诚然，随着实验流体力学测试技术的发展，人们开发了许多先进技术用来获取多相体系中气泡的特征参数，诸如基于粒子成像测速技术的气泡阴影法和层析粒子成像测试（Tomo-PIV）技术等。但是，上述先进技术手段测试系统昂贵、复杂，难以在实际工况使用，限制推广应用。就目前而言，电导探针法因具有测试仪器简便、适用性广等特点，在多相体系中获取气泡特征参数研究中得到了很广泛地应用[23,24]。由于气泡直径、速度和局部气体保有量在浮选柱理论建模和CFD数值模拟研究中都是非常关键的基础参数，本小节主要介绍电导探针法获取局部气泡特征参数。

A　气泡直径和速度参数

　　电导探针法在测试中引入了细薄绝缘金属丝即探针，绝缘金属丝的大小与测量气泡间的关系服从式（3-28），一般绝缘金属丝的尺寸远小于气泡直径，且需要有足够大的表面积能与液相持久接触[25,26]。当介质导电并在探针上加上电压，气泡撞击探针过程中，电流会中断并跌至零点（即探针在气相时，因绝缘而电流迅速减小）。也就是说，电导探针法的测试原理是探针在连续流体相和分散的气泡相中具有不同的电位特征。

　　为了提高探针在相位转变过载中信号参数的准确性，所获得的信号应该近似为矩形波。获取的基本信号和理想信号波形间的差异可以由探头-气泡相互作用（液体夹层的薄化、气泡表面的弹性和润湿性等）和电化学现象解释。如果探针的表面被充分润湿，气泡碰撞探针所产生脉冲的持续时间不会比气泡在探针中的真实停留实际时间长。因此，为了得到矩形波信号，测试系统回路中需要设计一个中继装置。该装置的阈值应该高于扰动。

　　为获得气泡的上升速度，电导探针是由两个探针组成的。这样气泡的上升速度由两探针间气泡碰撞的时间间隔和探针间的距离确定。在测试中，会出现较高表观气速的情况，气泡在两个探针上的碰撞频率会相当高（高达20Hz），这使得某些气泡经过后，探针形成的波形很难识别。由于部分气泡并不是垂直碰撞探针，会出现气泡仅碰撞一个探针的情况，这就需要额外的数据分析技术加以解决。有研究表明，该方法对于较低的气泡流速（表观气速1cm/s左右）具有更好的适用性。

　　式（3-29）可用于确定高通气率下的气泡尺寸。

$$R_1 = \tau_{tz} u_b \tag{3-29}$$

式中，τ_{tz} 为气泡在探针中的驻留时间；u_b 为气泡上升速率。利用经验方程可以得到气泡直径 d_b 和 τ_{tz} 的相对关系式。

　　考虑气泡上升会受到的阻力作用，式（3-30）更加准确。

$$u_b = u_{b\infty}(1 - \varphi)/2 \tag{3-30}$$

式中，$u_{b\infty}$ 为气泡直径为 d_b 的自由上升速度；φ 为气体保有量。

　　由于探针-气泡接触点不一定是气泡的上部，通过式（3-30）获取的气泡直径分布就不一定准确了。气泡的弦长分布密度由式（3-31）决定。

$$f(R_1) = \int_{d_{bmin}}^{d_{bmax}} P(R_1, \ d_b) f(d_b) d(d_b) \tag{3-31}$$

式中，$P(R_1, d_b)$ 是直径为 d_b 的气泡沿着弦长 R_1 通过探针的概率。由于球形气泡不会绕着探针流动，当 $R_1 \leqslant d_b$ 时，在球形气泡上部某点与探针碰撞的概率 $P(R_1, d_b) = 2R_1/d_b^2$，当 $R_1 > d_b$ 时，$P(R_1, d_b) = 0$。

　　考虑到上述关系，积分方程（3-31）的数值解可计算气泡直径分布的柱状图。如果气泡直径分布 $f(d_b)$ 提前给出，那么数值解的精确性将会提高。结果分析时，应当注意，对于气泡直径小于 d_b 时，探针是无法检测到的。球型气泡的平均大小由式（3-32）得出。

$$d_b = 16 \sum_{i=1}^{n} R_{1i}/\pi^2 n \tag{3-32}$$

式中，R_{1i} 为第 i 个气泡的弦长；n 为测量过程中与探针接触的气泡总数。

　　值得注意，求取的 d_b 其实是相对较大气泡的平均直径。这是因为，电导探针法是无法测量气泡直径小于 d_{bmin} 的气泡的。

　　B　局部气体保有量

　　局部气体保有量是浮选柱理论研究、选型计算、优化设计过程中的重要参数[27,28]。因此，获取局部气体保有量是非常重要的。对于设备的整体气体保有量，在工程中常常通过测量通气前后液位的变化来测定。该方法在测试中需要阻断气源，获取的主要是设备的宏观参数，对于局部气体保有量就无能为力了。

前文已经提及电导探针法是基于材料电导率的差异来测量和评价浮选柱内的局部气体保有量[29]。材料的电导性取决于电流传导轨迹的长度。式（3-33）给出了电流传导路径与气体保有量的一种关系：

$$\xi = 1 - 0.5\ln(1 - \varphi) \tag{3-33}$$

式中，ξ 为电流传导路线长度。

式（3-34）给出了一个简化的电流路径和气体保有量间的关系，对于均质气泡体系（$\varphi < 0.3$）：

$$\xi = 1 + 0.55\varphi \tag{3-34}$$

对于多面体气泡（$\varphi = 0.6 \sim 0.95$）为式（3-35）

$$\xi = 2.315\varphi \tag{3-35}$$

实际上，浮选柱内气体保有量达到 0.3~0.6 的流动是不存在的。

研究表明，电导率方法测量气体保有量具有很高的精度，可以用于浮选过程控制系统的在线测量。浮选柱截面的空气分布其实是不均匀的，因此，为了获得大直径浮选柱局部气体保有量，可以在浮选柱内适当安装几对测量探针。

3.2.1.2　电导探针法试验研究

利用电导探针法可以很好地研究浮选柱的局部气体流体动力学特性[30,31]。图 3-20 为利用电导探针法获取局部气泡特征参数的原理图。图 3-21 为电导探针的局部细节。一般的探针是直径 0~1.2mm 的绝缘线端，两个探针一上一下布置，相距 3~5mm。对于局部气体保有量和气泡直径的测量仅利用下部探针即可，而气泡速度参数的测量则需同时利用上下两个探针。图 3-22 为我国科学院开发的气泡特征参数测试仪。该设备将测试信号转换为矩形波并对其进行放大。前文已提及，电导探针法主要可以进行两方面的应用，一是气泡直径和速度评价，另一面是局部气体保有量的评价。对于气泡直径和速度评价，当一个

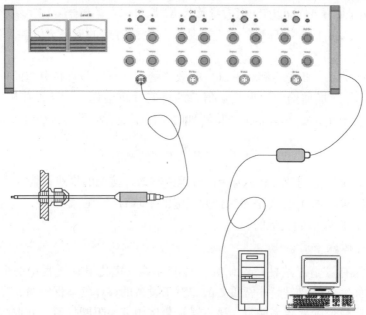

图 3-20　电导探针气泡参数测试原理

气泡接触下部探针时，下部探针的控制电路开路，测量开始。当气泡离开上部探针时，上部探针电路被中断，测量停止。两探针间距已知，再加上获取的气泡通过两探针间的时间，则可估算气泡速度。气泡经过一个探针所需的时间可以用来估算气泡的直径参数。对于局部气体保有量的计算，简单地说，通过测量回路保持开路的总时间和气泡碰撞探针产生的脉冲数即可估算局部气体保有量。仍需强调，该方法只能获取直径 d_b 满足式（3-28）的气泡特征参数。

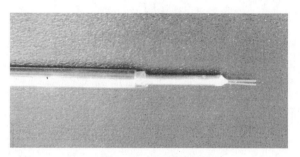

图 3-21　电导探针

图 3-22　电导探针测试仪

图 3-23 为北京矿冶研究总院利用电导探针法获取浮选柱充气器气泡特征参数的试验系统[32,33]。图 3-24 和图 3-25 给出了喷嘴直径 5.0mm，喷气压力 0.45MPa，离喷嘴 40mm 处，充气器产生的气泡速度分布和直径分布特征参数。可以得到，气泡的平均速度为 1.42m/s，由于离充气器较近，气泡速度较大。气泡的平均直径为 2.6mm，气体保有量 15.5%。可以看出，电导探针法可以获取浮选柱内大量的气泡特征参数，对于深入开展浮选柱气体动力学研究十分有效。

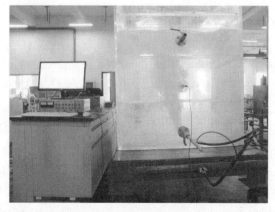

图 3-23　北京矿冶研究总院建立的电导探针法获取浮选柱充气器气泡特征参数试验系统

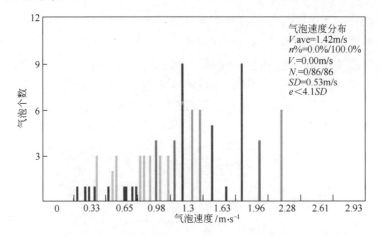

图 3-24　喷嘴直径 5.0mm、喷气压力 0.45MPa、离喷嘴 40mm 处气泡速度分布

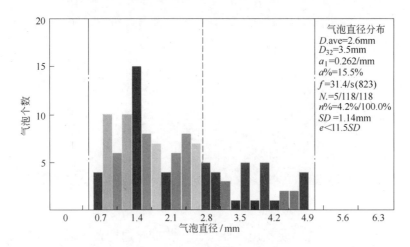

图 3-25　喷嘴直径 5.0mm、喷气压力 0.45MPa、离喷嘴 40mm 处气泡直径分布

　　总的说来，浮选柱局部气泡动力学参数试验测试工作是为浮选柱理论建模和 CFD 数值模拟等工作提供试验数据支撑，这对提高模型和模拟的准确性来说是非常重要的环节。

3.2.2　气泡流流态特征试验研究

3.2.2.1　基于 CCD 流场可视化的浮选柱宏观流态研究

　　目前，浮选柱设计选型主要基于经验公式，这并不是浮选柱选型设计最科学的状态。为此，过去 25 年的研究中，人们致力于两方面的研究工作。一方面是从浮选柱的气体保有量、气液相流动、湍动能等方面预测浮选柱流态。另一方面是建立流态与混合时间、驻留时间、设计参数等设计目标之间的关系[34]。通过从以上分析不难看出，浮选柱内的流态是受气泡流驱动形成的柱体内的宏观流动[35]。浮选柱内离散的气泡流和连续相流体间复杂的相互影响给浮选柱的流态研究带来了很大的挑战。浮选柱的流态研究可归结为两个阶段。第一阶段，受限于实验水平、实验技术的限制，主要以拍摄法等观察描述浮选柱内的宏观流态。第二阶段，受益于实验流体力学的快速发展，PIV 等先进实验技术在浮选柱流态研究中的应用，浮选柱的流态研究开始从微观角度考虑气泡对局部直至整个连续相流体影响。

　　浮选柱内的流态是取决于气泡流的。当气泡流具有相对较小的气体表观气速时，浮选柱内会表现出均相流特性，即气体保有量在各处平均分布。而当气泡流具有相对较高的气体表观气速时，浮选柱内就会出现不均匀性，气体保有量出现了径向分布不均的情况。随之产生的是径向静压分布不均，静压在靠近壁面的区域内大于柱体中心区，基于此柱体内形成循环流。这可以认为是浮选柱流态的驱动力，同时也是最为简化的浮选柱二维流态。图 3-26 所示为浮选柱内典型的气体保有量分布和静压分布，图 3-27 为浮选柱循环流示意图。Tzeng[36] 通过 CCD 摄像法在一个二维浮选柱（即浮选柱横截面宽度很小，可近似认为是二维的浮选柱）上研究了浮选柱的宏观流动结构和液相循环机理。认为浮选柱内存在4 个流动区，分别是中心柱塞流区、快速气泡流区、涡流区和下降流区，如图 3-28 （a）所示。气体保有量在每个区域内分布是不均的，快速气泡区同涡流区之间存在强烈的相互作用，并以此影响浮选柱的流态。Chen （1994）[37] 在三维浮选柱上开展的流态研究，认为浮选柱内也存在 4 个流动区，主要的变化是二维浮选柱的快速气泡流区变成了螺旋上升的气泡流区，如图 3-28 （b）所示。

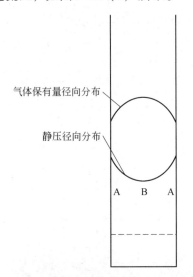

图 3-26　浮选柱典型的气体保有量分布和静压分布

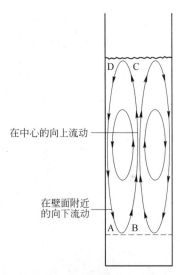

图 3-27　浮选柱循环流示意图

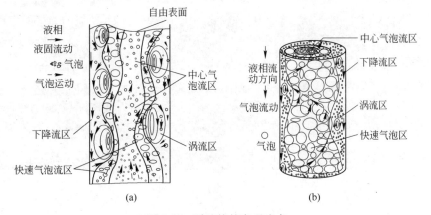

图 3-28　浮选柱的宏观流态

（a）二维浮选柱四个流态区；（b）三维浮选柱四个流态区

  T. J. Lin[38]认为气泡流速是影响浮选柱流态的关键因素，并基于 CCD 拍照的方法量化了表观气速对流态的影响规律。图 3-29 为浮选柱的试验系统，其中浮选柱的尺寸为183mm×127mm×1600mm。图 3-30 为浮选柱内的三种流态。第一种流态可以认为是离散气泡流。试验观察认为，表观气速达到 1cm/s 条件下，浮选柱内呈现了一个相对均匀的气体保有量分布、气泡直径分布和液相流速。该区域内气泡近似线性的上升，气泡之间不存在

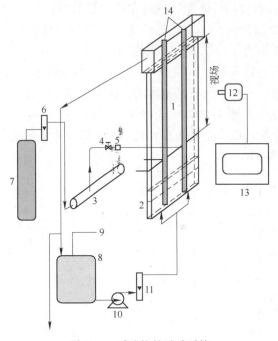

图 3-29 浮选柱的试验系统

1—二维浮选柱；2—液体分布器；3—储器部件；4—针阀；5—螺线管型的阀；6—气体流量计；7—气源；8—储水罐；9—补水器；10—泵；11—液体流量计；12—拍摄系统；13—图像分析系统；14—隔板

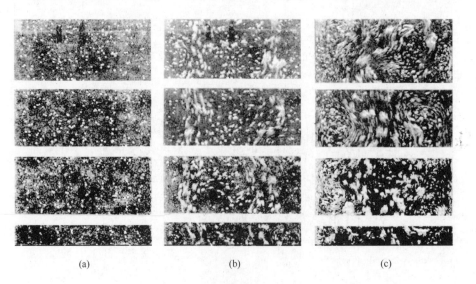

(a)   (b)   (c)

图 3-30 浮选柱内的三种流态

(a) 离散气泡流；(b) 聚集合并气泡流（4 区型）；(c) 聚集合并气泡流（3 区型）

兼并和聚集。流体相是被气泡流带动向上流动的，主要起到减弱气泡运动的作用。当表观气速达到1~3cm/s时，浮选柱出现了图3-28中描述的4区流态，如图3-30（b）所示。气泡会出现兼并和聚集现象，流体在浮选柱的中间部分提升并在壁面附近向下流动。在浮选柱宽度小于200mm时，中心区域的柱塞流区变得难以分辨，使得整个浮选柱流态成为一个三区域的流态，如图3-30（c）所示。当浮选柱的宽度小于200mm时，三区流态的浮选柱在表观气速大于1m/s时出现。当浮选柱宽度大于200mm时，三区流态的浮选柱在表观气速达到1m/s时出现。在浮选柱的三区流态特征中，原有的两个快速气泡区合并为一个中心快速气泡区。中心快速气泡区内的气泡流以兼并和破裂为主。通过流场的可视化，T. J. Lin定义了涡流的大小和长度，如图3-31所示。图3-32给出了不同宽度下表观气速对涡流大小的影响。可以看到，当表观气速在1cm/s的范围内，不同浮选柱宽度条件下，涡流大小随着表观气速的增加而增大。而当表观气速大于1cm/s时，

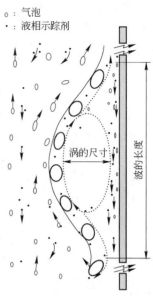

○：气泡
•：液相示踪剂

图3-31 涡流的结构尺寸

涡流大小基本保持不变。从前文可知，表观气速大于1cm/s时，浮选柱流型从离散流转变为4区域流态，气泡开始兼并和集聚。这表明气泡的兼并和集聚会限制涡流尺寸的增加。同时，还可以看到涡流的大小随着浮选柱宽度的增大而增大。图3-33给出了不同宽度下表观气速对涡流长度的影响。可以看到当表观气速在3cm/s的范围内时，不同浮选柱宽度条件下，涡流长度随着表观气速的增加而降低。而当表观气速大于3cm/s时，涡流长度基本保持不变。当表观流速达到3m/s时，浮选柱的流态从4区变为3区，即原来的中心柱塞流气泡区和快速气泡流区合并为一个中心气泡流区，而该区内的涡流长度随表观气速的增加基本保持不变。

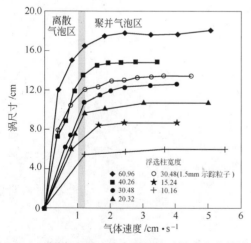

图3-32 不同宽度浮选柱表观气速对涡流大小的影响

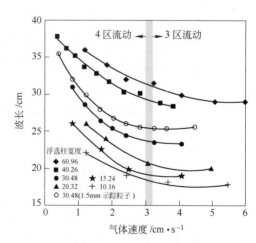

图3-33 不同宽度下表观气速对涡流长度的影响

3.2.2.2 基于PIV技术的浮选柱的流态研究

长久以来，由于缺乏有效的研究手段，人们未能开展气泡和气泡流对连续相流体的微

观影响规律的研究。实验流体力学技术手段和计算机技术在近年的快速发展为浮选内气泡流的试验研究提供了可能。在众多的先进实验流体力学测试技术中，以 PIV 技术为核心的测试方法在浮选柱气泡流的研究中最受关注。本小节主要介绍 PIV 在浮选柱流态研究中的应用。

A　PIV 测试浮选柱气泡流概述

粒子成像测速法简称 PIV，是 20 世纪 70 年代末发展起来的一种瞬态、多点、无接触式的激光流体力学测速方法[39]。近几十年来，PIV 技术得到了不断完善与发展，其特点是超出了单点测速技术（如 LDA）的局限性，能在同一瞬态记录下大量空间点上的速度分布信息，并可提供丰富的流场空间结构以及流动特性。

PIV 技术本质是光学成像技术和图像分析技术的结合。图 3-34 展示了 PIV 测试原理。利用 PIV 技术测量流速时，需要在流场中均匀散布跟随性、反光性良好且密度与流体相当的示踪粒子[40]。将激光器产生的光束经透镜散射后形成的片光源入射到流场待测区域，CCD 相机同步进行拍摄。利用示踪粒子对光的散射作用，记录下两次脉冲激光曝光时粒子的图像，形成两幅 PIV 底片（即一对相同测量区域、不同时刻的图片），底片上记录的是整个待测区域的粒子图像。由于两幅底片的拍摄时间间隔已知，通过图像处理技术分辨出不同底片上对应的粒子群的移动，这样就可以计算出整个测试区的流动信息。

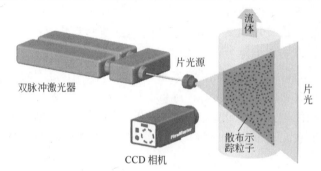

图 3-34　PIV 测试原理

图 3-35 为我国北京矿冶研究总院引进的用于浮选设备流体动力学特征研究的 PIV 测试系统[41]。一套 PIV 测试系统主要由激光器、同步器、CCD 相机、片光源以及数据处理软件等关键部件组成。我国目前在使用 PIV 技术进行浮选设备流场特征研究方面已开展了许多有意义的探索工作，但整体上，特别是多相流体动力学参数的研究方面，同国外相比仍有较大差距。

PIV 技术的发展为浮选柱内气泡流特征的研究提供了一种有效的实验手段，但就目前而言，即便是利用 PIV 来研究气泡流仍有许多难题需要解决。PIV 获取气泡流特征的

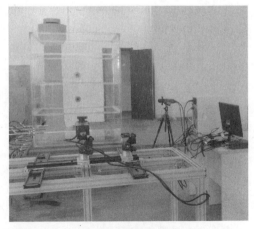

图 3-35　浮选柱流动显示与测试实验室中
PIV 测试系统

主要问题在于，PIV 技术的基础是测试流场的光学成像，当面对存在大量气泡重叠现象的高气体保有量工况，或是气泡造成的强烈反射和散射时，PIV 难以有效捕捉示踪粒子甚至无法成像，造成 PIV 测试失效[42]。

因此，PIV 解决气泡流测量问题的核心思路是将离散气泡相的散射光同连续流体相的示踪粒子的散射光分离，通过光学滤波的方法实现二者互不干扰，这样 CCD 相机中获取的就是一种流体的流动信息，从而实现流场构建[43]。为实现连续相流体同离散相气泡分别示踪的问题，人们引入了荧光示踪粒子。荧光示踪粒子的特点是当 PIV 的激光照射时，它将产生荧光，波长约为 570nm，这与一般示踪粒子或气泡被绿色激光照射后散射 532nm 波长光有显著区别。利用这一原理，将荧光示踪粒子作为连续流体相的示踪剂，通过在 CCD 相机安装532nm 光波截止的光学滤波片，进入 CCD 的就仅是连续相流体的流动信息而没有气泡的运动，从而实现相分离。人们将 PIV 中引入荧光示踪粒子的方法称为 LIF-PIV（Laser Induced Fluorescence）。图 3-36 给出了 LIF-PIV 测试气泡流特征参数的示意图。而对于气泡相的处理可归结为三类[44]。第一，通过图像处理算法消除轮廓清晰的气泡标记法（Masking Method）。第二，设置两台 CCD 相机并以一定的角度安装，一台获取连续相流动，一台获取离散相气泡的流动。第三，采用阴影法突出显示气泡的轮廓特征，再通过一定的计算程序获取气泡的直径、速度等参数。值得说明，由于浮选柱内气泡流的复杂性，很好地实现离散相气泡与连续相流体是有困难的，有时候在同一试验中上述三种处理办法都会应用。

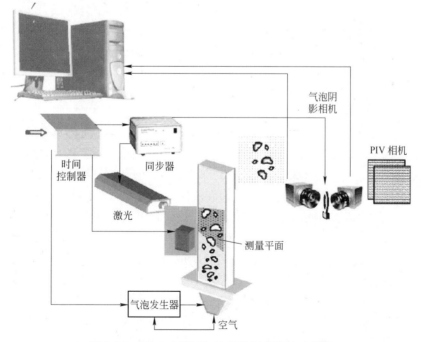

图 3-36　LIF-PIV 测试气泡流特征参数的示意图

B　PIV 用于单气泡流动的测量

在实际研究中，PIV 用于浮选柱内气泡流的测试经历了一个从单气泡流动到多气泡流动研究的过程。表 3-7 介绍了文献中 PIV 研究浮选柱气泡流的主要情况。本小节主要介绍浮选柱内单气泡流的 PIV 研究情况。

表 3-7 文献中 PIV 研究浮选柱气泡流的主要情况

作 者	相分离方法	气泡直径 /mm	气体保有量 /气泡数	视场 /mm	相机 分辨率	拍摄信息
Chen and Fan（1992）	PIV 拍摄气泡	2.5~15	10%	70×70	512×480	
Gui 等（1970）	气泡标记算法	1~3	—	102×102	512×512	平均气泡直径
Diaz and Riethmuller（1998）	气泡阴影法、荧光示踪	20	—	32×45	1280×1024	气泡的二维投影
Tokuhiro 等（1998）	气泡阴影法、荧光示踪	9.12	—	40×100	768×493	气泡的二维投影
Delnoij 等（2000）	荧光示踪	2	约2%	152×154	1017×1000	平均气泡直径
Lindken 等（1999）	气泡标记算法	3.9~6		56×45	1280×1024	平均气泡直径
Lindken and Merzkirch（1999b）	气泡标记算法	4~6	7 个	30×30	1300×1000	三维气泡形状
Delnoij 等（2000）	气泡标记算法	0.6~1	约2%	250×200	720×576	平均气泡直径
Broder and Sommerfeld（2002）	荧光示踪	0.5~4	2%~19%	100×70	768×576	
Fujiwara 等（2004）	气泡阴影法、荧光示踪	2~6	—	25×25		三维气泡形状
Broder and Sommerfeld（2003）	气泡阴影法	1.9~2.3 2.7~3.1	0.73%~1.7%	75×75	1280×1024	气泡直径分布

Zhengliang Liu[45]等人采用 LIF-PIV 方法直观地揭示了浮选柱内单气泡流流动特征。对于连续相流体采用荧光示踪粒子来获取流态特征，离散相气泡则采用识别气泡轮廓的算法在连续相流场中略去。图 3-37 为其设计的浮选柱内单气泡流 LIF-PIV 试验系统。表 3-8 给出了试验流体的物性参数，试验主要通过在流体中加入不同剂量的甘油来改变黏度。图 3-38 给出了不同流体系统中拍摄到的 PIV 图片。图中发亮的斑点为荧光示踪粒子，常用的是密度（1050kg/m³）与水相近且表面有罗丹红 B 颜料的三聚氰胺微粒，可以看到气泡的轮廓十分清晰。不难发现，不同流体系统内气泡的形态变化较大。图 3-39 总结了气泡在不同流体系统内的流动变化。除了气泡形状变化外，气泡在不同黏度流体内的流态也有很大的差异。在较高黏度的流体（S-4）中气泡流态近乎于刚体直线运动，如图 3-39（a）所示。当流体黏度下降（S-3）时，气泡上升时存在自身的摆动，运动路径不再为直线，但仍属于在二维的流动，如图 3-39（b）所示。当流体黏度较低（S-1 和 S-2）时，气泡成三维的螺旋上升，并自身伴有较强烈的自转和摆动。可以得出，流体黏度对气泡形状和流态影响很大。图 3-40 和图 3-41 为不同流体系统（S-1 和 S-4）中通过 PIV 分析出的 t 和 $t+\Delta t$ 时刻的连续流体相的流动特征（图中用实线和虚线标示出了气泡在两张照片中的位置）。可以看出，流体随着气泡在中心向上运动，并在壁面附近向下流动。由于气泡在低黏度流体中的不规则运动（S-1），连续流体相的流动变得复杂。

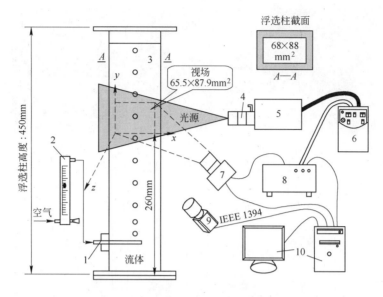

图 3-37 Zhengliang Liu 设计的 LIF-PIV 试验系统

1—气泡发生器；2—转子流量计；3—方形浮选柱；4—片光源；5—双 YAG 激光；6—激光源；
7—CCD 相机；8—同步器；9—数字相机；10—计算机

表 3-8 试验流体的物理特性参数

项　目	流体（25℃）	$\rho_1/\text{kg} \cdot \text{m}^{-3}$	$\mu_1/\times 10^3 \text{Pa} \cdot \text{s}$	$\sigma/\times 10^3 \text{N} \cdot \text{m}^{-1}$
S-1	自来水	997	0.95	72.0
S-2	水中含 50%的甘油	1123	5.4	67.4
S-3	水中含 64%的甘油	1162	12.3	66.7
S-4	水中含 72%的甘油	1184	24.8	66.3

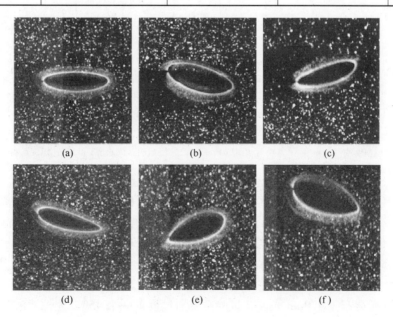

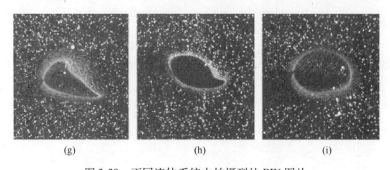

图 3-38 不同流体系统中拍摄到的 PIV 图片

(a) S-4；(b)，(c) S-3；(d) ~ (f) S-2；(g) ~ (i) S-1

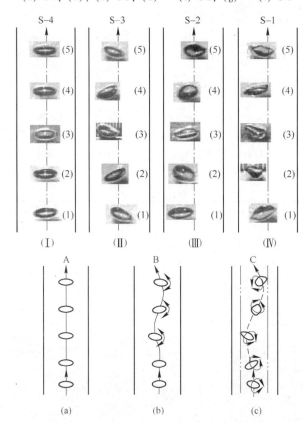

图 3-39 气泡在不同流体系统内的流动变化

（Ⅰ）S-4；（Ⅱ）S-3；（Ⅲ）S-2；（Ⅳ）S-1

模型轨迹：(a) S-4：直线运动；(b) S-3：之字形运动；(c) S-2 和 S-1：螺旋运动

　　Mayur J. Sathe 等人[46]结合气泡阴影法和 LIF-PIV 法研究了浮选柱内单气泡流流动特征。图 3-42 为其设计的 LIF-PIV 试验系统。在研究浮选柱内气泡流时，对于离散相常采用一定的算法或光学处理避免气泡对连续相流体示踪的影响，并且忽略对气泡流动参数的获取。Mayur J. Sathe 则通过引入气泡阴影法来获取气泡流动参数。从试验系统示意图中可以发现有蓝色 LED 光源和一般 PIV 用的 Nd-YAG 绿色激光源。这样在试验中会出现三种波长的光，绿色激光照射后，荧光示踪粒子散射 570nm 光波，气泡散射 532nm 光波，而蓝色 LED 照射气泡后会产生 470nm 光波。试验系统通过设置一个 45°二色性滤波片，对于大于

540nm 的光波可以直线通过。这样携带连续相流体信息的 570nm 荧光进入 PIV 法的 CCD 相机，构建流态。对于小于 540nm 的两种光波则被反射到气泡阴影法 CCD 相机处。由于该相机配有 480nm 以上光波截止的滤波片，进入相机的仅有表征气泡相信息的光波。通过上述方法很好地实现了连续相流体和离散相气泡的分离，可以分别获取二者的流动特征。图 3-43 为获取的气泡流动和连续相流动特征。

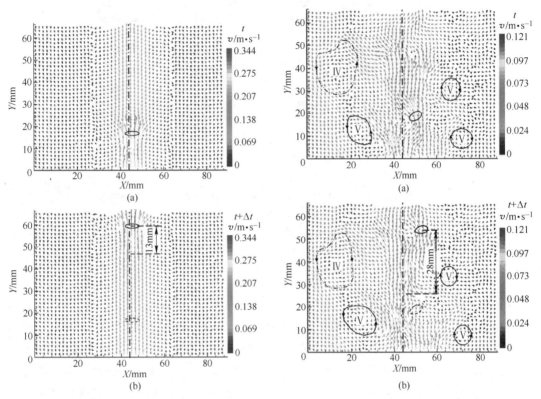

图 3-40　S-4 试验中 PIV 分析出的 t 和 $t+\Delta t$ 时　　图 3-41　S-1 试验中 PIV 分析出的 t 和 $t+\Delta t$ 的
刻连续流体相的流动特征　　　　　　　　　　　　连续流体相的流动特征

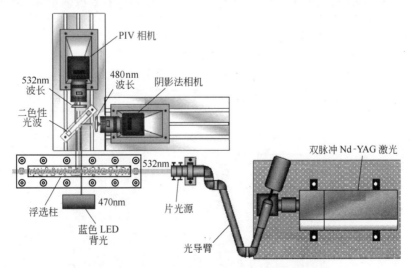

图 3-42　Mayur J. Sathe 设计的 LIF-PIV 试验系统

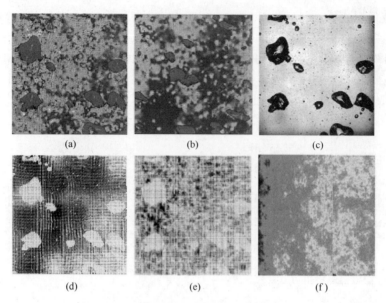

(a)   (b)   (c)

(d)   (e)   (f)

图 3-43　LIF-PIV 结合气泡阴影法获取的气泡流动和连续相流动特征

（a）用目前方法获得的 PIV/PTV 速度矢量场；

（b）液相流体推动的气泡速度矢量场；（c）通过 LED 背光获得的气泡阴影；

（d）液体流速表现出大尺度的流场结构；（e）液体流场表现出小尺度的流场结构；

（f）通过 500 张图片获得的 $H/D=1$ 处的气含率云图

C　PIV 用于气泡流的测量

浮选柱内气泡流整体流动的揭示无疑对认识浮选柱流态更有意义。M. S. D. Broder 等人[47]在 LIF-PIV 的基础上考虑了散射角问题实现了高气体保有量浮选柱气泡流的研究。对于高气体保有量和多气泡的浮选柱而言，气泡的强烈反射和散射对连续相流体示踪的影响是 PIV 应用的主要障碍。M. S. D. Broder 的试验系统如图 3-44 所示，与之前的主要区别是两个 CCD 相机成一定角度拍摄，利用有能量最低的散射角这一原理避免气泡的强烈反射和散射。图 3-45 给出了散射角同光能量之间的关系。可以看到散射角 82.5°和 106.1°时

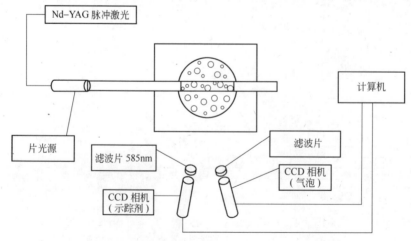

图 3-44　M. S. D. Broder 设计的 LIF-PIV 试验系统

光能量最弱。在试验中用于记录气泡流动的 CCD 相机以一个 80°散射角安装，这样可以很大限度降低荧光示踪粒子的影响。另一台记录连续流体相的 CCD 相机则以一个 105°散射角安装，同样可以降低气泡的影响。图 3-46 为从正面以 80°角和 105°角拍摄的浮选柱中气泡流的情况。可以看到，图 3-46（a）中主要是气泡的反光更强，更清晰。而图 3-46（b）中气泡模糊，连续流体相中荧光粒子的散射光更清晰。这说明不同安装角的设计很好地降低了不同流体相之间的干扰。为了进一步改善 PIV 的拍摄效果，实际测试中有必要细致调节激光的强度。图 3-47 所示是不同激光强度对 PIV 拍摄的影响。图 3-47（a）为激光强度较强时，PIV 图中气泡的轮廓仍然可见。通过降低激光的强度可以进一步减少气泡散射光的影响。图 3-47（b）中气泡的轮廓已基本消失。通过以上的技术处理基本解决了高气体保有量条件下浮选柱气泡流 PIV 的拍摄问题。

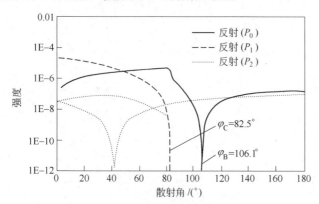

图 3-45　散射角同光能量之间的关系

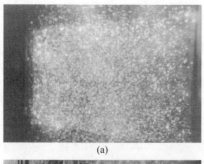

（a）

（b）

图 3-46　以 80°角和 105°角拍摄浮选
柱中的气泡流
（a）80°；（b）105°

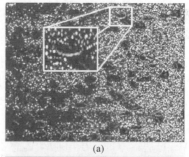

（a）

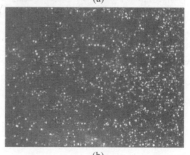

（b）

图 3-47　不同激光强度对 PIV 拍摄的影响
（a）激光较强；（b）激光减弱

图 3-48 给出了不同气体保有量下浮选柱局部的流动情况。不难看出，随着气体保有量的增加，流场中气泡数量增多，连续相流体的流场中更多地被气泡所占据。图 3-49（a）~（d）分别给出浮选柱整体的表观气速分布、连续相流体速度分布、滑移速度分布和湍动能分布。可以看到，表观气速的分布类似于柱塞流是沿轴向涌动的。连续相流体在柱体内形成了循环流动流态。滑移速度是指流体在气泡间的滑移速度，由于流体的流动是依赖于气泡流带动的，因此，滑移速度的分布也存在柱塞流的特征。湍动能在气泡流出口附近和柱体底部较大，这说明上述区域紊流流动很强烈。

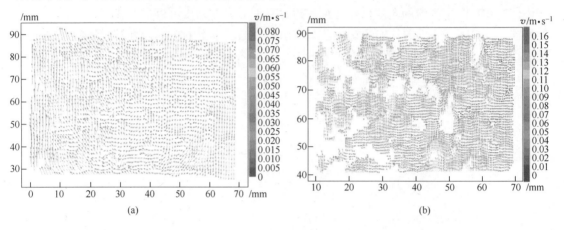

图 3-48　不同气体保有量下浮选柱局部的流动情况

（a）气体保有量 1.7%；（b）气体保有量 2.9%

D　新测试方法在浮选柱流态参数的研究与探索

浮选柱内实际的浮选过程不可能是一个光学可视的，加之三相复杂矿浆环境的影响等因素，使得诸如 PIV 等先进测试技术的应用存在很大的限制甚至无法使用。为解决上述矛盾，人们开始探索一些新兴的测试技术手段，其中基于压电振动传感器的 PVS 法（Piezoelectric Vibration Sensor）和基于电阻抗层析法 ERT 法（Electrical Resistance Tomography）是两种被用于浮选设备测试的新手段。这两种方法的主要优势在于可以直接在三相矿浆环境中开展测试研究工作。

PVS 的基本原理是压电振动传感器的输出电压随流体湍动能变化而变化，这样就能量化湍动能。图 3-50 为 W. Jun Meng 等人[48]在 IMPC 2014 国际选矿大会上展示的 PVS 测试系统，主要包括压电传感器探头、LabJack 公司的数据模块和基于 Labview 软件的计算机系统。式（3-36）给出了 PVS 的测试原理，该公式建立了压电振动传感器输出电压同曳力之间的关系，根据流体动力学理论，由于曳力同湍动能（ρv^2）成正比，这样 PVS 方法就可以获得湍动能参数。图 3-51 和图 3-52 给出了 PVS 测试结果同 LDV 测试结果的比较。可以看到 PVS 获取的水平面内某直线各点的曳力 F 的变化情况同 LDV 测试的湍动能的波动是一致的。

$$F_\alpha \propto \sum_f \frac{V_{Lm}^f \sqrt{1 + (f/f_0)}}{f} \tag{3-36}$$

式中，F_α 为曳力；f 为传感器振动频率；f_0 为测试系统（电路）的固有频率；V_{Lm} 为压电振动传感器的输出电压；V_{Lm}^f 为振动频率 f 时电压 V_{Lm} 的谱值。

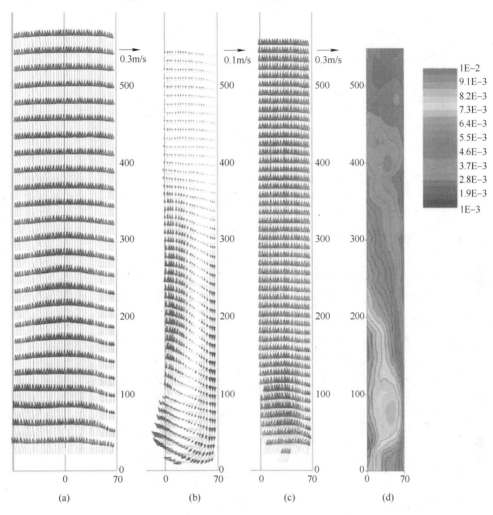

图 3-49 浮选柱的整体流态

（a）表观气速分布；（b）连续相流体速度分布；（c）滑移速度分布；（d）湍动能分布

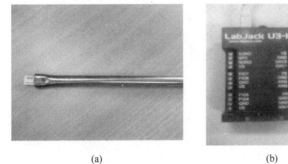

图 3-50 PVS 测试系统

（a）压电传感器探头；（b）LabJack 数据模块；（c）运行 Labview 软件的计算机系统

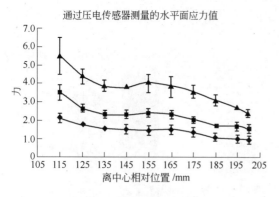

图 3-51 PVS 测试的曳力变化

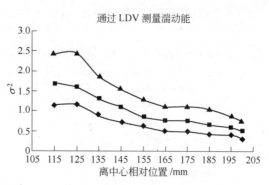

图 3-52 LDV 测试的湍动波动变化

ERT 的基本原理是采用多探针探头测量多相系统中电导率的变化。由于气泡流通过浮选设备时内部的电导率分布会变化，而这种变化可以视为流体湍动能的表征。图 3-53 为 W. Jun Meng[48] 等人展示的 ERT 测试系统。式（3-37）给出了 ERT 的测试原理，该公式建立了测试系统电导率方差与流体速度脉动方差之间的关系。图 3-54 给出了 ERT 测试结果同 PVS 测试结果的比较。可以看到 ERT 和 PVS 获取的湍动能波动是一致的，这说明 ERT 同样可以很好地测试系统的湍动能参数。

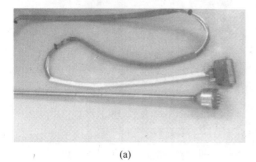

(a)　　　　　　　　　　　　　　　(b)

图 3-53 ERT 测试系统
（a）ERT 探头；（b）ERT 的数据采集系统

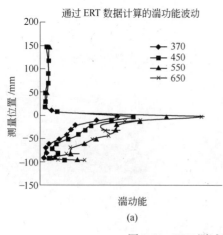

(a)

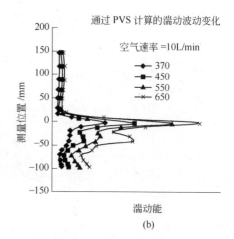

(b)

图 3-54 ERT 测试结果同 PVS 测试结果的比较
（a）ERT；（b）PVS

$$\sigma_c \propto \frac{\sigma_v^3}{\sigma_{v^2}^2} \tag{3-37}$$

这里介绍的 PVS 和 ERT 新兴测试手段在测试多相体系内浮选柱的流动特性方面表现出了优势,具有较大的应用前景。同时,也需指出,上述新的测试手段和方法仍有不完善之处,需要解决测试可靠性、稳定性方面的问题,在测试其他流体特征参数方面仍有许多工作需要开展。

本小节主要介绍了浮选柱流态特征参数的实验研究方法,由于浮选柱可以认为是柱式反应器,本小节所介绍的实验研究方法和结论是基于柱式反应器的。

3.3 计算流体力学在浮选柱流态特征研究中的应用

浮选柱的工业应用和研究虽然已经有了数十年的历史,但不得不承认人们对浮选柱放大和优化的理解仍不充分[49,50]。计算流体力学的发展为浮选柱的流体动力学特性研究带来一种新的有效手段,可以有效弥补浮选柱现有研究方法的不足。特别是在大型浮选柱的放大和优化方面,计算流体力学具有高效、低成本、可视化等诸多优势[51,52]。值得一提,由于 CFD 研究方法的通用性,本节结合石油化工柱式反应器的研究经验和成果,简要介绍流体力学方法在浮选柱研究方面的应用。

3.3.1 相间作用对浮选柱流态特征的影响

采用 CFD 方法研究浮选柱流态特征的过程中,理论模型的选择对于提高数值仿真的准确性和可靠性至关重要。浮选柱内多相体系的仿真研究中,气液相相间作用力对浮选柱流体动力学的影响一直是研究的难点和重点[53]。

多相体系下,计算流体力学三大基本方程,即质量守恒方程、能量守恒方程和动量守恒方程的基本形式如下[54]:

质量守恒方程为:

$$\frac{\partial(r_\alpha \rho_\alpha)}{\partial t} + \nabla(r_\alpha \rho_\alpha U_\alpha) = S_{MS\alpha} \tag{3-38}$$

能量守恒方程为:

$$\frac{\partial \rho_k}{\partial t}\left(e_k + \frac{u_k}{2}\right) + \nabla\left[\rho_k\left(e_k + \frac{u_k^2}{2}\right)u_k\right] = -\nabla q_k + \nabla[(-p_k I + T_k)u_k] + \rho_k g_k u_k \tag{3-39}$$

动量守恒方程为:

$$\frac{\partial(r'_\alpha \rho_\alpha U_\alpha)}{\partial t} + \nabla \cdot [r'_\alpha(\rho_\alpha U_\alpha \otimes U_\alpha)]$$

$$= -r'_\alpha \nabla p_\alpha + \nabla \cdot \{r'_\alpha \mu_\alpha[\nabla U_\alpha + (\nabla U_\alpha)^T]\} + \sum_{\beta=1}^{2}(\Gamma^+_{\alpha\beta}U_\beta - \Gamma^+_{\alpha\beta}U_\alpha) + S_{M_a} + M_\alpha + r'_\alpha \rho_\alpha g$$

$$\tag{3-40}$$

式中,α、β 代表不同的流体相,即分别代表气相和液相;r 为相体积分数;ρ 为密度;t 为时间;U 为平均速度矢量。

在动量守恒方程中,M_α 代表相间作用力,见式(3-40)。相间作用力一般由曳力 F_α、

提升力 L_α、虚拟质量力 A_α 和湍流耗散力 T_α 组成。

$$M_\alpha = F_\alpha + A_\alpha + L_\alpha + T_\alpha \tag{3-41}$$

在稳态条件下，曳力和浮力的平衡导致气泡获得了相对于液相特有的滑移速度。滑移速度对所获得的气体保有量有很重要的影响，气泡的滑移速度本质上决定了气体上升速率和再循环的比例。因此，常将曳力同滑移速度进行关联。曳力可以表示为：

$$F_\alpha = -\frac{3}{4} r_2 \rho_1 \frac{C_D}{d} |U_2 - U_1|(|U_2 - U_1|) \tag{3-42}$$

式中，C_D 为曳力系数。

由于连续相流体的运动，连续相流体对气泡相会施加一个作用力，称为提升力。当气泡相对于连续相流体作加速运动时，连续相流体由于惯性会对加速的气泡施加一个力，该力被称为虚拟质量力（或表观质量力、附加质量力），虚拟质量力和升力分别表示为：

$$A_\alpha = r_2 \rho_1 C_{A1} \left(\frac{DU_2}{Dt} - \frac{DU_1}{Dt} \right) \tag{3-43}$$

$$L_\alpha = r_2 \rho_1 C_L (U_2 - U_1) \times (\nabla \times U_1) \tag{3-44}$$

式中，C_{A1} 为附加质量力系数；C_L 为升力系数。

湍流耗散力由式（3-45）给出：

$$T_\alpha = -C_{td} \rho_1 k_1 \nabla \rho_2 \tag{3-45}$$

式中，C_{td} 为湍流耗散力系数，一个依据湍流中颗粒含量和湍流程度而变化的量。

3.3.1.1　曳力影响

曳力在浮选柱流态特征分析过程中的应用比其他相间作用力重要得多。曳力在很大程度上决定了气体驻留时间和气泡速度，对浮选柱的宏观流动特性具有重要影响。

人们提出了多个曳力模型用于研究曳力的影响。目前常用的曳力模型有 Schiller-Naumanm 模型、Ishii-Zuber 模型、Tomiyama 模型、Zhang-Vanderheyden 模型和 Grace 模型等。对于直径较小的球形气泡，Schiller-Naumanm 模型应用最为广泛。在球形气泡和类球形气泡预测方面，相比其他曳力模型，Schiller-Naumanm 模型可获得略好的预测结果。而对于直径较大的气泡，Ishii-Zuber 模型应用较多，并对于不同形状的气泡表现出更好的适应性。

研究不同曳力模型对浮选柱流体动力学特性的影响是研究的重要方面。在较低的表观气速条件下（0.012m/s），各曳力模型预测的表观气相速度同试验结果非常吻合。对于较高的表观气体速度，Zhang-Vanderheyden 模型具有较好的适应性。但是，曳力模型 Ishii-Zuber 模型和 Zhang-Vanderheyden 模型在预测局部气体保有量时则出现高估或低估的情况。Ishii-Zuber 模型常高估浮选柱壁面处的局部气体保有量，而 Zhang-Vanderheyden 模型低估了局部气体保有量。总体上看，Ishii-Zuber 模型高估气体保有量 15%，Zhang-Vanderheyden 模型则低估 12%。Zhang 等人[55]研究了曳力系数 C_D 变化对气体保有量、平均液相流速和速度分布的影响。结果表明，随着曳力系数的增加，气相流速降低而气体保有量增加。有研究表明，在浮选柱 CFD 研究中，仅考虑曳力作用而忽略其他作用力时，会出现不准确的预测结果。

3.3.1.2　提升力影响

除了曳力以外，提升力是确定浮选柱内流态的第二重要参数。气泡在剪切运动中将受到与运动方向平行的提升力的作用。提升力就是考虑了剪切运动对气相运动的影响。在一些浮选柱 CFD 仿真研究中，人们为了降低计算消耗，会忽略数学模型中的提升力。研究表明，浮选柱中对气泡相增加提升力可以改善流场的预测结果并捕捉到瞬态流动特征。

总体而言，有两种常用的提升力方程用于浮选柱仿真研究。一种是提升力系数作为常数；另一种，提升力系数是气泡 Eötvös 数和雷诺数的函数。学者 Lopez de Bertodano[56] 建议将提升力系数 C_L 定为 0.1，而 Drewa 和 Lahey[57] 则建议定义为 0.5。Dhotre 等人[57] 则认为对于 2.5mm 直径的球形气泡，浮选柱内的提升力系数 C_L 在 0.1~0.5。Tabib[58] 等人研究了 $C_L = 0$ 和 $C_L = 0.6$ 时，在不同表观气速条件下，提升力系数对流态的影响。其认为提升力在不同表观气速条件下对流态的影响有限。但是，一般认为与气泡直径相匹配的提升力模型有助于改善数值模拟结果。

Silva 等人[59] 在考虑了 Tomiyama 提出的提升力模型和 PBM 模型基础上研究了在高、低表观气速下提升力对流态的影响。此时，气体保有量的径向分布表现出均匀性。这意味着大量的气泡趋向流动到壁面附近。提升力系数分别设为 $C_L = 0$ 和 $C_L = 0.1$ 时，可以观察到不同的气泡运动。当考虑提升力系数值较大时，Tomiyama 模型下，气泡的径向分布更广。提升力在改善轴向液相流速、湍动能、径向气体保有量和气体直径分布方面有重要作用。Gupta 和 Roy[60] 比较了不同的提升力模型的影响。当考虑提升力时，出现了仅考虑曳力时没有发现的气泡流波动现象。这种波动现象有利于对浮选柱瞬态流动特征的捕捉。有研究也表明，提升力的加入会导致浮选柱中心区域流速的高估。提升力模型常常用于研究不同操作条件下浮选柱内的流动情况。

3.3.1.3 湍流耗散力影响

湍流耗散力主要考虑了流体湍流涡漩对气泡分散的影响。目前主要的湍流模型有 Favre-averaged-drag 模型和 Lopez de Bertodano 模型两种。模型参数中，根据浮选柱不同的运行条件，湍流耗散系数 C_{TD} 的范围在 0~0.5。对于多相体系，湍流耗散系数 $C_{TD} = 0.2$ 更为合适。湍流耗散模型 Lopez de Bertodano 的 C_{TD} 在 0.1~0.5 时，对于非毫米级的小气泡可以发现模型对气泡流预测结果有所改善。C_{TD} 在 0.1~0.5 时，模型对小气泡的作用并不明显。Tabib 等人[58] 比较了浮选柱内三种湍流耗散力系数 0、0.2 和 0.5，在不同表观气速下流态的变化。对于低表观气速，湍流耗散模型影响较小，而在较大的表观气速条件下，湍流耗散模型对于气体保有量分布具有重要影响。相比于其他湍流耗散系数值，C_{TD} 为 0.2 时表现出略好的预测效果。

3.3.1.4 虚拟质量力影响

虚拟质量力主要表现了气泡周围液相流体对气泡的加速作用。虚拟质量力系数是主要的模型参数。虚拟质量力系数 C_{vm} 为 0.5 时常被用于处理球形气泡的情况。研究表明，使用恰当的虚拟质量力系数有利于修正试验和数值模拟的流形预测，特别是在气泡发生器附近的气泡流情况。结合虚拟质量力和提升力模型可以略微改善壁面和中心区的气体保有量分布。有学者认为，考虑到计算成本和时间，对于直径大于 0.15m 的浮选柱不考虑虚拟质量力。表观气速在 0.012~0.096m/s 时，虚拟质量力的影响很有限。在 $H/D = 3$ 和 $H/D = 6$ 的不同高径比浮选柱上也没有发现虚拟质量力的显著影响。

3.3.2 湍流模型对浮选柱流态特征的影响

湍流模型的选择对于浮选柱流体动力学特征的影响仅次于相间作用力。随着计算流体力学理论方法的发展，人们开发出了许多针对不同流动特征的湍流模型，而对于特定流动情况，科学选取湍流模型仍然不是一个简单的问题。图 3-55 为不同的湍流模型预测的同一浮选柱的速度矢量图。由于湍流模型的不同，预测出的浮选柱流态具有较大的差异。图3-56 和图 3-57 为相同条件下，各湍流模型在同一直线上预测的气体保有量和液相轴向流速对比。同试验数据相比，各湍流模型预测的准确性各不相同。因此，研究选取合适的湍

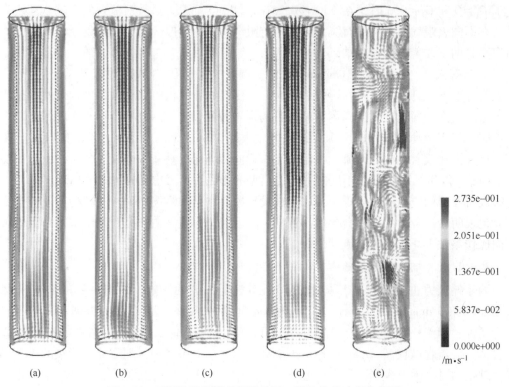

图 3-55 不同的湍流模型预测的同一浮选柱的速度矢量图

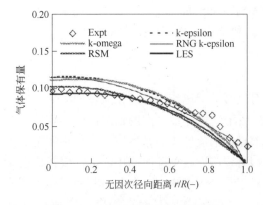

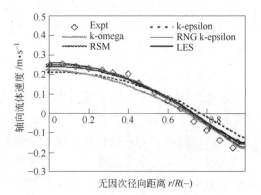

图 3-56 各湍流模型在同一直线上
预测的气体保有量（$H/D = 2.6$）

图 3-57 各湍流模型在同一直线上
预测的液相轴向流速（$H/D = 2.6$）

流模型对于浮选柱的 CFD 仿真研究很有意义。目前，基于雷诺平均法（RANS）的 k-ε 模型和大涡模拟方法（LES）在浮选柱 CFD 研究中均比较热门。因此，本小节主要介绍上述两种类型湍流模型对浮选柱研究的影响。

3.3.2.1 k-ε 模型

在过去的 20 年中，k-ε 模型在浮选柱流态的研究中无疑是应用最为广泛的，最主要的原因就是 k-ε 模型简单、计算消耗小，却可以带来对工程足够可靠的预测结果。人们对 k-ε 模型开展了大量的研究工作，在某种程度上说，两方程的 k-ε 湍流模型针对不同的流动特征已经发展了一系列的修正模型，包括标准 k-ε 模型、RNG k-ε 模型和带旋流修正的 k-ε 模型等。

标准 k-ε 模型是在湍动能 k 方程的基础上再引入一个关于湍动耗散率 ε 的方程，便形成了 k-ε 两方程模型。在标准 k-ε 模型中，k 和 ε 是两个基本的未知量，与之相对应的输运方程为：

湍流能量输运方程：

$$\frac{\partial(\rho k)}{\partial t} + \frac{\partial(\rho k u_i)}{\partial x_i} = \frac{\partial}{\partial x_j}\left[\left(\mu + \frac{\mu_t}{\sigma_k}\right)\frac{\partial k}{\partial x_j}\right] + G_k + G_b - \rho\varepsilon - Y_M + S_{k1} \tag{3-46}$$

能量耗散疏运方程：

$$\frac{\partial(\rho\varepsilon)}{\partial t} + \frac{\partial(\rho\varepsilon u_i)}{\partial x_i} = \frac{\partial}{\partial x_j}\left[\left(\mu + \frac{\mu_t}{\sigma_\varepsilon}\right)\frac{\partial\varepsilon}{\partial x_j}\right] + C_{1\varepsilon}\frac{\varepsilon}{k}(G_k + C_{3\varepsilon}G_b) - C_{2\varepsilon}\rho\frac{\varepsilon^2}{k} + S_{\varepsilon1}$$

$$\tag{3-47}$$

式中，G_k 是由于平均速度梯度引起的湍动能 k 的产生项；G_b 是由于浮力引起的湍动能 k 的产生项，对于不可压缩流体 $G_b = 0$；Y_M 代表可压缩湍流脉动膨胀对总的耗散率的影响，对于不可压缩流体 $Y_M = 0$；$C_{1\varepsilon}$、$C_{2\varepsilon}$ 和 $C_{3\varepsilon}$ 为经验常数，取值分别为 $C_{1\varepsilon} = 1.44$、$C_{1\varepsilon} = 1.92$，对于可压缩流体的流动计算中与浮力相关的系数，当主流方向与重力方向平行时，取 $C_{3\varepsilon} = 1$，当主流方向与重力方向垂直时，取 $C_{3\varepsilon} = 0$；σ_k 和 σ_ε 分别是湍动能 k 和耗散率 ε 对应的 Prandtl 数，取值分别为 $\sigma_k = 1.0$，$\sigma_\varepsilon = 1.3$；S_{k1} 和 $S_{\varepsilon1}$ 是用户自定义源项。G_K 由式（3-48）计算得到：

$$G_k = \mu_t\left(\frac{\partial u_i}{\partial x_j} + \frac{\partial u_j}{\partial x_i}\right)\frac{\partial u_i}{\partial x_j} \tag{3-48}$$

一般认为，标准 k-ε 模型能较好地用于某些复杂流动，例如环流、渠道流、边壁射流和自由湍射流，甚至某些复杂的三维流。其主要局限在于仍然采用了 Boussinesq 假定，即采用了梯度型和湍流黏性系数各向同性的概念，因而使 k-ε 模型难以准确模拟剪切层中平均场流动方向的改变对湍流场的影响；另一方面采用了一系列的经验常数，这些系数都是在一定实验条件下得出来的，因而也限制了模型的使用范围。这也正是人们需要对标准 k-ε 模型进行修正的主要原因之一。

在浮选柱 CFD 仿真研究中，标准 k-ε 模型和修正的 k-ε 模型都表现出同平均试验数据较好的一致性。但是，当液相的径向或轴向速度分布同壁面附近的湍动能波动时，修正的 k-ε 模型表现出更好的准确性。Pleger 等人基于标准 k-ε 模型比较了 PIV、LDA 和 CFD 之间的预测结果，结果表明基于标准 k-ε 模型取得了令人满意的准确结果，特别是在液相流速和湍动能方面。Gupta 等人[60]对比了标准 k-ε 模型、RNG k-ε 模型和 RSM 模型的影响。研究结果表明，在低表观气速和滑移气速条件下，不同的湍流模型对于预测结果并没有本质的差别。相较于其他湍流模型，RNG k-ε 模型结合 PBM 模型可以显著改善预测结果。Gupta[60]建议采用湍流 RNG k-ε 模型、曳力模型 Schiller-Naumann 和提升力系数常数（CL）等作为浮选柱 CFD 研究的模型。Silva 等人[59]基于 k-ε 模型研究了不同表观气速的影响。标准 k-ε 模型改善了流动区域内气体保有量和速度分布的预测结果。总体而言，相对其他湍流模型，简化的标准 k-ε 模型在浮选柱 CFD 仿真中更具有优势。

3.3.2.2　大涡模拟

大涡模拟方法（Large Eddy Simulation，LES）是目前很受欢迎的数值模拟方法，传统的流场计算方法是基于三大方程的，属于雷诺平均法（Reynolds Average Navier-Stockes，RANS）。雷诺平均法可以计算高雷诺数的复杂流动，但给出的是平均运动的结果，即时均速度，难以反映流场紊流的细节信息。大涡模拟法介于雷诺时均法和直接模拟法之间。大涡模拟法中，动量、质量、能量主要由大尺寸漩涡传输。大涡在流动中占主导作用，由流动的几何边界条件来确定，小涡不起主导作用。大涡模拟方法比直接模拟法需要更少的计算资源，理论上可以获取比雷诺应力法更丰富的流场信息。但是，大涡模拟方法对于计算资源的需求量仍然非常大，这在很大程度上限制了该方法的使用。

人们尝试了使用大涡模拟方法研究浮选柱的流体动力学特性。相对于 k-ε 模型，大涡模拟可以给出相对更准确的气体保有量、流速及其波动的预测。Bove 等人[61]认为大涡模拟在捕捉气液相间的作用时可以给出更加准确的结果。但是需要注意，为了获取上述更准确的预测结果，需要一个合适的网格精度和初始边界条件。人们普遍认为，相较于其他湍流模型和方法，大涡模拟方法在捕捉气泡瞬态运动方面具有优势。目前，在浮选柱的大涡模拟研究中，主要有 Smagorin sky 和 dynamic SGS 两种模型。这两个模型均能给出很好的轴向液相流速和气相流速预测结果。Smagorin sky 模型在预测气泡诱导湍流流动方面性能更好，但是在预测壁面附件的湍流黏度的阻尼作用时存在局限。

3.3.3　基于 CFD 的浮选柱流态研究

浮选柱 CFD 仿真研究涉及诸多方面，一部分研究集中于揭示浮选柱内部的流体动力学特性，一部分研究则关注浮选柱的设计、放大和优化等方面[62,63]。浮选柱 CFD 研究过程中，浮选柱模型从简单的一维、二维发展到三维模型仿真，研究对象从实验室浮选柱向工业浮选柱延伸，研究内容从流体动力学特性向浮选动力学特性拓展。

3.3.3.1　实验室浮选柱流态特性

对于浮选柱 CFD 研究，准确揭示浮选柱内流态一直是研究的重要目标之一。图 3-58 给出了表观气速为 96mm/s 条件下，一维、二维和三维浮选柱模型试验结果与 CFD 预测结果的对比。从图 3-58（a）和（b）不难发现，采用 k-ε 模型时，在一个较大范围的直径参数 D 和表观气速 V_G 下，不论是一维、二维还是三维浮选柱仿真，对于气体保有量、轴向液相流速分布都能较好地与试验数据吻合。而从图 3-58（c）和（d）可以看到，一维和二维浮选柱的仿真在涡流黏度和雷诺应力参数的预测时与试验数据偏差较大，分别在 20%～250% 和 30%～150%。三维浮选柱仿真在涡流黏度和雷诺应力参数的预测上仍能表现出很高的准确性。

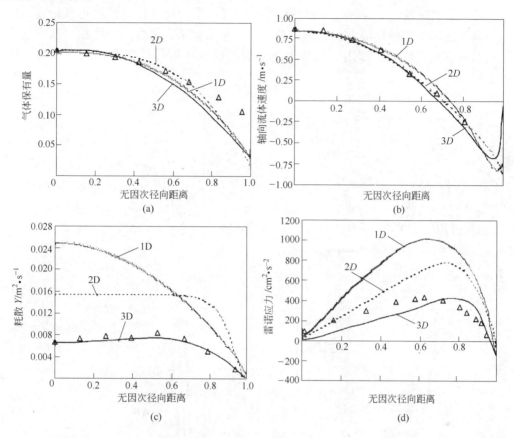

图 3-58 表观气速为 96mm/s 条件下，1D、2D 和 3D 浮选柱
模型试验结果与 CFD 预测结果的对比
（a）气体保有量；（b）轴向流体速度；（c）湍流耗散；（d）雷诺应力

  浮选柱内的浮选过程需要多相流体能够尽量充分混合。浮选柱内流态的确定为分析浮选柱混合特性奠定了基础。众所周知，驻留时间分布是反映浮选柱混合特性最重要参数之一。图 3-59 和图 3-60 分别为直径 0.2m 和 0.4m 浮选柱，表观气速从 0.07~0.295m/s，高径比从 3~10 时，浮选柱的驻留时间分布情况。前文已提及，试验驻留时间分布测试的主要作用之一就是估算轴向扩散系数 D_L，因此，表 3-9 给出了文献中浮选柱轴向扩散系数及其相关参数的试验数据和 CFD 预测数据对比。不难发现，试验研究和 CFD 预测的轴向扩散系数吻合得很好，说明 CFD 预测可以用来揭示浮选柱驻留时间分布等流动混合性能。随着表观气速 J_g 的增加，轴向扩散系数 D_L 随之增加。在相同的表观气速 J_g 条件下，轴向扩散系数 D_L 随浮选柱直径成比例的增加。利用 CFD 仿真方法获取浮选柱的驻留时间分布进而推导轴向扩散系数 D_L 的优势显而易见。因此，判定和提高 CFD 预测的准确性就变得尤为重要。图 3-61 给出了一维、二维和三维浮选柱模型轴向扩散系数试验结果与 CFD 预测结果的对比。可以看到，当轴向扩散系数较小时，一维、二维和三维浮选柱模型的 CFD 预测结果和试验结果可以很好地吻合。但当轴向扩散系数 D_L 较大时，一维和二维浮选柱模型同试验数据的偏差则较大，达到约 25% 和 35%。仅有三维浮选柱模型的 CFD 预测结

果同试验数据可以很好地吻合。

　　总体而言，一维、二维和三维浮选柱模型均可以用于浮选柱的建模仿真研究，在浮选柱内部流态和混合特性等方面的预测结果与试验结果基本吻合。一维和二维浮选柱模型忽略某一方向尺度上的作用，其预测结果的准确性和可靠性相对于三维浮选柱模型较低。

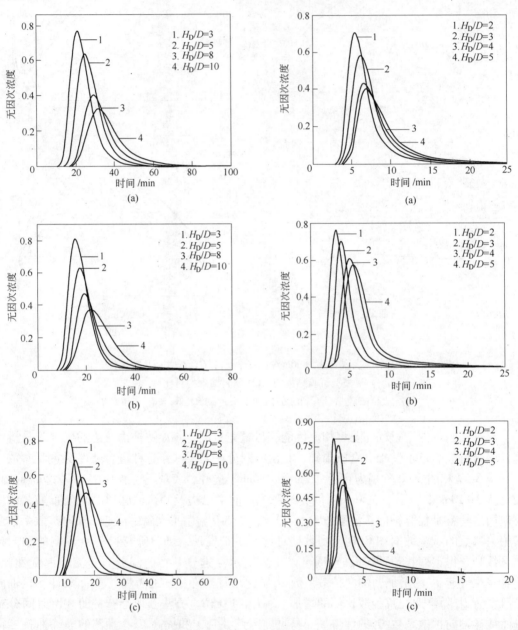

图 3-59　直径 0.2m，不同表观气速、高径比对浮选柱的驻留时间分布情况

（a）$v_G = 0.07$；（b）$v_G = 0.17$；

（c）$v_G = 0.295$

图 3-60　直径 0.4m，不同表观气速、高径比对浮选柱的驻留时间分布情况

（a）$v_G = 0.07$；（b）$v_G = 0.17$；

（c）$v_G = 0.295$

表3-9 文献中浮选柱轴向扩散系数及其相关参数的试验数据和CFD预测数据对比

作 者	$v_G/\text{m} \cdot \text{s}^{-1}$	ε_G	质量平衡		能量平衡		试验	预测
			C_0	C_1	LHS	RHS	$D_L/\text{m}^2 \cdot \text{s}^{-1}$	$D_L/\text{m}^2 \cdot \text{s}^{-1}$
Ohki & Inoue (1970)	0.02 (0.02)	0.063 (0.062)	4.223	0.226	0.103	0.101	0.0023	0.0031
	0.048 (0.05)	0.123 (0.122)	3.699	0.238	0.249	0.247	0.0056	0.0042
	0.098 (0.10)	0.205 (0.218)	2.568	0.262	0.485	0.497	0.0097	0.0106
	0.148 (0.15)	0.301 (0.307)	2.042	0.257	0.629	0.638	0.0123	0.01315
	0.21 (0.20)	0.380 (0.382)	1.923	0.213	0.928	0.957	0.0147	0.01856
Towell & Ackerman (1972)	0.021 (0.20)	0.053 (0.05)	1.958	0.347	0.086	0.091	0.0412	0.0489
	0.023 (0.022)	0.06 (0.06)	1.754	0.365	0.091	0.106	0.0670	0.0668
	0.09 (0.085)	0.178 (0.18)	1.548	0.391	0.351	0.364	0.0930	0.0977
Hikita & Kikukawa (1974)	0.069 (0.07)	0.15 (0.152)	2.463	0.257	0.377	0.367	0.0302	0.0286
	0.098 (0.10)	0.176 (0.175)	2.224	0.274	0.549	0.549	0.0352	0.0331
	0.158 (0.16)	0.20 (0.207)	2.064	0.367	0.902	0.902	0.0411	0.0413
	0.22 (0.23)	0.264 (0.267)	1.983	0.401	1.089	1.089	0.0468	0.0473
	0.33 (0.32)	0.32 (0.317)	1.864	0.423	1.468	1.468	0.0542	0.0518
Deckwer 等 (1974)	0.048 (0.05)	0.141 (0.143)	2.546	0.236	0.239	0.251	0.0312	0.0321
	0.074 (0.075)	0.166 (0.165)	2.212	0.267	0.387	0.394	0.0358	0.0360
	0.11 (0.10)	0.179 (0.180)	2.043	0.358	0.474	0.451	0.0387	0.0365
	0.119 (0.12)	0.21 (0.212)	1.998	0.361	0.534	0.548	0.0423	0.0415
Krishna 等 (2000) $D = 0.174\text{m}$	0.033 (0.034)	0.090 (0.087)	3.398	0.286	0.164	0.182	0.0252	0.0245
	0.092 (0.09)	0.168 (0.165)	2.948	0.306	0.477	0.513	0.0291	0.0278
	0.158 (0.16)	0.21 (0.218)	2.643	0.321	0.885	0.898	0.0356	0.0291
	0.22 (0.23)	0.256 (0.250)	2.421	0.372	1.260	1.326	0.0401	0.0377
	0.27 (0.27)	0.265 (0.262)	2.182	0.423	1.452	1.483	0.0443	0.0393
	0.31 (0.30)	0.268 (0.270)	1.986	0.486	1.566	1.624	0.0498	0.0411
Van Baten & Krishna (2001) $D = 0.63\text{m}$	0.089 (0.09)	0.075 (0.089)	2.846	0.323	0.477	0.513	0.1746	0.1283
	0.21 (0.23)	0.254 (0.265)	2.392	0.382	1.260	1.326	0.2483	0.1674
	0.32 (0.30)	0.288 (0.295)	1.992	0.476	1.566	1.624	0.2743	0.2043
Moustiri 等 (2001)	0.032 (0.0319)	0.076 (0.076)	2.467	0.347	0.137	0.148	0.0032	0.0051
	0.047 (0.0472)	0.125 (0.126)	2.146	0.371	0.150	0.161	0.0062	0.0059
	0.057 (0.0567)	0.155 (0.154)	2.013	0.333	0.166	0.173	0.0086	0.0091

对于浮选柱而言，表观气速是最主要的运行参数，也是影响浮选柱分选性能最为重要的参数之一。图3-62给出了不同表观气速（0.001m/s、0.005m/s、0.01m/s和0.1m/s）对浮选柱气体保有量和液相流速的影响规律。气泡流从喷嘴射出后，存在柱塞流的特征，并伴随振荡效应，这一现象随着表观气速的增加变得更加显著。当然，随着表观气速的增加，浮选柱内的气体保有量随之增加。

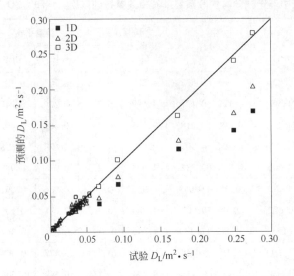

图 3-61 一维、二维和三维浮选柱模型轴向扩散系数试验结果与 CFD 预测结果的对比

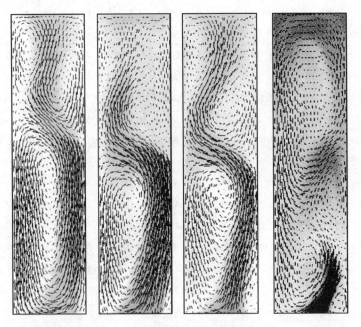

图 3-62 不同表观气速（0.001m/s、0.005m/s、0.01m/s 和 0.1m/s）对浮选柱气体保有
量和液相流速的影响规律

  高径比是浮选柱结构设计最关键的参数之一。图 3-63 给出了五种不同高径比的浮选柱（浮选柱直径 0.25m，高度从 0.25～2m）在表观气速 1cm/s 条件下，浮选柱气体保有量和液相流速的变化。高径比为 1 时，浮选柱呈现柱塞流特征。高径比为 2 时，浮选柱内开始出现流体的振荡、摆动。浮选柱内的流体振荡、摆动随着高径比的增加变得越发显著。当高径比达到 6 时，浮选柱内靠近自由表面处出现了较大的循环涡流。当高径比达到 8 时，已经出现了较为明显的两个区域，即下部的气泡流波动区和上部的气泡均匀分散

区。高径比的增加对于形成顶部气泡均匀分散区是有利的。这里需要指出，该浮选柱 CFD 模拟中，底部的气泡分散器简化为一个单一出口，与实际情况有偏差，使得高径比结果被高估。

充气的形式是工业生产中调节浮选柱内气体保有量等流体特征参数的常用手段。图 3-64 给出了两种充气形式，一种是底面多孔进气，另一种是等面积的球面进气。图 3-65 为气体表观气速为 0.01m/s 时，两种充气形式的气体保有量和液相速度矢量图。可以看到，两种充气形式产生的流场特征有巨大的差异。对于球面充气形式，其流动扰动更强。而底面多孔充气形式则产生了很均匀的液相流动循环和气体保有量分布。底面多孔充气形式的整体柱内气体保有量高于球面充气形式。很明显，底面多孔充气形式获得了均匀分布的气体保有量和稳定的柱内流动循环，具有明显的优势。可以得到，充气形式对浮选柱内流体动力学特征的影响是非常显著的，优化充气器的布置形式的确可以起到调节柱内气液分散特性的作用。除了充气形式以外，充气器的设计对浮选柱流态的影响同样是非常关键的[64]。为了获得更好的气液分散性能，产生合适直径大小和分布的气泡，充气器的优化一直是研究的重点和热点。图 3-66 为 FCSMC 充气器的速度云图[65]，图 3-67 为北京矿冶研究总院的 KYZB 型充气器内的流动特性[66,67]。

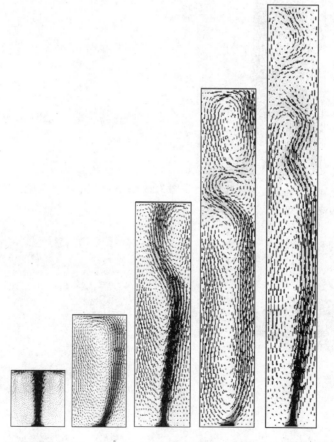

图 3-63　五种不同高径比（1、2、4、6、8）的浮选柱在表观气速 1cm/s 条件下浮选柱
气体保有量和液相流速的变化

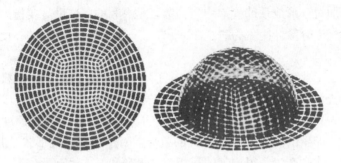

图 3-64　底面多孔进气和球面进气充气器布置

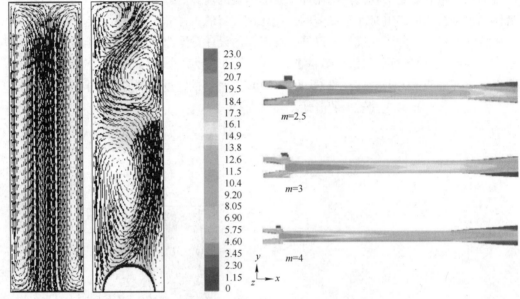

图 3-65　底面多孔进气和球面进气充气器
的气体保有量和液相速度矢量图

图 3-66　FCSMC 中国矿业大学充气器的速度云图

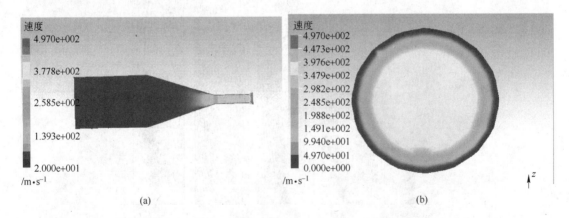

(a)　　　　　　　　　　　　　　　　　(b)

图 3-67　北京矿冶研究总院的 KYZB 型充气器流动特性

（a）喷嘴内超声速气流流动状态模拟结果可视化纵剖图；（b）喷嘴扩口处超声速气流流动状态模拟结果可视化横剖图

3.3.3.2 工业浮选柱的流态研究

A 工业浮选柱的流态

工业大型浮选柱的流态预测其意义不言而喻，由于工业浮选柱结构尺寸大，开展试验研究往往是困难的。因此，人们寄希望于利用 CFD 手段研究浮选柱[68]。前文的流体动力学模型（相间作用力模型、湍流模型）分析和试验室浮选柱流态研究等工作，其实都是为工业浮选柱的仿真优化服务的。澳大利亚的 Peter Kohn[69] 在工业浮选柱 CFD 研究中作出了很大贡献，本小节基于其研究简要介绍微泡充气式浮选柱和 Jameson 浮选柱内部流态情况。

Peter Kohn[70] 对 Eriez 公司设计制造的 $\phi4.9m$，高 10.7m，配有 12 个微泡充气器的浮选柱开展了 CFD 研究。浮选柱矿粒粒径取为 $250\mu m$，质量浓度 12%，矿物密度 1520kg/m^3，气泡直径 1.0mm。图 3-68 为微泡充气式浮选柱的结构网格。图 3-69 给出了浮选柱的宏观循环流态。连续相流体在中心位置向上循环，在壁面附近向下循环。图 3-70 给出的为浮选柱内的气体保有量分布。除充气器出口附近外，整体柱体内的气体保有量分布均匀，仅在壁面处有轻微的提高，这可能是由于流体在壁面的回流、循环造成的。图 3-71 为柱体内的湍流耗散率分布。可以看到，充气器出口附近湍流耗散最大，在排矿口和矿浆交界面附近高于平均值。

Peter Kohn[70] 也对 Xstrata 公司设计制造的 Jameson 浮选柱开展了 CFD 研究。该浮选柱为 B6000-20，柱体直径 $\phi6m$，配置 20 个旋流混合器。浮选柱矿粒粒径取为 $250\mu m$，质量浓度 12%，矿物密度 1520kg/m^3，气泡直径 1.0mm。混合器出口的流速设为 0.49m/s，气体体积分数为 43%。图 3-72 为 Jameson 浮选柱的结构网格。图 3-73 给出了浮选柱的宏观流态。内泡沫槽附近的流体流速高于外泡沫槽壁面的流速。图 3-74 给出了柱体内气体保有量分布特点。气体保有量主要分布在柱体的中上部且分布较均匀。整个柱体的平均气体保有量为 0.072，而中上部柱体区的气体保有量达到了 16%。由于内置泡沫槽的设计阻挡了气体的向上逸散，空气在内泡沫槽锥底处有聚集。图 3-75 为柱体内的湍流耗散率分布。可以看到，湍流耗散最强烈的位置出现在内泡沫槽壁面。

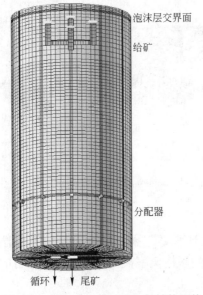

图 3-68　微泡充气式浮选柱的结构网格

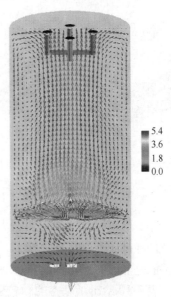

图 3-69　微泡充气式浮选柱宏观流态

图 3-70   微泡充气式浮选柱气体保有量分布 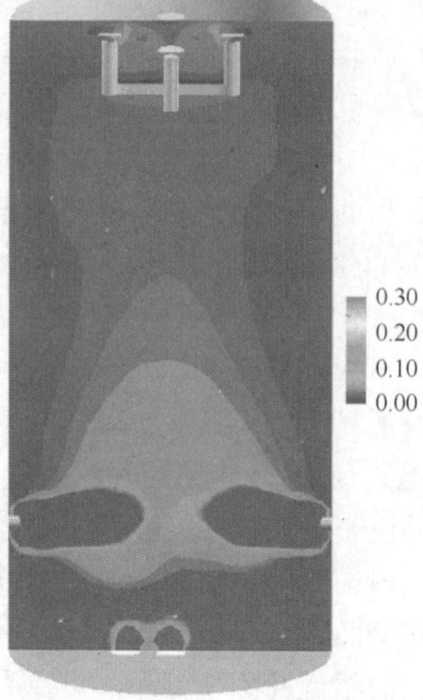   图 3-71   微泡充气式浮选柱湍流耗散率（W/kg）

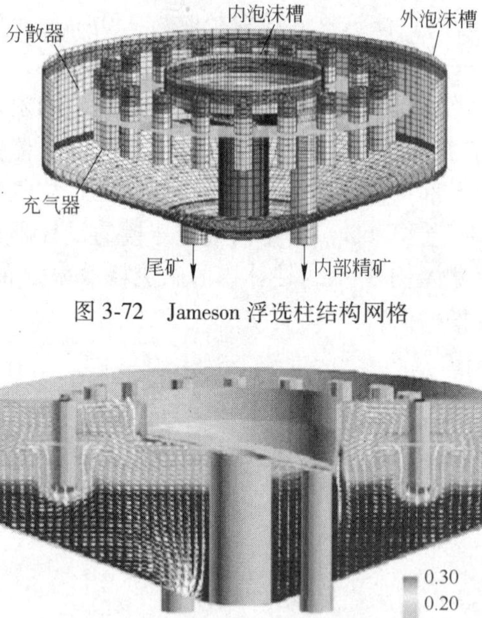

图 3-72   Jameson 浮选柱结构网格

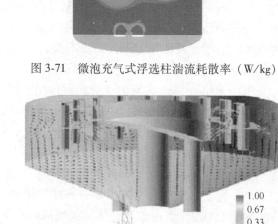

图 3-73   Jameson 浮选柱宏观流态

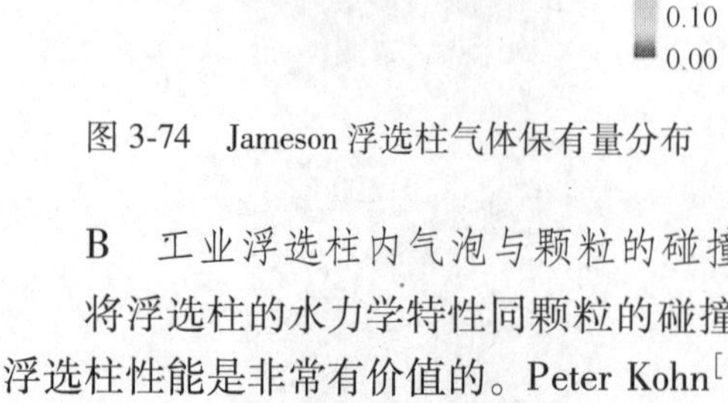

图 3-74   Jameson 浮选柱气体保有量分布 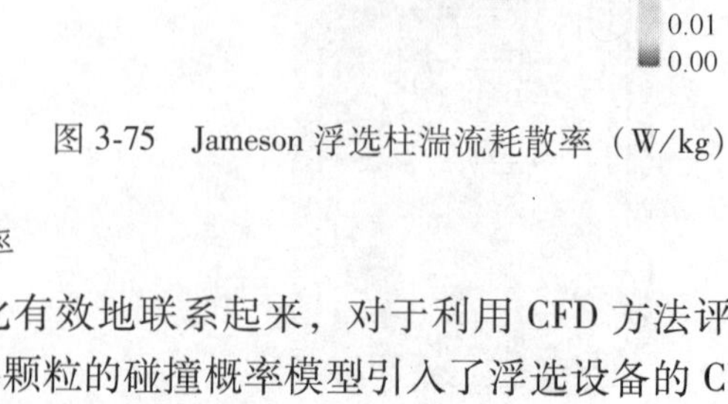   图 3-75   Jameson 浮选柱湍流耗散率（W/kg）

B   工业浮选柱内气泡与颗粒的碰撞概率

将浮选柱的水力学特性同颗粒的碰撞矿化有效地联系起来，对于利用 CFD 方法评价浮选柱性能是非常有价值的。Peter Kohn[71]将颗粒的碰撞概率模型引入了浮选设备的 CFD 研究中。表 3-10 给出了基本的颗粒碰撞概率模型。

表 3-10 基本的颗粒碰撞概率模型

黏着率	$\dfrac{\mathrm{d}n'_{p1}}{\mathrm{d}t} = -k_1 n'_{p1} n'_{bT}(1-\beta) + k_2 n'_{bT}\beta$
黏着率常数	$k_1 = Z_1 P_c P_a P_s$
脱附率	$k_2 = Z_2(1-P_s)$
气泡载荷	$\beta = \dfrac{n'_{p2}}{S'_{max} n'_{bT}}$ 式中，$S'_{max} = 0.5S$；$S' = 4\left(\dfrac{d_b}{d_p}\right)^2$
经过涡流的碰撞频率	$Z_1 = 5.0\left(\dfrac{d_p + d_b}{2}\right)^2 \left(\overline{U'^2_p} + \overline{U'^2_b}\right)^{0.5}$
气泡或粒子的临界直径	$d^2_i > d^2_{crit} = \dfrac{15\mu_f \overline{U'^2_f}}{(\rho_i \varepsilon)^{2/3}}$
涡流中的碰撞频率	$Z_1 = \sqrt{\dfrac{8\pi}{15}}\left(\dfrac{d_p + d_b}{2}\right)^2 \left(\dfrac{\varepsilon}{\nu}\right)^{0.5}$
粒子或气泡的湍流波动速度	$\sqrt{\overline{U'^2_i}} = \dfrac{0.4\varepsilon^{4/9} d^{7/9}_i \left(\dfrac{\rho_i - \rho_f}{\rho_f}\right)^{2/3}}{v^{1/3}}$
脱附率	$Z_2 = \dfrac{\sqrt{c}\,\varepsilon^{1/3}}{(d_p + d_b)^{2/3}}$
碰撞概率	$P_c = \left(1.5 + \dfrac{4}{15}Re^{0.72}_b\right)\dfrac{d^2_p}{d^2_b}$
气泡雷诺数	$Re_b = \dfrac{d_b \sqrt{\overline{U'^2_b}}}{v}$
黏着可能性	$P_a = \sin^2\left\{2\mathrm{arctanexp}\left[\dfrac{-(45 + 8Re^{0.72}_b)\sqrt{\overline{U'^2_b}}\,t_{ind}}{15d_b(d_b/d_p + 1)}\right]\right\}$
感应时间	$t_{ind} = \dfrac{75}{\theta'}d^{0.6}_p$
稳定的可能性	$P_s = 1 - \exp\left[A_{s1}\left(1 - \dfrac{1}{Bo^*}\right)\right]$
邦德数	$Bo^* = \dfrac{d^2_p\left[\Delta\rho_p g + 1.9\rho_p \varepsilon^{2/3}\left(\dfrac{d_p}{2} + \dfrac{d_b}{2}\right)^{-1/3}\right] + 1.5d_p\left(\dfrac{4\sigma}{d_b} - d_b\rho_f g\right)\sin^2\left(\pi - \dfrac{\theta}{2}\right)}{\left\vert 6\sigma\sin\left(\pi - \dfrac{\theta'}{2}\right)\sin\left(\pi + \dfrac{\theta'}{2}\right)\right\vert}$

注：A_{s1}—常数 0.5；Bo^*—邦德数；C_1—常数 2；d—气泡或粒子直径；D_i—相扩散系数，$\mathrm{m^2/s}$；F_α—曳力，$\mathrm{N/m^3}$；g—重力加速度，$\mathrm{m/s^2}$；k—湍动能，$\mathrm{m^2/s^2}$；k_1—常数，$\mathrm{s^{-1}}$；n—粒子数量浓度，$\mathrm{m^{-3}}$；P—概率，$\mathrm{N/m^2}$；Re—雷诺数；S_i—质量源或沉，$\mathrm{kg/(m^3 \cdot s)}$；$S$—面曲率；$t$—时间，$\mathrm{s}$；$U$—速度，$\mathrm{m/s}$；$Z_1$—碰撞频率，$\mathrm{m^3/s}$；$\alpha$—体积分数；$\beta$—气泡载荷参数；$\gamma$—剪切率，$\mathrm{s^{-1}}$；$\varepsilon$—湍流耗散率，$\mathrm{m^2/s^3}$；$\theta'$—接触角；$\mu$—动力黏度，$\mathrm{Pa \cdot s}$；$\nu$—运动黏度，$\mathrm{m^2/s}$；$\rho$—密度，$\mathrm{kg/m^3}$；$\sigma$—表面张力，$\mathrm{N/m}$。

　　图 3-76 和图 3-77 分别为微泡充气式浮选柱内黏着颗粒和未黏着颗粒的含率分布情况。可以看到,黏着颗粒主要分布在柱体中上部,而未黏着颗粒主要集中在柱体的底部。黏着颗粒浓度高(含率高)的位置正好与图 3-70 中高气体保有量区吻合。这说明微泡充气式浮选柱的颗粒矿化合理,从侧面说明将碰撞概率模型引入浮选柱性能评价是科学有效的。未黏着粒子集中在柱体底部说明了柱体内可能出现沉槽问题。图 3-78 和图 3-79 分别为微泡充气式浮选柱内颗粒黏着率与脱落率的分布。可以看到,在柱体的中心、给矿口和充气器出口黏着率最高。而在充气器出口附近也出现了最大的脱附率,这主要是该处湍流耗散最强,直接影响了颗粒的黏着。

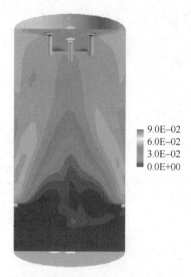

图 3-76　微泡充气式浮选柱内黏着
颗粒含率的分布

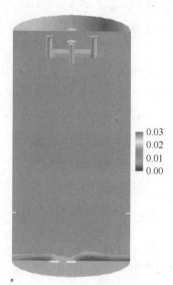

图 3-77　微泡充气式浮选柱内未黏着
颗粒含率的分布

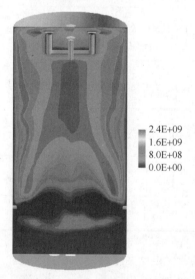

图 3-78　微泡充气式浮选柱颗粒
黏着率分布 (m⁻³·s⁻¹)

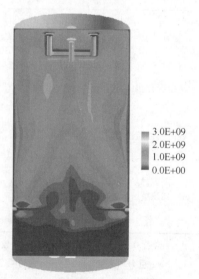

图 3-79　微泡充气式浮选柱颗粒
脱附率分布 (m)

图 3-80 和图 3-81 分别为 Jameson 浮选柱内黏着颗粒和未黏着颗粒的含率分布情况。可以看到未黏着颗粒主要集中在柱体的锥底上，同样说明了该处可能出现沉积。黏着颗粒在高气体保有量区的混合器出口和顶部的泡沫层区。这与 Jameson 浮选柱的矿化理论是一致的。图 3-82 和图 3-83 分别为 Jameson 浮选柱内颗粒黏着率与脱落率的分布。可以发现，最大的黏着率发生在混合器出口附近。而最大的脱落率发生在内置泡沫槽壁面附近，由于该处是泡沫回收区，因此，应开展优化设计最小化该区。

图 3-80　Jameson 浮选柱黏着颗粒含率的分布

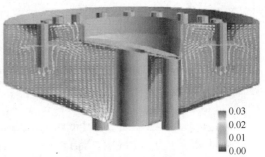

图 3-81　Jameson 浮选柱未黏着颗粒含率的分布

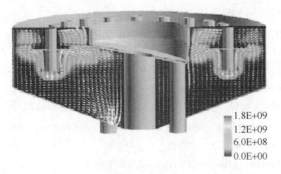

图 3-82　Jameson 浮选柱黏着率分布（$m^{-3} \cdot s^{-1}$）

图 3-83　Jameson 浮选柱脱落率分布（$m^{-3} \cdot s^{-1}$）

浮选柱在矿物加工领域的研究和应用都取得了重要的成果，应该说浮选柱的研究已经建立起一套理论建模、试验流体力学验证辅以计算流体力学仿真的研究方法和思路。理论建模参数的获取需要试验流体力学和计算流体力学方法配合，科学技术的进步使得浮选柱理论建模相关参数的获取可以依靠更为先进的试验流体力学手段和 CFD 仿真技术，从而减小了试验研究的工作量，提高了研发效率。但是，浮选过程的复杂性，浮选柱各操作参数和结构参数的多变性带来的柱内流体动力学特征变化，需要进一步研究和探索。

参 考 文 献

[1] 刘瑞江，张业旺. 多釜串联模型停留时间分布方差的推导 [J]. 数学的实践与认识，2012：130-135.

[2] Meloy J R，Neethling S J，Cilliers J J. Modelling the axial dispersion of particles in froths [J]. International Journal of Mineral Processing，2007 (84): 91-185.

［3］Mankosa M J, Adel G T, et al. Scale-up and Design Aspects of Column Flotation ［M］. Production and Processing of Fine Particles, Amsterdam, Pergamon, 1988: 94-185.

［4］Caballero M, Cela R, Perez-Bustamante J A. Analytical Applications of some Flotation Techniques——a Review ［M］. Talanta, 1990 (37): 275-300.

［5］Deng H, Mehta R K, Warren G W. Numerical modeling of flows in flotation columns ［J］. International Journal of Mineral Processing, 1996 (48): 61-72.

［6］Finch J A. INDUSTRIAL CHEMISTRY & MANUFACTURING TECHNOLOGIES ［M］. Annotation Book News, Inc, Portland, OR, 1990.

［7］Ityokumbul M T, Kosaric N, Bulani W. Parameter estimation with simplified boundary conditions ［J］. Chemical Engineering Science, 1988 (43): 2457-2462.

［8］Xu M, Finch J A. The axial dispersion model in flotation column studies ［J］. Minerals Engineering, 1991 (4): 553-562.

［9］Yianatos J B, Bergh L G. RTD studies in an industrial flotation column: use of the radioactive tracer technique ［J］. International Journal of Mineral Processing, 1992 (36): 81-91.

［10］Mankosa M J, Luttrell G H, Adel G T, et al. A study of axial mixing in column flotation ［J］. International Journal of Mineral Processing, 1992 (35): 51-64.

［11］Mills P J T, O'Connor C T. Technical note the use of the axial dispersion model to describe mixing in a flotation column ［J］. Minerals Engineering, 1992 (5): 44-939.

［12］Bischoff K B, Levenspiel O. Fluid dispersion-generalization and comparison of mathematical models——I generalization of models ［J］. Chemical Engineering Science, 1962 (17): 55-245.

［13］Lee T T. A generalised procedure for modelling and simulation of activated sludge plant using lumped-parameter approach ［J］. Journal of Environmental Science and Health, Part A, 1997: 83-104.

［14］吴永. 多级全混流串联模型 $E(t)$ 函数的数学归纳法推导 ［J］. 宁夏工学院学报, 1998: 89-91.

［15］Tobita H. Continuous free-radical polymerization with long-chain branching and scission in a tanks-in-series model ［J］. Macromolecular Theory and Simulations, 2014 (23): 97-182.

［16］Goodall C M, O'Connor C T. Residence time distribution studies in a flotation column. Part 1: the modelling of residence time distributions in a laboratory column flotation cell ［J］. International Journal of Mineral Processing, 1991 (31): 97-113.

［17］Mavros P, Lazaridis N K, Matis K A. A study and modelling of liquid-phase mixing in a flotation column ［J］. International Journal of Mineral Processing, 1989 (26): 1-16.

［18］Yianatos J B, Bergh L G, Díaz F, et al. Mixing characteristics of industrial flotation equipment ［J］. Chemical Engineering Science, 2005 (60): 2273-2282.

［19］Yianatos J, Bergh L, Pino C, et al. Industrial evaluation of a new flotation mechanism for large flotation cells ［J］. Minerals Engineering, 2012 (36): 262-271.

［20］Yianatos J B. Fluid flow and kinetic modelling in flotation related processes: columns and mechanically agitated cells—a review ［J］. Chemical Engineering Research and Design, 2007 (85): 1591-1603.

［21］Yianatos J B, Larenas J M, Moys M H, et al. Short time mixing response in a big flotation cell ［J］. International Journal of Mineral Processing, 2008 (89): 1-8.

［22］Bergh L G, Yianatos J B. Experimental studies on flotation column dynamics ［J］. Minerals Engineering, 1994 (7): 55-345.

［23］沈政昌, 卢世杰, 史帅星, 等. 基于 CFD 的 KYF 浮选机气-液两相流分析与探讨——KYF 浮选机流场测试与仿真研究 (四) ［J］. 有色金属 (选矿部分), 2013: 59-63.

［24］沈政昌, 卢世杰, 史帅星, 等. KYF 型浮选机三相流仿真研究初探——KYF 浮选机流场测试与仿真

研究（六）［J］．有色金属（选矿部分），2013：67-72.

［25］Steinemann J, Buchholz R. Application of an electrical conductivity microprobe for the characterization of bubble behavior in gas-liquid bubble flow［J］. Particle & Particle Systems Characterization, 1984（1）：7-102.

［26］Matiolo E, Testa F, Yianatos J, et al. On the gas dispersion measurements in the collection zone of flotation columns［J］. International Journal of Mineral Processing, 2011（99）：78-83.

［27］Xu M, Finch J A, Huls B J. Measurement of radial gas holdup profiles in a flotation column［J］. International Journal of Mineral Processing, 1992（36）：44-229.

［28］Zhou Z A, Egiebor N O. Prediction of axial gas holdup profiles in flotation columns［J］. Minerals Engineering, 1993（6）：12-307.

［29］Sanwani E, Zhu Y, Franzidis J P, et al. Comparison of gas hold-up distribution measurement in a flotation cell using capturing and conductivity techniques［J］. Minerals Engineering, 2006（19）：72-1362.

［30］沈政昌，卢世杰，史帅星，等．KYF 型浮选机内气泡特征参数分析与探讨——KYF 浮选机流场测试与仿真研究（五）［J］．有色金属（选矿部分），2013：44-49.

［31］沈政昌，陈东，史帅星，等．BGRIMM 浮选柱技术的发展［J］．有色金属（选矿部分），2006：33-37.

［32］董干国．大型微生物冶金生物反应器研究结题报告［R］．北京矿冶研究总院，2014.

［33］张明．充气式浮选机关键参数对气-液-固三相流态的影响研究结题报告［R］．北京矿冶研究总院，2014.

［34］赖茂河，史帅星，武涛，等．KYZE 型浮选柱的发展和应用［J］．有色金属（选矿部分），2011：208-211.

［35］卢世杰，史帅星，曹亮，等．KYZ-1065 浮选柱工业试验研究［J］．有色金属（选矿部分），2006：28-31.

［36］Tzeng J W, Chen R C, Fan L S. Visualization of flow characteristics in a 2-D bubble column and three-phase fluidized bed［J］. AIChE Journal, 1993（39）：733-744.

［37］Chen R C, Reese J, Fan L S. Flow structure in a three-dimensional bubble column and three-phase fluidized bed［J］. AIChE Journal, 1994（40）：1093-1104.

［38］Lin T J, Reese J, Hong T, et al. Quantitative analysis and computation of two-dimensional bubble columns［J］. Fluid Mechanics and Transport Phenomena, 1996（42）：301-318.

［39］冯旺聪，郑士琴．粒子图像测速（PIV）技术的发展［J］．仪器仪表用户，2003：1-3.

［40］赵宇．PIV 测试中示踪粒子性能的研究［D］．大连理工大学，2004.

［41］Shi S, Yu Y, Yang W, et al. flow field test and analysis of KYF flotation cell by PIV［C］. 2013 International Conference on Process Equipment, Mechatronics Engineering and Material Science, 2013.

［42］Joshi J B, Tabib M V, Deshpande S S, et al. Dynamics of flow structures and transport phenomena, 1. experimental and numerical techniques for identification and energy content of flow structures［J］. Industrial & Engineering Chemistry Research, 2009（48）：8244-8284.

［43］Joshi J B, Vitankar V S, Kulkarni A A, et al. Coherent flow structures in bubble column reactors［J］. Chemical Engineering Science, 2002（57）：3157-3183.

［44］Lindken R, Merzkirch W. A novel PIV technique for measurements in multiphase flows and its application to two-phase bubbly flows［J］. Experiments in Fluids, 2002（33）：814-825.

［45］Liu Z, Zheng Y, Jia L, et al. Study of bubble induced flow structure using PIV［J］. Chemical Engineering Science, 2005（60）：3537-3552.

［46］Sathe M J, Thaker I H, Strand T E, et al. Advanced PIV/LIF and shadowgraphy system to visualize flow structure in two-phase bubbly flows [J]. Chemical Engineering Science, 2010 (65): 2431-2442.

[47] Broder D, Sommerfeld M. An advanced LIF-PLV system for analysing the hydrodynamics in a laboratory bubble column at higher void fractions [J]. Experioments in Fluids, 2002 (33): 826-837.

[48] Jun Meng W, Matthew, Brennan, et al. Kym Runge, Dee Bradshaw, New techniques for measuring turbulence in flotation cell [M]. XXVII International Mineral Processing Congress, Santiagode, Chile, 2014: 70-80.

[49] 史帅星. KYZ 浮选柱研究报告 [R]. 北京矿冶研究总院, 2005.

[50] Bouchard J, Desbiens A, del Villar R, et al. Column flotation simulation and control: an overview [J]. Minerals Engineering, 2009 (22): 29-519.

[51] 沈政昌, 史帅星, 卢世杰, 等. 浮选设备发展概况 [J]. 有色设备, 2004: 21-26.

[52] Deng H, Mehta R K, Warren G W. Numerical modeling of flows in flotation columns [J]. International Journal of Mineral Processing, 1996 (48): 61-72.

[53] Pourtousi M, Sahu J N, Ganesan P. Effect of interfacial forces and turbulence models on predicting flow pattern inside the bubble column [J]. Chemical Engineering and Processing: Process Intensification, 2014 (75): 38-47.

[54] 宋涛. 浮选机内气液两相流的数值模拟研究 [D]. 北京矿冶研究总院, 2011.

[55] Zhanga D, Deen N G, Kuipersa J A M. Numerical simulation of the dynamic flow behavior in a bubble column: a study of closures for turbulence and interface forces [J]. Chemical Engineering Science, 2006 (61): 7593-7608.

[56] Bertodano M L de. Turbulent bubbly flow in a triangular duct [R]. Rensselaer Polytechnic Institute, Troy New York, 1991.

[57] Drewa D A, Lahey R T. Virtual mass and lift force on a sphere in rotating and straining inviscid flow [J]. International Journal of Multiphase Flow, 1987 (13): 113-121.

[58] Tabib M V, Roy S A, Joshi J B. CFD simulation of bubble column——an analysis of interphase forces and turbulence models [J]. Chemical Engineering Journal, 2008 (139): 589-614.

[59] Silva M K, d'ávila M A, M. Mori. Study of the interfacial forces and turbulence models in a bubble column [J]. Computers & Chemical Engineering, 2012 (44): 34-44.

[60] Gupta A, Roy S. Euler-euler simulation of bubbly flow in a rectangular bubble column: experimental validation with radioactive particle tracking [J]. Chemical Engineering Journal, 2013 (225): 818-836.

[61] Bove S, Solberg T, Hjertager B r H. Numerical aspects of bubble column simulations [J]. International Journal of Chemical Reactor Engineering, 2004 (2): 1-22.

[62] 陈东, 大型细粒浮选柱研究报告 [R]. 北京矿冶研究总院, 2012.

[63] Groen J S, Oldeman R G C, Mudde R F, et al. Coherent structures and axial dispersion in bubble column reactors [R]. Chemical Engineering Science, 1996 (51): 20-2511.

[64] 张跃军. 微细粒浮选设备关键技术研究报告 [R]. 北京矿冶研究总院, 2012.

[65] 史帅星, 姚明钊, 曹亮. 气泡发生器的流体动力学性能研究 [J]. 有色金属 (选矿部分), 2006: 42-45.

[66] 刘炯天, 王永田. 自吸式微泡发生器充气性能研究 [J]. 中国矿业大学学报, 1998: 29-33.

[67] 史帅星. KYZ-B 浮选柱发泡器喷嘴流体动力学数值模拟 [J]. 有色金属 (选矿部分), 2008: 38-40.

[68] 沈政昌, 卢世杰, 张跃军. KYZ-B 浮选柱气液两相流数值模拟与试验研究 [J]. 有色金属 (选矿部分), 2008: 28-31.

[69] 张跃军. 浮选柱内气液两相流数值模拟与试验研究 [D]. 北京科技大学, 2008.

［70］Schwarz M P, Koh P T L. CFD models of microcel and Jameson flotation cells ［M］. Seventh International Conference on CFD in the Minerals and Process Industries, CSIRO, Melbourne, Australia, 2009: 1-6.

［71］Koh P T L, Schwarz M P. CFD modelling of bubble-particle attachments in flotation cells ［J］. Minerals Engineering, 2003 (16): 1055-1059.

4　气泡发生技术

气泡是泡沫浮选不可缺少的关键因素，一个有效的气泡发生装置应当能够在最大可能充气量下产生细小而均匀的气泡。近年来，浮选柱在多样化、大型化、系列化和利用复合力场等应用研究方面又迈出了开创性的步伐，开发研制了多种不同形式的发泡方式以适应生产需求，其中包括机械切割成泡、射流引射成泡、旋流充气式成泡、机械搅拌成泡和混流成泡等，形成了具有鲜明特点的浮选柱发泡技术[1]。

气泡发生器的结构直接决定浮选柱空气保有量的大小及气泡的尺寸和分布，并且直接关系到气泡发生器的发泡性能，所以对浮选柱的分选效果有直接影响。发泡性能主要包括三个方面：充气量、气泡尺寸和气泡的弥散程度。从气泡发生器的发展来看，从传统的压入式充气微孔材料气泡发生器到混流气泡发生器，多数研究都是围绕着气泡大小与气泡发生方式、气泡发生器结构和液体流态之间的关系展开的[2]。

因此，浮选柱气泡发生器的研究是浮选柱研究最重要的方面之一，备受研究者关注。本章首先简要介绍气泡的发泡方式，并依此对气泡发生器的种类进行了概略划分，详细介绍了不同种类气泡发生器的特点，最后选取了三种典型气泡发生器论述了其设计计算方法。

4.1　发泡方式

气泡发生器的成泡方式大致分为3种，即空气直接吹入成泡、气水混流成泡和气浆混流成泡。空气直接吹入成泡又可细分为两种形式，一种是通过微孔机械分割成泡，由于堵塞使得微孔材料不能充分发挥作用，再加上充气量（压力）增大会直接造成气泡尺寸增大，故目前已较少采用；另一种是高速气流切割液体成泡，其成泡率高，不易堵塞，是目前广泛应用的一种成泡形式。气水混流成泡是利用气、水混合过程把气体粉碎成气泡，其气泡大小主要取决于流体紊流强度及持续混合时间，并最终达到与体系能量状态相匹配的气泡临界尺寸。气浆混流成泡一种是高压压入的气体与矿浆在混合器内混合后高速喷射出，在出口处气体被高速液体切割形成微泡；另一种是射流成泡，即把液体先变成分散相，然后随压力的增大逐步变成连续相，气体则由开始的连续相逐步分散成为微泡。两种流体传质成泡方式相比，前者通过流体混合经历了把大气泡粉碎成小气泡乃至临界气泡的过程，而后者则通过气体充分分散直接形成要求的临界气泡尺寸[3,4]。除了以上常用的气泡发生方式外，还有降压或升温成泡、电解水成泡、超声波成泡、化学试剂反应成泡等[5]。

实践表明，多孔微泡发生器能产生直径为 0.07~0.25mm 的气泡，电解法可产生直径为 0.04~0.2mm 的气泡，机械搅拌法产生直径为 0.04~0.2mm 的气泡，真空法产生直径为 0.5~1.5mm 的气泡，喷射法产生直径为 0.2~1.0mm 的气泡。

4.2 气泡发生器的种类

气泡发生器的种类繁多，一般根据发泡方式的不同可以划分为空气直接式气泡发生器、气水混流式气泡发生器和气浆混流式气泡发生器。空气直接式气泡发生器是将空气直接压入浮选槽内，常见的有空气直喷式气泡发生器、微孔气泡发生器、过滤盘式发生器和砾石床层发生器等。目前较多使用的是空气直喷式气泡发生器，其他气泡发生器主要应用在早期浮选柱中。早期的气泡发生器易发生结垢、堵塞，常导致浮选柱不能正常运行，甚至造成停产事故，这是早期浮选柱工业应用失败的重要原因[6,7]。为了解决早期气泡发生器出现的问题，研究开发了气水混流式气泡发生器，这类气泡发生器由于有水的加入，稀释原有的浮选矿浆，从而会影响正常生产工艺。近年来又发展了气浆混流式气泡发生器，它以矿浆作为空气载体，解决了上述问题，并在工业中得到广泛的应用。目前采用的气泡发生器的主要形式有：空气直接式气泡发生器、气水混流式气泡发生器和气浆混流式气泡发生器等。如按照供气方式划分，则可大概分为自吸气式和压气式两种。其中，自吸气式气泡发生器的能耗较高，而压气式气泡发生器则需要一套供气系统。若按安装位置的不同，又可划分为内部气泡发生器和外部气泡发生器。

一般气泡发生器的结构包含 3 个基本点，即气、液来源，气、液混合，分散成泡。液体来源一般是浆料或清水，气体来源由正压导入或负压自吸。其中气液混合、分散成泡是气泡发生器的关键过程。

4.2.1 空气直接式气泡发生器

传统的空气直接式气泡发生器一般采用压入式充气与微孔材料切割成泡的方式，使压缩空气通过由不同材质制成的微孔介质，如帆布管、扎孔橡胶管、尼龙管、微孔陶瓷管等产生气泡。由于孔径与气泡大小的非线性增大关系，微孔变大将导致气泡尺寸迅速增大，微孔变小则直接增加了堵塞的机会，实际能够应用的微孔尺寸范围与得到的气泡质量难以适应柱分选技术的发展需要，此外气泡发生器内部易产生结垢、堵塞问题，严重影响浮选生产的顺利进行，因而现在很少采用[2]。近年来发展的以高压空气直接喷射产生气泡的发生器得到了广泛应用与发展。

4.2.1.1 空气直接式气泡发生器

北京矿冶研究总院设计开发的 KYZB 型气泡发生器属于典型的空气直喷式气泡发生器，结构示意如图 4-1 所示。高压气体从喷嘴的喉径内高速喷出，经过矿浆的剪切作用，形成大量小直径气泡。气泡发生器的设计既要保证产生大量的小气泡又要保证气泡在柱体内分散均匀，同时还要能够尽量消除高速气流所具有的余能，降低气流对矿浆的强紊流搅动[1]。

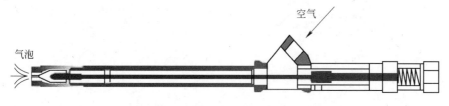

图 4-1 KYZB 型气泡发生器

配合空气喷射式气泡发生器，浮选柱内部靠近气泡发生器出口上方的位置安置有稳流板，能够起到均匀分散矿浆的目的。然而，在强碱性和容易结盐的矿浆环境中使用的大直径浮选柱，稳流板孔容易堵上，不宜使用。KYZB 型气泡发生器的一个特点就是长度可按需提供，为大直径浮选柱气泡的均匀分散提供了技术支撑。空气直接式气泡发生器的气泡喷出状况如图 4-2 所示。

图 4-2　空气直接式气泡发生器气泡喷射状况

空气直接式气泡发生器最早是由加拿大 MinovEX Technologies 公司研制，它不需要用水，仅吹入空气（空气喷射）来产生气泡。该气泡发生器是由针阀与气泡喷雾孔组成的简单结构，孔径大，表面被陶瓷覆盖，所以不会堵塞，寿命长达两年，产生的气泡直径为 0.5~3.0mm。其结构如图 4-3 所示。

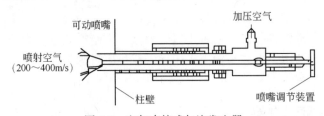

图 4-3　空气直接式气泡发生器

加拿大 CESL 公司、美国 Eimco 公司和南非 Multotec Process Equipmemt 公司等也在开发销售同种类型的气泡发生器。该类型气泡发生器由于仅需更换原浮选柱的气泡发生器部件，同时具有容易使用的优点，近年来在世界各地的选矿厂被广泛应用[3,8]。

加拿大 CPT 公司研制类似的 Slamjet® 气泡发生器，该气体分散系统是一个只分散气体的系统，用于将细小气泡注入浮选柱，其所需空气通过一组环绕浮选柱的支管提供，分散系统共有若干根简单、坚固的气体喷射管，这些喷射管均匀地分布在浮选柱底部附近的同一截面上。每根管子配有一个独立的气动自动流量控制及自动关闭装置，该装置可保证喷射管在未加压或发生意想不到的压力损失时能保持关闭和密封状态，防止矿浆流入，确保气体分散系统不因堵塞而影响其正常运行。喷射管喷嘴有多种不同的型号可供使用，通过调整喷射管开启个数及喷射管喷嘴的大小，可调整浮选柱的供气压力、流量，确保柱内空气充分弥散。该气体分散系统设计合理，独立使用的 Slamjet® 气泡发生器即使在浮选柱运行的情况下都易于插入和抽出，检查、维修方便[9]，结构如图 4-4 所示。

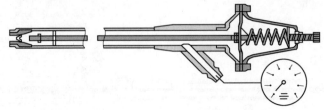

图 4-4　CPT 生产的 Slamjet® 气泡发生器

4.2.1.2 微孔气泡发生器

微孔充气器由于充气分散均匀，气泡直径大小恒定，具有非常好的充气性能，在20世纪60~80年代国内选矿厂中得到了广泛应用。微孔气泡发生器可由多种材料制成，目前较为理想的是粉末烧结多孔材料。如北京矿冶研究总院开发的金属粉末微孔气泡发生器发泡稳定，塑性好，强度高，能较好地承受热应力和冲击，能在较高温度下和腐蚀介质中工作，可焊接、黏结及机械加工，使用寿命长。

微孔管的外径和长度可以根据矿物的特点进行优化设计。微孔气泡发生器（见图4-5）的设计技术参数如下：微孔孔径有20μm、30μm、40μm和50μm，孔隙率大于30%，相对透气系数大于$3×10L/(cm·min·mmH_2O)$，拉伸强度大于60MPa。微孔气泡发生器被设计成可在线更换的结构，堵塞后可放入超声波清洗器进行清洗再生。再生后的孔隙率一般可达到正常值的90%以上。微孔气泡发生器的气泡直径主要受微孔大小的影响，研究还发现气泡发生器所产生的气泡大小与发泡器材质有关，亲水型材质比疏水型材质更容易产生小气泡[10,11]。

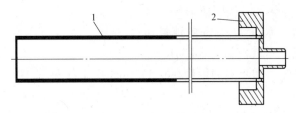

图 4-5　微孔气泡发生器

1—微孔管部分；2—拆卸螺母

4.2.1.3 砾石床层气泡发生器[12]

砾石床层气泡发生器是早期使用的一种空气直接式气泡发生器，它是将直径8~20mm的砾石置于上下两层筛子之间，组成厚300~600mm的砾石床层。压缩空气流经矿层间隙产生气泡，堵塞相对较轻，但产生的气泡直径大，其结构如图4-6所示。

4.2.1.4 过滤盘式气泡发生器

过滤盘式气泡发生器是在盘式过滤机的过滤盘上蒙一层滤布，并将其平放于浮选柱底部，即为气泡发生器。压力空气则由盘中间的中轴管导入，该气泡发生器产生的气泡较均匀，但易磨损，一般2~3个月就需更换[3]。

4.2.2 气水混流式气泡发生器

气水混流式气泡发生器其基本原理是高速注入的空气和水流在混合室中混合后，通过喷嘴排出时产生大量气泡。该气泡发生器无堵塞问题，但水的注入可能会改变矿浆浓度和pH值，影响

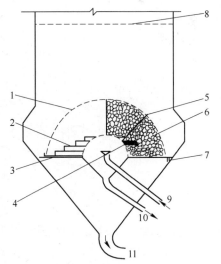

图 4-6　砾石床层发泡器

1—围网；2~4—隔板；5—固定螺栓；6—床石；

7—排矿口；8—筛网 12mm；9—送风管；

10—放风管；11—排砂管

浮选工艺参数。这种气泡发生器分为3种基本类型：Turbo Air 型、Flotaire 型和 CESL 型。

4.2.2.1 Turbo Air 型气水混流气泡发生器

Turbo Air 型气水混流气泡发生器由美国矿业局开发，其结构如图4-7所示，包括一个有机玻璃制成的圆柱体，其高度为 15.2cm，内径 5.1cm，壁厚 2.5cm。同时在柱体的法兰上安装了一个 2.5cm 厚的盖子并用一个橡胶圈加以固定和真空润滑。柱体容积为 311cm^3，柱体的一部分有一个 2.5cm 厚的隔板用以防止未分散的空气进入，剩余部分用填料装满。为了防止填料被卷走，水、空气的注入口和排放口装有孔径为 0.5mm 的筛网。

起泡剂溶液通过顶部的轴向筛网以 460~730 kPa 的压力注入，同时空气以相同压力经由径向通孔进入气泡发生器，水以 1L/min 的流量通过 Turbo Air 气泡发生器，空气流量为 8~30L/mm。

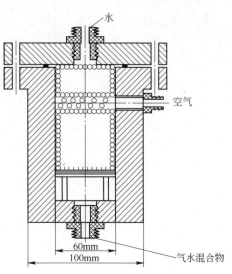

图 4-7 Turbo Air 型气泡发生器

气泡大小可根据压力和起泡剂用量在 0.1~3mm 变化（见图 4-8）。由于气泡发生器里的气压高（高达720kPa），大量空气在柱体得到稀释并产生大量微小气泡（小于0.1mm）。气水混合物经由直径 1.2mm 特殊喷嘴的开口进入柱体内。通过阀装置可以无需中断浮选工艺对喷嘴进行更换。相对于 15min 的浮选时间，水通过起泡器的流量仅为矿浆流量的 4%，矿浆不至于被气水混合物过度稀释。

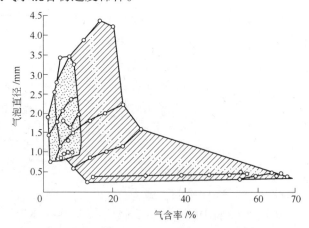

图 4-8 在不同起泡剂用量情况下滤布气泡发生器（点填充区域）和 Turbo Air 气泡
发生器（点划线填充区域）的充气参数[13]

研究表明，装有 Turbo Air 气泡发生器的装置可以极大地改进对铬铁矿细粒级（−100μm）和粗粒级（+230μm）的分选效果。Turbo Air 气泡发生器的一个优点是可以通过对空气和水的压力调节实现对浮选效果的控制。

4.2.2.2 Flotaire 型气水混流气泡发生器

Flotaire 浮选柱气泡发生器由瑞典 Sala International AB 公司授权并由美国 Deister 矿公

司制造，是气水混合充气方式应用最广为人知的设备之一[14]。空气和起泡剂通过水流吸入，然后均匀地分布在整个柱体截面。其结构原理如图 4-9 所示，当水高速流过多孔管时，管内压力低于大气压，空气卷入并与液体混合，在多孔介质的高速剪切作用下产生气泡，压力释放时也会析出大量微泡。在截面大的 Flotaire 浮选柱中（直径达 2.5 m）水通过压缩空气吸入，这可以增加空气保有量同时减小浮选过程中矿浆被水稀释。在压力 300~480 kPa、空气与水的流量比约 30 的条件下工作时，产生直径 0.1mm 左右的细小气泡。

为了使气泡尺寸分布达到最佳效果并且提高分选效果，Flotaire 浮选柱开发了一种新的设计方式，应用柱体中部具有 50 μm 微孔的不锈钢管以常规方法与气水混流气泡发生器同时进行充气，如图 4-10 所示。实践表明，同时利用两种充气方式比只应用其中任何一种可以达到更好的分选效果，当均匀的气流注入两种气泡发生器时可以获得最高的回收率。

多孔文氏管是一种典型的射流混流式发泡器，其结构如图 4-9 所示。

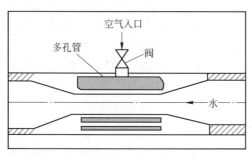

图 4-9　多孔文氏管结构示意图

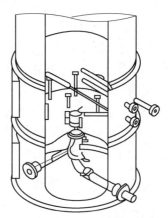

图 4-10　Flotaire 气泡发生器系统

4.2.2.3　CESL 型气水混流气泡发生器

CESL 型气泡发生器由加拿大的 Cominco Engineering Service Ltd（CESL）公司于 1988 年开始生产。浮选柱外的气体分散器产生空气/水混合物，通过金属管分散到浮选柱中，和空气直接式气泡发生器相比，在减少药剂用量的同时可以使矿浆的空气保有量高达 50%，同时平均气泡尺寸可达到 0.3~0.4mm。CESL 型气水混流气泡发生器的压力为 300~600kPa 不等。对于直径 2.4m 的浮选柱，空气流量在 20~80L/s 变化，水流量在 0.5~1.5L/s 变化。多孔金属管结构的气泡发生器在作业中可以更换，运转率较高。CESL 型气泡发生器先后在北美、南美和南非等地得到了广泛应用。

IOTT 研究所对不同气泡发生器用于气水混合的充气方式进行了研究。这种气泡发生器最简单的设计如图 4-11（a）所示，水沿着纵轴高速进入搅拌器，空气则沿着横轴进入搅拌器，在喷嘴出口形成分散的气泡流。气泡发生器的设计类似于传统的喷射器，不同之处在于混合管（混合器）的出口端。气泡发生器的进一步设计包括在喷嘴内建立一个气泡破裂强度高的区域（见图 4-11（b）），该区域是特殊的迷宫式区域。对气泡发生器喷射式喷嘴的测试表明，在水气混合比率较大的（7.6%~13.8%）情况下，空气保持了很高的分裂强度。

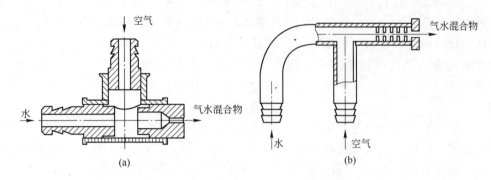

图 4-11 IOTT 研究所设计的气泡发生器

通过对不同设计形式的气水混流气泡发生器的使用进行研究，得到的结果表明不仅空气喷射，同时气水混合注入方式在浮选柱柱体内都是非常关键的。在浮选过程中，采用调整水气比的办法以取得最适宜的空气分散度，进而保证浮选指标。最适宜的水气比值与矿物的可浮性、磨矿细度等因素有关。张鸿甲等人对不同形式的气水混合喷射气泡发生器进行了试验研究[15]。在实验室的小型试验中，选别硫铁矿、铜矿时采用的水气比为 5% 和 4%，而选别硫铁矿的工业试验的水气比为 2.5%。当入选浓度 20.64% 时，浮选柱尾矿浓度只有 17.62%，而浮选机尾矿浓度 18.97%，浮选柱比浮选机尾矿浓度低 1.35%。该类型气泡发生器水气比一般范围为 2.5%~5%。在保证良好工艺指标的前提下，水气比应尽量降低，以避免向柱体内充水过多影响浮选作业浓度和尾矿再选的效果。

4.2.3 气浆混流式气泡发生器

气浆混流式气泡发生器是目前应用较为广泛的一类充气器，生产厂家较多，形式也多种多样。根据给气方式的不同，一般可分为空气压入式和自吸气式；根据气泡发生器进料方式的不同，一般又可分为初始给料进入和中矿循环进入。

4.2.3.1 压入式混流气泡发生器

A KYZE 型气泡发生器

北京矿冶研究总院研究开发的 KYZE 型气泡发生器是目前工业在用的一种典型的气浆混合气泡发生器（见图 4-12）。空压机输出的有压空气（100~400kPa）经总风管均匀分配到各个气泡发生器内，利用中矿循环泵使得空气和矿浆在气泡发生器内混合，并与空气一起充入浮选柱，然后经由喷射嘴喷出，高速流出的气-矿浆混合物产生强烈的紊流作用。高压高速气浆混合物喷出后迅速释压，产生大量微小气泡。这一过程使得浮选柱内实现了逆流碰撞矿化和紊流矿化两种矿化方式的有机结合，紊流矿化能够强化微细粒级的回收。

气泡发生器安装在距离浮选柱底部 500mm 的高度上，在不同循环矿量、气泡发生器锥度、柱内液位高度和气泡发生器安装数量等条件下，气泡发生器充入柱内的气水混合物的喷射范围也不同，喷射范围几何形状近似菱形，示意图如图 4-13 所示。

图 4-13 中参数 B 和参数 L 分别表示菱形喷射范围的宽度和长度。调节充气量大小，

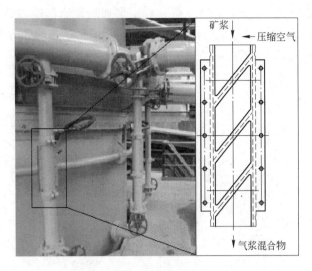

图 4-12 KYZE 型气泡发生器

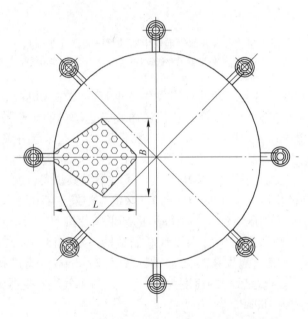

图 4-13 KYZE 型气泡发生器喷射范围示意图

循环矿量和气水混合物的喷射范围会随之变化。充气压力与循环水压力基本相等时，绝大多数气泡尺寸维持不变，但不同操作参数条件下会有不同数量的大气泡生成，柱内液面的翻花程度也会有所不同。

  B Allflot 型和 EKOF 型气泡发生器

  德国开发的 Allflot 型和 EKOF 型气泡发生器都属于狭缝气泡发生器。Allmineral 公司（德国）研制了一种配备了 Allflot 气泡发生器的浮选设备（见图 4-14（a）），高压空气从这种喷射器最狭窄的部分给入，在喷射器的出口处有一个混合室，混合室由轴向带有圆柱形中板的管子组成的，空气矿浆的混合物沿着管子和中板之间的缝隙进入，缝隙的宽度要比混合室的长度小20倍。在管子的内表面具有用来加强紊流作用的螺旋凹槽（见图4-14（b）），矿浆空气混合物从喷射器出口流入混合室（管子）的速率不小于2m/s，空气给入环状喷射器狭缝的宽度是可调的。

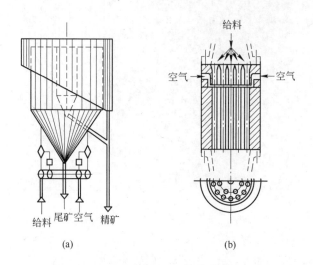

图 4-14   具有外部气泡发生器的浮选装置（德国）
（a）配备了Allflot气泡发生器的浮选设备；（b）加强紊流作用的螺旋凹槽

空气-矿浆流在其内部向上流动的气泡发生器垂直安装在Allflot型设备的底部，处于混合室出口的空气-矿浆流速度比较低，这能够防止分选槽内的矿浆波动，气泡发生器内的矿浆流量为150~250m³/h，混合室末端的浸没深度（与泡沫层有关）是经过认真选择的，这样可以防止向上流将矿浆带入泡沫层中。

德国还研制了具有类似结构的EKOF型气泡发生器及其设备（见图4-15（c）），并在其中采用了狭缝气泡发生器（见图4-15（d））。狭缝气泡发生器由一段装有一个轴向对称体的管道组成，用于给入加压空气（250kPa）的环形圆片按50~75μm的间隔安装于管道壁面之内。圆片是采用防堵塞材料特别设计和制造的，对称体与管道之间的间隔不超过10~12mm。矿浆通过狭缝气泡发生器之前的速度为2~3m/s，通过狭缝时的速度为8~12m/s，通过扩散段（狭缝之后）的速度为4~6m/s。每个气泡发生器中的矿浆流量为60~120m³/h，矿浆压力约为180kPa[16]。

C   Microcel 气泡发生器

典型的压入式气泡发生器还有美国弗吉尼亚州布莱克本选煤及选矿中心（CCMP）研制的Microcel气泡发生器，其结构如图4-16所示。Microcel系统是一种低压、高剪切力的气泡发生器。它利用高速流动的矿浆和气体在剪切件作用下形成气泡，具有易于更换和在线调控气泡大小的特点，但加工精度要求较高。尾矿浆通过1台离心泵来循环。在矿浆流经静态混合器之前，空气被给入循环矿浆。在矿浆/空气悬浮液经过静态混合器时产生高剪切力运动，形成了微泡。气泡矿浆混合物被给入到柱底附近，气泡沿浮选柱捕集区上升。所需混合器数量、循环矿浆量和起泡剂添加量，由不同情况下的充气速度和气泡大小决定。通过直接的照相测量可知，Microcel气泡发生器可获得均匀的气泡散布，气泡大小100~400μm不等，空气含量为20%~40%[17,18]。

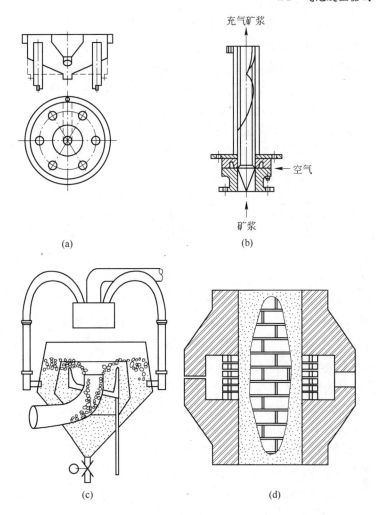

图 4-15 Allflot 型和 EKOF 型浮选机及其气泡发生器

（a）Allflot 浮选装置；（b）Allflot 型气泡发生器；（c）EKOF 浮选装置；（d）EKOF 型气泡发生器

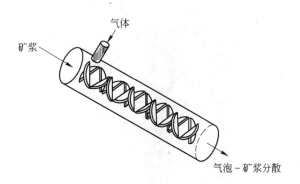

图 4-16 Microcel 气泡发生器结构示意图

D Cav 谐振式气泡发生器

CPT 公司开发了称为 Cav 谐振式气浆混流气泡发生器[19]。喷嘴是空腔谐振式微泡发生器的关键部件，喷嘴结构的微小变化都将改变微泡发生器流场，对微泡的生成及矿化有很大的影响。将矿浆与空气混合好后加压输送至喷嘴入口。在喷嘴的作用下，矿浆形成射流，速度变大，流体压力能转化为动能，静压减小，溶于矿浆中的空气以微泡的形式析出，在射流产生的紊动作用下，与矿粒碰撞黏附，并增长兼并。同时在射流的作用下，之前未溶于矿浆中以连续相存在的空气掺入到矿浆中。矿浆从喉管高速喷出后进入扩散管，与气体之间存在滑移速度，形成速度间断面，射流核心区静压与速度保持不变，而射流边界层的纵向速度沿中心轴线向边界逐渐减小。在扩散管前半段，气体和矿浆之间存在横向动量传递，形成一定的速度梯度，产生的剪切力切割大涡流，增加微泡与矿粒的碰撞概率，提高了矿粒与微泡的附着率。在扩散管后半段，随着速度的降低，矿浆掺气率减小，射流过程中掺入的空气以微泡形式析出。同时随着压力的增大，微泡被迅速分散，分布趋于均匀，有利于微泡的矿化。其结构如图 4-17 所示。

4.2.3.2 射流式混流气泡发生器

通过高速流动产生负压来吸入空气的方法在射流式混流气泡发生器技术中得到了发展，采用矿浆作为射流源，避免了水的引入对矿浆浓度的影响。这一类气泡发生器中，射流矿浆的来源被分作两类，一类是给矿矿浆，一类是中矿循环矿浆。比较典型的代表是澳大利亚的 Jameson 浮选槽和我国的 FCSMC 型自吸式微泡发生器。

A Jameson 射流混合气泡发生器

Jameson 浮选柱为澳大利亚纽卡塞尔（New-Castle）大学的 Jameson 教授所发明，属于给矿矿浆射流，它由矿浆与空气混合用的下降管和浮选分离用的低高度浮选槽组成。充气搅混装置（见图 4-18）是 Jameson 型浮选柱的关键部件。它利用射流泵原理，在把矿浆压能由喷嘴 1 转换成高速射流的同时，在密封套管 2 内形成负压，并经空气导管 3 吸入空气。经密封套管，射流卷裹气体进入混合套管 4。由于流体的高度紊动作用，气体被分割成气泡并不断与矿粒碰撞黏附，得到矿化。分散器 5 相当于静态叶轮，将垂直向下的矿浆在底部经径向均匀分散[20]。

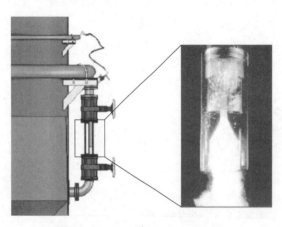

图 4-17 Cav 空气谐振式气泡发生器

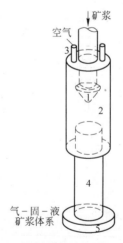

图 4-18 充气搅混装置结构示意图
1—喷嘴；2—密封套管；3—空气导管；
4—混合套管；5—分散器

在该浮选柱中，给矿浆流经下降管时吸入空气，并喷射矿浆充气，使矿浆与气泡混合。其浮选时间短，在 Hilton 矿山铅浮选的试验中，原浮选柱的浮选时间为 13min，而用它 3min 就够了。空气的供给为自给式，下降管的数量根据处理矿量可选定 1 根至数根。Jameson 浮选柱因其尺寸小、结构简单，因而作业成本低。目前，澳大利亚一半以上的微粉煤处理厂在使用该浮选柱[8,21]。

B　FCSMC 型气泡发生器

FCSMC 型自吸式微泡发生器有些类似于 Jameson 浮选柱气泡发生器，所不同的是它进入充气器的矿浆是来自于浮选柱底部的循环矿浆[22,23]，即属于中矿循环射流。如图 4-19 所示，FCSMC 型自吸式微泡发生器包括喷嘴、吸气室、喉管、喉管进口段、扩散管五部分。其工作原理与液气射流泵的工作原理类似。从流体力学角度分析，它充分利用射流原理在喉管内形成强烈的湍流场，采用循环矿浆作工作介质，经过加压的工作介质由喷嘴喷出后形成高速射流，通过液体射流对气体进行抽吸和压缩，液体由喷嘴高速射出后，在吸气室产生负压，射流表面与周围空气产生摩擦，流体质点与空气质点进行换位，空气被卷入射流，并被射流高速带走。

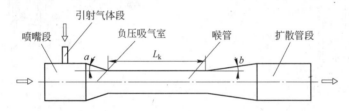

图 4-19　FCSMC 型自吸式微泡发生器结构示意图

FCSMC 型自吸式微泡发生器射流过程的主要特点概括为两点：①射流在整个喉管段保持密实状，气体与射流的能量交换慢，引入的气体呈局部片状，随射流向前运动；②射流在向前高速行进的同时，伴随着剧烈的旋转运动，这种旋转运动与射流冲击吸气室水面形成的涡相一致。

该气泡发生器在气泡产生的阶段即会发生分选行为，气泡发生器喉管至旋流段入口处在气体被分割成气泡的同时，具有较高能量的矿粒在任意方向不断与气泡发生碰撞，使气泡得到矿化。这一阶段的气泡矿化具有如下特点：①气泡细小；②高度紊流的矿浆环境；③各个方向的碰撞运动；④以难浮物料为主。这样，形成了"难浮-强制矿化"的特点[24]。

C　深槽射流气泡发生器

深槽射流充气浮选设备中矿浆从安置于矿浆液面之上的喷嘴中进入，形成对空气产生强烈抽吸作用的自由射流。在射流区安置一个下端开口的圆筒，圆筒的浸没深度与向下气泡流的射流区域尺寸相对应，圆筒将槽体分成一个具有自动混合功能和高含气率的捕集区和一个较宽的适合空气矿浆分离的层流区域。为增加气泡的生成，顺着射流的轴线方向，可在圆柱形射流管之下安置了一个导流板。为了增加充气量，有人提出在与槽内矿浆流向对应的方向上给入倾斜的矿浆射流。向槽体底部给入与表面成 10°~45° 的矿浆射流的充气方法也获得了发展，空气在活跃的紊流脉动作用下通过一个特制管道喷射到槽体底部，与底部发生撞击（见图 4-20）。通过考察喷嘴直径和喷嘴内的矿浆速度对自由射流空气抽吸能力的影响（空气与矿浆的流量比）可知，在喷嘴内的矿浆流速为 20 m/s 的条件下，将喷嘴直径从 4mm 增加到 28mm 就会使空气与矿浆流量的比从 3 减小到 1，在其他矿浆速度条件下也会得到相似结果。

4.2.3.3　旋流混流式气泡发生器

旋流充气式浮选柱（见图 4-21）系美国犹他大学 Miller 教授所发明，是将重选水力旋流器与浮选相结合的产物[25]。其主要特点是：①空气通过器壁多孔材料压入，矿浆切向压力给入，从而将由多孔柱壁压入的空气剪切成气泡。气泡从柱壁向柱中心移动过程中，与颗粒发生碰撞附着，矿化速度高，因而浮选速度快，其处理能力相当于同容积浮选机的 50 倍。②沉砂环形排矿，矿浆基本属于"柱塞流"。③设备体积小，多孔介质孔眼不易堵塞。该柱缺点是器壁磨损较快，参数变化敏感性较大。

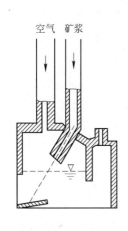

图 4-20　深槽型射流气泡发生器

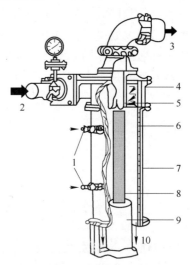

图 4-21　旋流充气式浮选柱

1—进气管；2—给矿管；3—溢流；4—连接管；5—溢流管；
6—多孔介质柱体；7—外套柱体；8—泡沫；
9—泡沫基座；10—沉砂

在旋流式气泡发生器中离心力使矿浆和气泡充分混合，空气既可自流给入，也可压入。离心力使矿粒向槽壁移动，由于气泡向内侧上升，捕收速度快，因此对细粒矿物浮选效果好，但对粗粒和高密度矿物的分离不利。

旋流充气式浮选柱的成功运用促进了装有 HeylPat-Miller 气泡发生器的多槽浮选设备的发展（见图 4-22）。HeylPat-Miller 气泡发生器依据旋流充气原理设计开发了一个与常规气泡发生器形状一样的圆锥形的装置体。矿浆以 70～200kPa 的压力给入装置体上部，装置体中心区域压力降低，空气由一个位于气泡发生器上封盖的管子吸入，并在矿浆旋转流动时喷出。为了增加充气量，空气可以以 15kPa 的压力给入，

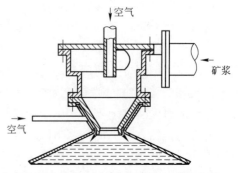

图 4-22　HeylPat-Miller 旋流气泡发生器

空气与矿浆的混合物通过槽体下部的轴向孔流出槽体。

为了优化充气矿浆的分配，在旋流气泡发生器下面安装了一个防护罩，防护罩下端开口，下部冲孔。空气沿充气装置下部圆周上的圆形缝隙（防护罩上部以下）给入，给入的矿浆通过气泡发生器进入第一个装置体，再由泵从设备下部吸入到下一个槽内的气泡发生器中，这提高了+0.3mm 粒级粗煤颗粒的浮选效率。

为了采用浮选方法进行废水处理，一种相似的充气机构在日本得到研制。带有锥形体的旋流气泡发生器向上安装，散射盘安装在装置体底部盖板上，用于加强紊流作用，防止气泡兼并。矿浆向上离开气泡发生器，流过空气提升管，在提升管中的高混合强度条件下，气蚀气泡就会生成，颗粒就会附着在微泡上。还有人提出将空气矿浆的混合物在离心力场中进行分离。旋流气泡发生器也在我国得到研制应用[26,27]，气泡发生器类似于旋流器的结构，具有一定压力的液相流，通过进浆管沿切线方向进入筒体，并沿其内壁涡旋。因而在其中形成了离心场，既可通过注入（或吸入）空气，也可以通过压缩（静态混合或喷嘴）空气进行充气。空气作为一股中心气流在液相流的作用下，随液相旋转。涡旋的液相流对中心气流产生剪切作用，当两相流流体从喷嘴喷出时，就在喷嘴之外形成了大量均匀而细小的气泡，并喷散在浮选柱中，此时可产生直径为 $100\sim1000\mu m$ 的中等尺寸气泡。该类型的浮选柱在德兴铜矿进行了对比工业试验，气泡发生器不存在破裂、结垢问题，产生的气泡细小，液面平稳易于操作，停车不放矿，也不会淤死。但是使用旋流充气浮选柱每台需要配备一台矿浆泵。

4.2.4 其他类型气泡发生器

由于发泡方式的多样化，气泡发生器类别也是多种多样，除了前面介绍的常见气泡发生器外，还有一些不常见但却有发展潜力的气泡发生器，比如多用于水处理的压力溶气式气泡发生器，电解气泡发生器和脉动式气泡发生器等，本小节就此做一简单介绍。

4.2.4.1 压力溶气式气泡发生器

溶气（压力）浮选时利用的气泡是在人为控制的减压条件下从过饱和的水溶液中产生的。由于溶气析出的气泡优先选择在疏水性强的矿物表面析出，大大提高了微细金属颗粒的分选选择性[28,29]。溶气释放器即本书所讲的压力容器式气泡发生器。它是压力溶气气浮系统中的关键装置。压力溶气水只有通过该装置降压消能后，才能释放出大量的微细气泡，释放器性能的好坏，涉及气泡释放量的多寡、气泡的微细度及气泡尺寸的分配律等，它直接影响气浮法的效果及电能的消耗。

目前我国常用的溶气释放器有三种主要形式：TS 型、TJ 型和 TV 型，如图 4-23 所示。三种溶气释放器都具有以下技术特点：在 0.20MPa 的低压下即能有效地工作；释出气泡的平均直径仅在 $20\sim30\mu m$；释气率高达 99% 以上。TS 型溶气释放器结构特征为孔口-多孔室-小平行圆盘缝隙-管嘴，该型释放器的孔盒易堵塞，单个释放器出流量小，作用范围较小，如图 4-23（a）所示。TJ 型溶气释放器结构特征为孔口-单孔室-大平行圆盘缝隙-舌簧-管嘴，单个释放器出流量和作用范围较大，堵塞时可用水射器提起舌簧清除堵塞物，如图 4-23（b）所示。TV 型溶气释放器是继 TS 型、TJ 型溶气释放器后结合振动原理而研制成功的第三代溶气释放器，结构特征为孔口-单孔室-上下大平行圆盘缝隙，单个释放器出流量和作用范围较大，如图 4-23（c）所示。它既吸收了 TS 型、TJ 型溶气释放器的各项优良性能，又提高了释放器释出水的分布均匀性，增加了微气泡与待处理水中杂质碰撞黏附的概率，从而进一步改善气浮效果。堵塞时可用压缩空气使下盘移动，清除堵塞物。这就克服了 TS 型溶气释放器易堵的弊病。同时，也比 TJ 型溶气释放器节省了抽真空装置[30]。

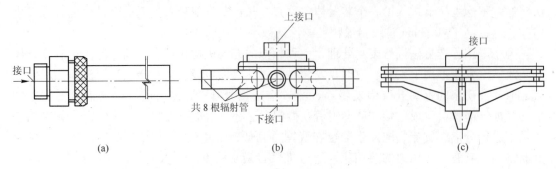

图 4-23　溶气浮选释放器
(a) TS 型；(b) TJ 型；(c) TV 型

4.2.4.2　电解气泡发生器[29,31]

通过浮选柱底部电极的电解作用产生微泡，水溶液电解可产生特别细的电解气泡，最小尺寸可达 $8 \sim 15 \mu m$，这主要取决于电流密度。浮选过程中利用细分散的电解气泡是解决提高粒度小于 $20 \mu m$ 矿物可浮性的重要方法之一。当其和压力充气发泡方式联合产生气泡时，效果较好。

电解产生的气体相对数量是电流密度和溶液盐含量的函数。电解气泡发生器的技术问题在于阳极的腐蚀，主要是在有氯化物时。在大部分情况下，用作电解槽的材料为不锈钢。电解浮选发泡过程中对电极的基本要求是能生成很细的气泡，而在实践中要达到这一点，必须满足一些条件：①无电极腐蚀；②避免电极结垢；③即使在电流密度很高的条件下也能使用；④不产生有害的气体。

各种电极配合使用可以提供浮选所需的特定离子。在这种条件下，采用两段电解的占主导地位，为了实现浮选过程，浮选槽中的第二套电极采用了惰性材料。电解浮选时气体生成、持续时间和其他操作条件可得到迅速检查而且易于控制。由于只使用低压电，在生产过程中，设备安全可靠。不需要高压泵、压力容器和其他复杂机械，活动部件也很少。电解浮选槽的示意图如图 4-24 所示。

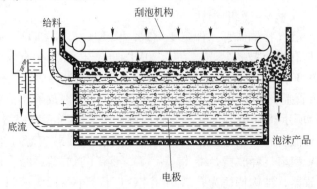

图 4-24　电解浮选槽示意图

4.2.4.3 脉动式气泡发生器

对于在矿浆与药剂中引入振动波来促进气泡生成、加强二次浮选过程和药剂乳化过程的设备来说，设计方案有很多。可以确定，内部具有由空气压力波动产生脉动作用的浮选装置最为可靠有效，这种条件下的浮选设备由浮选槽和充气槽组成。

加压空气被间断性地导入充气槽内，在加压空气和液体静压的交替压力作用下，矿浆反复被挤出又被压回充气槽。矿浆经过沿着充气槽高度位置安装的气泡发生器的开口处时被分散，并产生矿浆和空气之间的涡流。混合矿化的矿浆经导流作用由充气槽底部进入浮选槽内[32]。。导流板优化了空气与矿浆的混合物从浮选槽外围流入槽体中心的流动过程，并使空气与矿浆的流动在槽体横截面上保持均匀（见图4-25）。

理论分析和试验结果表明在波动矿浆中的浮选过程有很多具体特点。与矿浆相关的气泡速度的波动会引起流体结构的变化，降低流体的黏度，增加气泡上升的速度；周期性地大幅度增加气泡-颗粒的碰撞速率，使可浮性颗粒的最小尺寸减小；矿浆的

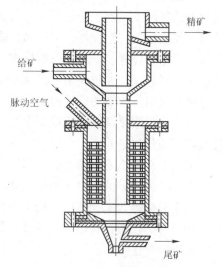

图 4-25　脉动式充气浮选槽

运动使槽内压力产生较大波动，导致气泡振动，这为加压溶气浮选提供了条件；气泡速度的波动和气泡的振动引起附着不牢的颗粒脱落，同时又增加了可浮性颗粒的附着；泡沫振动引起产品的二次富集，同时也利于结晶矿浆的浮选。可以确定，增加脉动气泡发生器的尺寸不会影响具体的充气性能。由于充气特性保持不变，那么气泡发生器喷嘴的水力阻力和气泡发生器出口横截面上的周长与面积的比就不变，这使带有脉动气泡发生器的大容量浮选设备的设计成为可能。

4.3　典型气泡发生器的设计计算

气泡发生器是浮选柱的"心脏"，浮选设备的技术和经济参数以及使用寿命和运转成本主要取决于该部件的设计。本节主要介绍以下几种典型气泡发生器的设计计算要点及方法。

4.3.1　微孔气泡发生器的设计计算

许多浮选柱都使用滤布作为气泡发生器，这种发生器的优点是成本低廉，滤布可以洗刷以重复利用。但使用这种气泡发生器的问题是充气不均匀，大的气泡（多达3mm）和矿浆可能渗透到气管里。微孔气泡发生器是浮选柱技术发展早期应用较为广泛的一类气泡发生器，它的特点是充入气泡发生器内的气体通过微孔进行机械切割而形成细小气泡。由于其易堵且不便更换等缺点，目前已被多数企业弃用，但在实验室条件下还有一定的应用。本书以金属粉末烧结微孔气泡发生器为例简要介绍其设计选型计算和工艺性能。

4.3.1.1　微孔气泡发生器的设计

微孔充气器由于充气分散均匀，气泡直径大小恒定，具有非常好的充气性能，在20世纪60~80年代国内选矿厂得到了广泛应用，但由于充气器气孔结垢堵塞问题，现在很多选矿厂已经停止使用。随着科学技术的发展和新材料的出现，新型的粉末烧结多孔材料制成的微孔气泡发生器也应运而生，与滤布、陶瓷、塑料、纸等多孔材料相比，有其突出的特点：发泡稳定，塑性好，强度高，能较好地承受热应力和冲击；能在较高温度下和腐蚀介质中工作，可焊接、黏结及机械加工；使用寿命长。该类充气器可以在浮选柱不停机的情况下在线更换，经过再生可以重复使用。

微孔气泡发生器的设计主要包括以下几个步骤：

首先是根据浮选柱本身设备参数（直径 D）及冶金性能参数（充气速率）确定浮选柱生产所需的气量 Q_g；

确定微孔气泡发生器的结构形式，一般采用圆柱形结构；

根据主体设备的规格大小确定微孔气泡发生器的规格，即确定其直径 d；

其次根据浮选矿物性质，确定微孔空隙大小，然后通过设计手册确定微孔烧结件的牌号，从而可确定微孔材质的渗透性，即相对透气系数 γ（$m^3/(h \cdot kPa \cdot m^2)$）；

确定供气压差　　　　　　　$\Delta p = p - p_s - p_0$

则充气量公式为：

$$Q_g = \lambda \gamma \Delta p S = \lambda \gamma \Delta p \pi d l \tag{4-1}$$

式中，λ 为微孔利用系数，受气泡发生器孔隙率、堵塞情况等影响，一般由试验确定；l 为圆柱形微孔气泡发生器的长度，为设计计算的值。

由式（4-1）可确定微孔气泡发生器的长度：

$$l = Q_g / \lambda \gamma \Delta p \pi d$$

同时为了安装方便，一般应满足 $l \leqslant D/2$，D 为浮选柱直径。

因此充气器的数量可由 $N = 2l/D$ 来确定，一般向上取整数。

以柱高2000mm，直径为300mm的浮选柱和要求充气速率 $1.2 m^3/(m^2 \cdot min)$ 为例。采用圆柱形气泡发生器对其进行设计计算。

首先确定该浮选柱所需气量为

$$Q_g = 1.2 \times 3.14 \times (300/1000/2)^2 = 0.027 m^3/min$$

根据直径为300mm的浮选柱，初步选定微孔气泡发生器的直径为20mm；充气压力设定为500kPa，出口压力为121kPa，则压差为379kPa。

微孔孔径取 $20\mu m$、$30\mu m$、$40\mu m$ 分别按上述方法进行计算，得到微孔充气器的长度分别为120mm（三根）、120mm（两根）、90mm（一根）。

4.3.1.2　微孔气泡发生器的计算

气泡发生器的基本特征是当空气离开气泡发生器表面时的气泡尺寸大小[33]。对泡沫生成阶段准确的数量分析是不可能的，因为很多因素没法通过试验或是分析来确定。比如，目前尚未研究出一个可以把相邻微孔气泡之间的相互影响考虑在内的模型。有多种方法可以分析从潜流孔产生的气泡，其中一种就是推导出膨胀的气泡附近液体流态的方程式（连续性方程、Navier-Stokes方程、伯努利方程），以及气泡的热力学平衡方程，这可以确定气泡和压力之间的关系[34,35]。这些确定了气泡生成动力学及其分离时候运动状态的方程可以通过数值方法解答，如有限元方法[36]。这种方法的缺点是很多因素没有考虑到以及其复杂的数学描述。

另一种气泡直径的计算方法是假定存在一种分离阶段初始压力的平衡，在第一阶段（膨胀）的黏附力比向上的力要大，随着气泡的膨胀可以建立力的平衡式。但是气泡并不会瞬间分离，这需要一些时间（分离阶段）。可以利用经验关系式来计算这个阶段的持续时间。对实验结果的分析表明，当建立力的平衡时计算气泡直径（不考虑分离阶段），参数变化范围内的计算误差不超过 10%。

影响气泡的力如下（见图 4-26）[37]：

（1）浮力 $F_a = \pi d_b^3 (\rho_l - \rho_g) g / 6$；

（2）表面张力 $F_n = \pi d \gamma \sin\alpha$，其中 d 为接触面积的直径，α 为气液临界面与水平面的夹角，由起泡器表面的接触角和表面倾斜角组成。由于计算 α 极其复杂易出现严重错误，通常假定 $\sin\alpha = 1$；

（3）阻力 $F_c = \pi d_b^2 \xi \rho_l (u_b + u_l)^2 / 8$，其中 ξ 为阻力系数，u_l 为气泡周围的矿浆流速（$u_l > 0$ 时为逆向流），u_b 为气泡分离时其中心的最大上升速度。对模型的研究表明，计算 F_c 和 F_n 的误差为 10%，这对计算 d_b 造成的误差为 1%，因此，计算阻力时用一个简单关系较方便，如 $\xi = 24 R_c^{-1} + 1$。

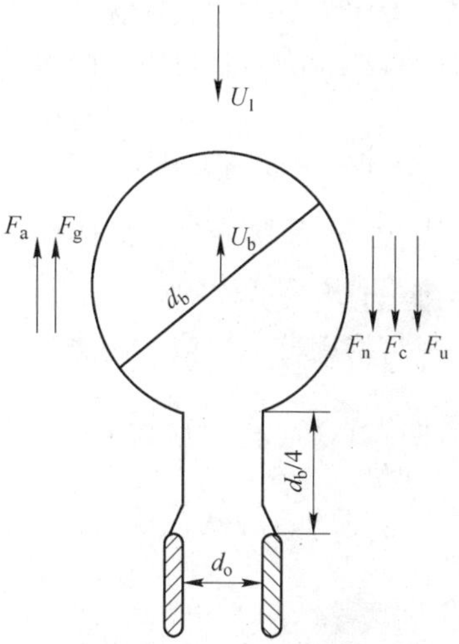

根据简易模型，当气泡分离时气泡是球形的，并且通过圆柱形气颈与气泡发生器相连，其长度假定为 $d_b/4$，这种情形可以简单表示成在气泡分离之前其中心的平均速度是 $U_b = 9 Q_{g0} / 2\pi d_b^2$，其中 Q_{g0} 为通孔处的空气流速。对于 $U_l = 0$ 时气泡的生成的阻力：

图 4-26 当气泡从起泡器管口破裂时所受的作用力

$$F_c = \frac{27\mu Q_{g0}}{2 d_b} + \frac{81 \rho_c Q_{g0}^2}{32\pi d_b^2}$$

（4）气体压力过大时的作用力为：
$$F_g = \pi d^2 (p_g - p_l) / 4 + 4 Q_{g0}^2 \rho_g / \pi d$$
式中，p_l 为起泡器所在深度的液体压力；p_g 为起泡器内的空气压力。

（5）惯性力，由气泡的加速移动以及随之移动的液体界面层所产生，当液体是非黏性时，其体积是 $\frac{11}{16} v_b$，因此得到：
$$F_u = (99 \rho_t / 32\pi + 9 \rho_g / 2\pi) Q_{g0}^2 / d_b^2$$
力的平衡方程如下：
$$F_a + F_g = F_n + F_c + F_u \tag{4-2}$$
得
$$d_b^3 = S + L d_b^{-1} + T d_b^{-2} \tag{4-3}$$
如果 $\rho_t \gg \rho_g$，$S = 6 d \gamma / \rho_{tg}$，$L = 81 v Q_{g0} / \pi g$，$T = 135 Q_{g0} / 4\pi g^2$。

方程（4-2）右式中的第一个变量给出了表面张力的影响，第二个变量是黏性阻力的影响，而第三个加数表示惯性力。方程（4-3）中的 d_b 是 5 次幂，并且只能通过迭代法求解，但可以得到一个不超过模型误差的近似解：

$$d_b = (S^{4/3} + L + T^{4/5})^{1/4} \tag{4-4}$$

对于在静态和黏性低的液体中产生的气泡可以假定 $d_b = S^{1/3} = (6d\gamma/\rho_1 g)^{1/3}$。

由于气泡在分离瞬间的形状不是球形的，S. S. Kutateladze 提出了详细的公式 $d_b = (6ad\gamma/\rho_1 g)^{1/3}$。实验测试得出 $a = 2/3$。

文献［38］中提出了气泡在穿孔表面膨胀的广义理论，起泡器微孔周围气泡的动力学方程考虑了浮力、气体脉冲、表面张力、阻力和虚质量的惯性，计算了气泡膨胀和分离阶段的持续时间。经过第一阶段，泡沫半径 r_{b1} 表示如下：

$$\frac{4\pi}{3}\rho_1 g r_{b1}^3 + \frac{Q_{g0}^2 \rho_g}{\pi r_0^2} - 2\pi\gamma r_0 - \frac{5\pi}{8}\left(\frac{\rho_1\mu}{2}\right)^{1/2}\left(\frac{Q}{\pi r_b}\right)^3 = \frac{11\rho_1 g^2}{192\pi r_{b1}^2}$$

式中，ρ_g、ρ_1 为空气和液体的密度；r_0 为微孔的半径；γ 为表面张力；Q_{g0} 为通过微孔的气体流量；μ 为液体的运动黏度。

气泡在分离阶段的膨胀程度 $y = v_{b2}/v_{b1}$ 可以计算如下：

$$\frac{4g v_{b1}^2}{11 r_0 Q_{g0}^2}(y^2 - 1 - 2\ln y) + N_r(y - 1 - \ln y) - N_\mu(2y^{1/2} - 2 - \ln y) - \frac{r_{b1}}{3 r_0}(3y^{1/3} - 3 - \ln y) = 2$$

这里的 v_{b1}、v_{b2} 是经历了第一和第二阶段后的气泡体积。

$$N_r = \frac{16 v_{b1}}{11\rho_1 Q_{g0}^2 r_0}\left(\frac{Q_{g0}^2 \rho_g}{\pi r_0^2} - 2\pi\gamma r_0\right)\ ; \qquad N_\mu = \frac{20}{11 r_0}\left(\frac{2\mu v_{b1}}{3\rho_1 Q_{g0}}\right)^{1/2}$$

通过微孔的空气流量大时，气泡会在建立平衡以后才分离，因此，气泡直径实际比式（4-2）计算得出的值大。A. Davison 和 M. Harrison 提出了以下计算初始气泡体积的表达式：

$$v_b = 1.138 Q_{g0}^{6/5} g^{-3/5} \tag{4-5}$$

在一些文献中，有人提议在气泡中心的动力学方程的基础上计算气泡的形成阶段，同时考虑浮力和表面张力。初始泡沫体积可以按照这种方式得出：

$$v_b^2 - 2Q_{g0}^2 (3v_b/4\pi)^{1/3}/g - 4\pi\gamma v_b/\rho_1 g = 0$$

式（4-4）和式（4-5）表明，在气体流速低的情况下气泡尺寸在很大程度上并不取决于微孔的直径，即使适当增加气体流速也不能显著影响气泡尺寸大小。因此，试图通过减小起泡器微孔直径来产生微泡注定是要失败的。例如，微孔直径减小 5 倍（从 1mm 减小到 0.2mm）会产生比平均直径小 1.8 倍的气泡，而其在柱体中的大小会因为气泡的汇集而保持不变。

通过管口的气体流量可以应用 Bernoulli 方程来计算：

$$Q_{g0} = \pi d_0^2 C_0 (2\Delta p/\rho_g)^{1/2}/4$$

式中，d_0 为管口的直径；C_0 为系数；Δp 为气体压力，$\Delta p = p_g - \Delta p_0 - \rho_1 gH$；$p_g$ 为管道中的气体压力；Δp_0 为管口的气体压降（相当于在较低的矿浆液面层开始充气时所需的最低压力）。微孔的系数 C_0 计算得出：

$$C_0 = (12\pi R_e)^{1/2}$$

式中，$R_e = u_0 d_0 / \nu_g < 100$；$u_0$ 为微孔处的气体流速；ν_g 为空气在管道中的运动黏度。

随着空气压力的增大，充气设备也会变化，空气从像小喷嘴似的微孔中喷出，然后形成单个的气泡。如果喷嘴周围的液体流速较低，气泡直径通过假定的能量平衡式计算 $d_b = 2.7\pi\gamma d_0^2 / Q_{g0} p_g$，气体射流的形成条件是：

$$Q_{g0} > (5\pi/8) d_0 u_b [\gamma/g(\rho_1 - \rho_g)]^{1/2}$$

在工业条件下，通过多孔盘来产生气泡，在这种情况下，在单个微孔中的气泡形成理论仅用作近似描述该过程。起泡器周围矿浆流速较大时，气泡尺寸由于矿浆流的剪切作用而大大减小。

气泡在临近管口处膨胀过程中的集结取决于参数 $N = W_{l0} / F_{r0}^{1/2}$，此处 $W_{l0} = W_l \rho_1 / \rho_g$，$F_{r0} = u_0^2 / g d_0$。T. Miyakhara 和 T. Takahashi 的实验研究表明，当 $d_0 = 1.5 \sim 3\text{mm}$、$p/d_0 = 1.35 \sim 2.37$ 时，气泡汇集遵循 $N > 2$（p 为相邻微孔之间的距离）[39]。

对于用橡胶材料充气，应考虑取决于微孔直径的管道中的气体压力 p_g，多孔橡胶材料（起泡器）的表面膨胀程度 $\lambda = d_0 / d_0^*$（d_0^* 为在最小气压情况下气泡生成方式的微孔直径）取决于杨氏模量（G）、剪切应力和起泡器的外形。

对于多孔塑料薄膜，在压力大的情况下外形会变成球形，式（4-6）被认为是可信的关系式：

$$(p_g - \rho_1 gH) R / 8 b_0 G = (\lambda - 1)^{1/2} (\lambda^6 - 1) \lambda^{-7} \tag{4-6}$$

式中，R 为薄膜的半径，b_0 为不变形薄膜的厚度。取决于空气压力的微孔尺寸可以通过式（4-6）中的数值方法建立。

气泡尺寸分布沿着柱体高度有一定差别，这受到流体压力减小、气泡破裂和汇集的影响。初始气泡尺寸分布和聚集强度取决于矿浆和空气临界面的表面张力 γ，实验研究表明，药剂用量和喷射方式都影响 γ 值，因此，与把药剂注入矿浆中相比，起泡剂在喷射的空气中雾化成悬浮微粒可以使气泡尺寸减小两倍。

4.3.1.3 微孔气泡发生器的性能

为了考察各种微孔充气器的充气性能，试验设计了微孔管管径分别为 20mm 和 30mm，微孔孔径为 20μm、30μm、40μm 和 50μm 的 8 种微孔充气器。主要考察不同风量条件下微孔充气器表观充气速率（m/min）和空气分散度。

试验在浮选柱模型上进行，柱高 2000mm，直径为 300mm。充气器安装在距浮选柱底约 150mm 处。试验数据见表 4-1 和表 4-2。

表 4-1 微孔管径为 20mm 的试验数据

气源风量/m³·h⁻¹	2.0		3.0		4.0	
微孔孔径 /μm	表观充气速率 /m·min⁻¹	空气分散度	表观充气速率 /m·min⁻¹	空气分散度	表观充气速率 /m·min⁻¹	空气分散度
20	0.42	12.16	1.25	5.44	1.47	3.39
30	0.49	7.94	1.05	10.15	1.42	2.67
40	0.69	5.25	1.10	3.84	1.49	5.70
50	0.58	9.49	1.03	8.54	1.25	3.77

表 4-2　微孔管径为 30mm 的试验数据

气源风量/m³·h⁻¹	2.0		3.0		4.0	
微孔孔径/μm	表观充气速率/m·min⁻¹	空气分散度	表观充气速率/m·min⁻¹	空气分散度	表观充气速率/m·min⁻¹	空气分散度
20	0.69	10.69	1.06	5.84	1.42	5.77
30	0.44	10.62	0.99	6.81	1.22	2.71
40	0.76	6.57	1.11	4.59	1.44	3.06
50	0.65	7.10	1.13	4.11	1.25	4.84

实验室的数据表明这种微孔气泡发生器，形成的气泡直径在 2~3mm，直径大小非常均匀，空气分散度可以达到 10 以上。从表 4-2 中还可以看出，小风量情况下微孔孔径 20μm，30μm 的微孔充气器具有较好的性能，在大风量情况下微孔孔径 40μm 的充气器的充气性能较好。

研究表明，气泡直径的大小与微孔气泡发生器的微孔直径联系紧密，而浮选柱内的空气分散度不仅与气泡发生器的微孔直径有关，而且气泡发生器的长短分布及安装位置对它的影响也很大。浮选柱的充气量又与气泡发生器喷嘴的表面积之间呈正比关系。

4.3.2　空气直喷式气泡发生器设计计算[40,41]

空气直喷式气泡发生器是目前工业广泛应用的一种空气直接式气泡发生器，由于其克服了传统内部气泡发生器的缺点，维护使用简便、性能可靠，得到了各类矿山选厂的普遍认可。本节即以我国开发的 KYZB 型气泡发生器为例，描述了气泡发生器特别是其关键部件——喷嘴的设计思路，通过数值模拟对计算结果进行模拟仿真，并通过试验验证其充气性能。

4.3.2.1　KYZB 型气泡发生器喷嘴的设计[42,43]

浮选柱气泡发生器的设计既要保证产生大量的小气泡又要保证气泡在柱体内分散均匀，同时还要能够尽量消除高速气流所具有的余能，降低气流对矿浆的紊流扰动。喷嘴的参数设计非常关键，为了方便设计，根据气体动力学理论，将浮选柱气泡发生器这种气体出流状态抽象为气体通过收缩喷嘴或小孔的流动，然后再作修正，模型

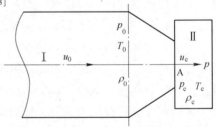

图 4-27　浮选柱气泡发生器喷嘴出流模型

如图 4-27 所示。图 4-27 中空气从大容器（或大截面管道）Ⅰ经收缩喷嘴流向腔室Ⅱ。相比之下容器Ⅰ中的流速远小于喷嘴中的流速，可视容器Ⅰ中的流速 $\mu_0 = 0$。设容器Ⅰ中的滞止参数 p_0、ρ_0、T_0 保持不变，腔室Ⅱ中参数为 p、ρ、T，喷嘴出口截面积为 A，出口截面的气体参数为 p_e、ρ_e、T_e，改变 p 时，喷嘴中的流动状态将发生变化。当 $p=p_0$ 时，喷嘴中的气体不流动。当 $p/p_0 > 0.528$ 时，喷嘴中的气流为亚声速流，这种流动状态称为亚临界状态，这时室Ⅱ中的压力扰动波将以声速传到喷嘴出口，使出口的截面压力 $p_e = p$，这时改变压力 p 即改变了 p_e，影响整个喷嘴中的流动。在这种情况下，由气体在管内做一维定常流动的能量方程式（伯努利方程）可得到出口截面流速为：

$$u_e = \sqrt{\frac{2\gamma}{\gamma-1}RT_0\left[1-\left(\frac{p}{p_0}\right)^{\frac{\gamma-1}{\gamma}}\right]}$$

由连续性方程和关系式 $p_e = p_0\left(\dfrac{p_e}{p_0}\right)^{\frac{1}{\gamma}}$ 可得流体流过喷嘴的质量流量（kg/s）计算公式：

$$Q_m = Sp_0\sqrt{\frac{2\gamma}{RT_0(\gamma-1)}\left[\left(\frac{p}{p_0}\right)^{\frac{2}{\gamma}}-\left(\frac{p}{p_0}\right)^{\frac{\gamma+1}{\gamma}}\right]} \tag{4-7}$$

式中　S——喷嘴有效面积，m^2，$S=\mu A$；

　　　　μ——流量系数，$\mu<1$，由试验确定；

p_0，p_e，p——喷嘴前、喷嘴出口截面和室Ⅱ中的绝对压力，Pa，对于亚声速流，$p_e=p$；

　　　　T_0——喷嘴前的制止温度，K。

式（4-7）中可变部分：

$$\varphi\left(\frac{p}{p_0}\right) = \sqrt{\left(\frac{p}{p_0}\right)^{\frac{2}{\gamma}}-\left(\frac{p}{p_0}\right)^{\frac{\gamma+1}{\gamma}}}$$

$\varphi\left(\dfrac{p}{p_0}\right)$ 称为流量函数。其中 p/p_0 在 0~1 范围内变化，当流量达到最大值时，记为 Q_m^*，此时临界压力比为 σ^*：

$$\sigma^* = \frac{p^*}{p_0} = \left(\frac{2}{\gamma+1}\right)^{\frac{\gamma}{\gamma+1}}$$

对于空气，$\gamma=1.4$，$\sigma^*=0.528$。

当 $p/p_0 \leqslant \sigma^*$ 时，由于 p 减小产生的扰动是以声速传播的，但出口截面上的流速也是以声速向外流动，故扰动无法影响到喷嘴内。这就是说，p 不断下降，但喷嘴内流动并不发生变化，则 Q_m^* 也不变，这时的流量称为临界流量 Q_m^*。当 $p/p_0=\sigma^*$ 时的流动状态为临界状态，临界流量 Q_m^*（kg/s）为：

$$Q_m^* = Sp_0\sqrt{\frac{\gamma}{RT_0}}\left(\frac{\gamma}{\gamma+1}\right)^{\frac{\gamma+1}{2(\gamma-1)}}$$

声速流的临界流量 Q_m^* 只与进口参数有关。

若考虑空气 $\gamma=1.4$，$R=287.1J/(kg\cdot K)$，则在亚声速流（$p/p_0>0.528$）时，标况下体积流量（L/min）为：

$$Q_V = 454Sp_0\varphi(p/p_0)\sqrt{\frac{293}{T_0}}$$

在声速流（$p/p_0 \leqslant 0.528$）时，标况下体积流量（L/min）为：

$$Q_V = 454Sp_0\sqrt{\frac{293}{T_0}}$$

确定了单个喷嘴在定温定压下的流量后，根据生产经验可确定一台浮选柱所需的总气量，从而确定喷嘴的个数；喷嘴的直径参数影响到充气量和气泡大小，需综合考虑确定。

4.3.2.2 KYZB 型气泡发生器喷嘴内气体流动状态的数值模拟

喷嘴出口处气流速度可以分为两种情况，一种是小于声速的流动，一种是大于等于声速的流动。两种流速模型有着不同的物理特性，本节即借助 CFX 软件分别对两种情况进行了模拟分析。

(1) 喷嘴出口处气流小于声速的流动。根据现有气体动力学理论，将喷嘴入口与出口处压差与喷嘴入口气流速度设置成较小状态，以满足喷嘴出口处气流低于声速而进行流动。参考压力设为 0.1MPa，喷嘴入口处气流初始速度为 1m/s，出口压力设为 0.0MPa，然后导入到 CFX 计算模块中进行求解计算。

(2) 喷嘴出口处气流速度大于等于声速的流动。在其他边界条件不变的情况下改变喷嘴出口与入口的压力差，将喷嘴入口压力设定为 0.2MPa，气流初速度设为 20m/s，出口条件设为超声速，然后导入到 CFX 计算模块中进行计算。

对 (1)、(2) 两种气流流动状态的模拟方案总结见表 4-3。按照以上设置计算后，将计算所得结果导入到 CFX 软件后处理模块中，可以得到图 4-28～图 4-34 所示的可视化结果。

表 4-3 CFX 软件对浮选柱气泡发生器喷嘴内气体流动状态的模拟方案

模拟内容	模拟特性	设 置		
喷嘴低速气流状态模拟	用户模型	稳态		
	流体类型	普通流体		
	计算域类型	单个计算域		
	湍流模型	shear stress transport		
	导热模型	total energy		
	边界条件	入口速度	气流初速度	1m/s
		出口	压力	0.0MPa
		壁面条件	无滑移	
喷嘴超声速气流状态模拟	用户模型	稳态		
	流体类型	普通流体		
	计算域类型	单个计算域		
	湍流模型	shear stress transport		
	导热模型	total energy		
	边界条件	入口	气流初速度	20m/s
			压力	0.2MPa
		出口	超声速	
		壁面条件	无滑移	

为了从可视化结果中更好地观察气体在喷嘴内的流动状态，可以在气泡发生器喷嘴的几何模型上建立多个截面，截面位置如图 4-28 所示，包括一个纵剖面和三个横剖面，在 CFX 后处理模块中也可将网格显示出来，这样能够更好地明确纵剖面与横剖面的具体位置。

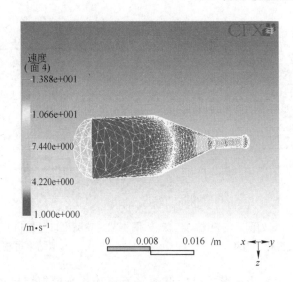

图 4-28 喷嘴内气流流动状态模拟结果可视化截面分析图

图 4-29 和图 4-30 分别为喷嘴内低速气流流动状态模拟结果可视化纵剖图和喷嘴内超声速气流流动状态模拟结果可视化纵剖图，颜色变化代表气流速度梯度，数据轴代表速度定量大小。从这两张图中可以很直观地看到气流速度梯度的变化情况，值得注意的是，图 4-29 中气流从喷嘴第二个直流道流至喷嘴扩口处时，表征速度梯度的颜色变化由红过渡到黄，说明气流流速在喷嘴第二个直流道处达到最大，随即在喷嘴扩口处减小；图 4-30 中气流从喷嘴第二个直流道流至喷嘴扩口处时，表征速度梯度的颜色变化由黄过渡到红，说明气流流速在喷嘴第二个直流道处未达到最大，而在喷嘴扩口处继续增加至最大。

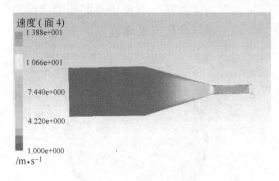

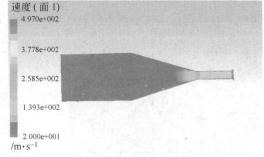

图 4-29 喷嘴内低速气流流动状态模拟　　图 4-30 喷嘴内超声速气流流动状态模拟
　　结果可视化纵剖图　　　　　　　　　结果可视化纵剖图

图 4-31 和图 4-32 分别为气流从喷嘴第二个直流道流至喷嘴扩口时，喷嘴内低速气流流动状态模拟结果可视化矢量图和喷嘴内超声速气流流动状态模拟结果可视化矢量图，颜色变化代表气流速度梯度，箭头代表气流流动方向，数据轴代表速度定量大小，两图可以更加直观地说明低速气流与超声速气流在喷嘴扩口处的流动状态，即超声速气流喷嘴扩口处的压降不会影响到喷嘴内流态，这一结果与理论中的低速、超声速气流流动特征完全符合。

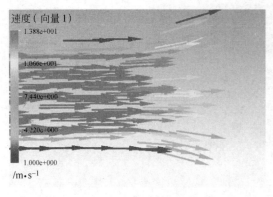
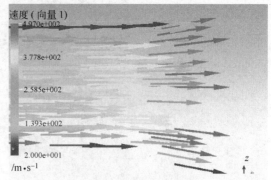

图 4-31 喷嘴出口（扩口）处低速气流流动状态 模拟结果可视化矢量图

图 4-32 喷嘴出口（扩口）处超声速气流流动状态 模拟结果可视化矢量图

图 4-33 和图 4-34 分别为喷嘴扩口处低速气流流动状态模拟结果可视化横剖图和喷嘴扩口处超声速气流流动状态模拟结果可视化横剖图，颜色变化代表气流速度梯度，数据轴代表速度定量大小。对比两图不难看出，图 4-33 中表征速度梯度的颜色变化是由喷嘴扩口壁面处的蓝色过渡到了喷嘴扩口中心处的红褐色，这说明，气流以低速流动时，喷嘴扩口中心速度最大；图 4-34 中表征速度梯度的颜色变化是由喷嘴扩口壁面处的蓝色过渡到红褐色（区域很窄），再由红褐色过渡到喷嘴扩口中心的黄色，这说明，气流以超声速流动时，喷嘴扩口中心速度并非最大。图 4-34 中速度梯度结构要比图 4-33 中速度梯度结构复杂，亦即喷嘴扩口横截面上的速度分布更加不均匀，喷嘴出口处气流喷入浮选柱内液相后，气流将更容易受到来自液相的不同剪切力的作用，气相也就会更好地分散到液相当中去。因此，可以结合射流喷嘴理论，依据模拟结果预测出浮选柱气泡发生器的喷嘴出流达到声速时浮选柱内气泡现象更好，气泡大小更为均匀，空气分散度更高。

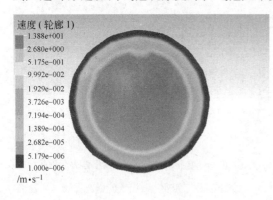
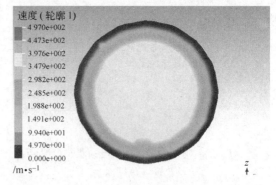

图 4-33 喷嘴扩口处低速气流流动状态模拟 结果可视化横剖图

图 4-34 喷嘴扩口处超声速气流流动状态模拟 结果可视化横剖图

综上，从可视化结果中可以很直观地看到喷嘴扩口处的工作情况，模拟结果能够很好地符合气流以低速与超声速流动的现象，通过数值模拟研究的方法说明浮选柱气泡发生器喷嘴结构设计的合理性。

4.3.2.3 气相在液相中分散情况的数值模拟[44]

首先利用 ANSYS WORKBENCH 软件建立的浮选柱与气泡发生器的几何模型如图 4-35 所示，建立几何模型后，再利用 WORKBENCH 软件采用非结构化网格法进行网格划分。

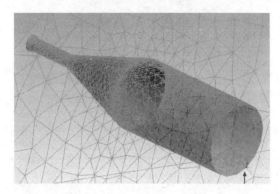

图 4-35　网格划分后的浮选柱与气泡发生器（局部）

将划分好网格的浮选柱柱体与浮选柱发泡器几何模型导入到 CFX 软件前处理模块中进行编辑工作，将浮选柱发泡器移动到浮选柱柱体的指定位置，并将两者所包括的区域设定为同一个计算域，再进行计算域的定义和边界条件的设置，模拟类型为稳态，流体类型为普通流体（本次模拟将流体类型具体设定为 250℃空气和清水），湍流模型采用标准 κ-ε 双方程模型，参考压力为 0.1MPa，浮选柱发泡器入口给入气体压力设为 0.4MPa，出口压力设为 0.0MPa，壁面条件为无滑移，具体设置方案见表 4-4。

表 4-4　浮选柱内气相在液相中分散状态的模拟方案

模拟内容	模拟特性	设　置	
浮选柱不同高度截面上气相在液相中的分布状态	用户模型	稳态	
	流体类型	普通流体	
	计算域类型	单个计算域	
	湍流模型	κ-ε	
	边界条件	入口压力	0.4MPa
		出口压力	0.0MPa
		壁面条件	无滑移

按表 4-4 进行设置后再导入计算模块进行计算，在后处理模块中得到如下可视化结果（部分图片），如图 4-36~图 4-39 所示，数据轴上的数据表示气体体积分数大小，颜色变化表示气体体积分数的变化规律。

4.3.2.4　KYZB 型气泡发生器充气性能

充气性能测试在实验室条件下进行，包括对不同充气压力、运行发泡器个数、发泡器喷嘴孔径条件下的发泡器喷嘴出流速度及充气后浮选柱内气相在液相中的分散情况等参数。气泡发生器充气性能试验系统如图 4-40 所示。0.55MPa、3.5mm 单喷嘴充气和双喷嘴充气示意图如图 4-41 所示。

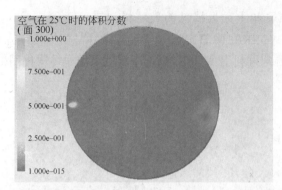

图 4-36　2mm 孔径单喷嘴浮选柱 300mm 截面气相分布状态模拟结果示意图

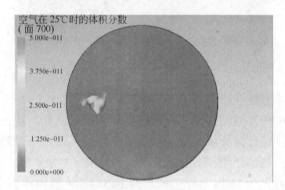

图 4-37　2mm 孔径单喷嘴浮选柱 700mm 截面气相分布状态模拟结果示意图

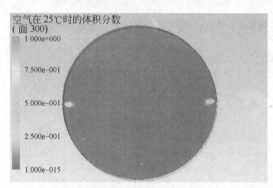

图 4-38　2mm 孔径双喷嘴浮选柱 300mm 截面气相分布状态模拟结果示意图

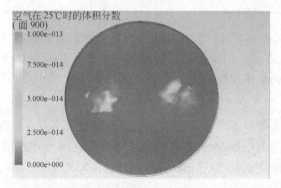

图 4-39　2mm 孔径双喷嘴浮选柱 900mm 截面气相分布状态模拟结果示意图

图 4-40 气泡发生器充气性能试验系统

1—观察口；2—流量计；3—压力表；4—柱体；
5—总风管；6—气泡发生器

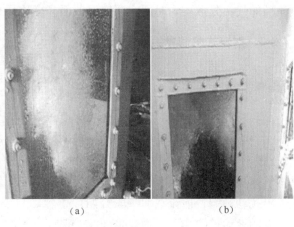

（a）　　　　　　　　　（b）

图 4-41 0.55MPa、3.5mm 单喷嘴充气（a）
和双喷嘴充气（b）示意图

通过对浮选柱内气液两相流的数值模拟与试验研究，得出以下数值模拟数据与测试数据的对比结果，见表 4-5。

表 4-5　KYZB 型气泡发生器气液两相流数值模拟与测试结果

测试序号	压力/MPa	喷嘴口径/mm	喷嘴个数	模拟气相分散均匀高度/mm	试验气相分散均匀高度/mm	模拟气流速率/m·s⁻¹	实测气流速率/m·s⁻¹
1	0.4	2.0	1	1200	1350	684.02	630.15
2	0.4	2.0	2	1300	1500	712.00	701.84
3	0.4	3.5	1	1300	1500	731.00	718.46
4	0.4	3.5	2	1300	1550	763.85	722.14
5	0.55	2.0	1	1300	1400	872.49	811.44
6	0.55	2.0	2	1350	1450	936.08	891.78
7	0.55	3.5	1	1350	1500	816.90	806.92
8	0.55	3.5	2	1400	1600	975.76	903.21

从表 4-5 中显示的数据不难看出，利用 CFX 软件模拟所得的气相在液相中的分散情况的相关数据比试验所得结果略小，而模拟所得的气流速度却在一定程度上大于试验所得的气流速度，原因在于气泡发生器喷嘴在工作过程中会受到针阀组件的影响，针阀会对流入喷嘴的气流产生阻碍作用，使气流在未流出喷嘴前损失一部分动能。

在定性分析上，模拟所得结果与试验结果基本吻合。给入气体压力和运行喷嘴数量一定时，孔径大的喷嘴喷出气流在液相中分散均匀时的浮选柱截面高度比孔径小的要高，而大孔径喷嘴喷出的气体流速要比小孔径的高；喷嘴孔径和运行喷嘴数量一定时，给入气体压力大的喷嘴喷出的气流在液相中分散均匀时所在浮选柱截面比给入气体压力小的高，而压力大的喷嘴出口处气体流速比压力小的高；给入气体压力和喷嘴孔径一定时，运行两个喷嘴的气相分散均匀时所在浮选柱截面高度比运行单个喷嘴大。

4.3.3 射流式气泡发生器设计计算

本节以自吸式微泡发生器为例，对射流式气泡发生器的设计计算过程进行了基本描述，射流气泡发生器的核心是空气的吸入以及粉碎，这其中包含了矿物的二次矿化过程。

4.3.3.1 自吸式微泡发生器主要结构参数设计[2,45]

自吸式微泡发生器射流运动过程可分为三个阶段：①液体射流与气体射流相对运动段（Ⅰ段）。从喷嘴射出的液体射流是密实的，由于射流边界层与气体之间的黏滞作用，射流将气体从吸入室带入喉管。在该段内，液体和气体做相对运动，且均为连续介质。由于受外界扰动影响，射流在后半段开始产生脉动与表面波。②液滴运动段（Ⅱ段）。由于液体质点的紊动扩散作用，射流表面波的振幅不断增大，当振幅半径大于射流半径时，它被剪切分散成液滴。在这个流动段内，液体变成不连续介质，而气体仍为连续介质。高速运动的液滴分散在气体中，它与气体分子冲击和碰撞将能量传递给气体，这样气体被加速和压缩。③泡沫流运动段（Ⅲ段）。气体被液滴粉碎为微小气泡，液滴重新聚合为液体，气泡则分散在液体中成为泡沫流。随着通过扩散管混合液的动能转换为压能，压力升高，气体被进一步压缩、劈分和减小。此时，液体为连续介质，气体变成为分散介质。由于液体的热容量比气体大，所以气体是在等温过程中受到压缩的。自吸式微泡发生器结构及工作过程示意图如图 4-42 所示。

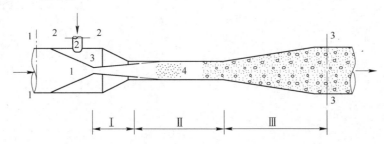

图 4-42 自吸式微泡发生器结构及工作过程示意图
1—喷嘴；2—引射气体段；3—负压吸气室；4—喉管；5—扩散管段
1-1—入射端口；2-2—引射端口；3-3—射出端口

自吸式微泡发生器主要的结构参数涉及以下几个方面：

（1）喉管入口角度 a（见图 4-19）。入口角度变小时，吸入面积变小，引起吸入量不足，各流动截面上工作流量所占的比例增大，截面平均流速也增大，从而使沿程摩擦阻力损失也增加，喉管出口平均流速反而变小，而流速变小会使喉管内的湍动程度变小，因此会使气泡的数量也减少。但是，如果入口角度过大，会影响被吸入流体的吸入条件，同时也增加了不必要的结构尺寸，a 一般取值范围为 15°~30°。

（2）扩散管扩散角度 b（见图 4-19）。扩散管的作用是使高速流体的动能转为压能，从而提高发生器出口的压力。扩散角太大时，由于在扩散管入口一段距离内各截面的轴心速度仍较大，势必会对周围流体产生卷吸作用；另一方面，边壁附近的压力来不及升高，下游截面和上游截面的壁面附近存在较大的压力差，该压差促使下游流体产生回流，为轴心较高流速提供了卷吸的二次流，这会使出流的能量降低，从而降低了气泡继续存在的可能性。因此，大扩散角将引起较大的能量损失，给气泡的生存带来一定影响，b 一般取值范围为 $5° \sim 8°$。

（3）喉嘴距 L_c 的影响。若 L_c 太长，则高速工作流到达喉管入口时其流速已大大降低，从而丧失了进一步卷吸气体进入喉管的能力，也就失去了气泡发生器的工作能力。如果 L_c 太短，实际上是减少了被吸气体的过流面积，被吸气体的流量减少，会使过流截面的平均流速增大，导致沿程摩阻损失增加，从而降低了气泡发生器的效率。

（4）喉管长度 L_k（见图 4-19）。在喉管前段的各断面中流速分布不均匀，轴心流速高，边壁附近流速低，与管壁的摩阻损失较小。在 L_k 到达一定长度时，工作流体与被吸流体充分混合进行传能传质，同时，管壁附近的流速增大，壁面摩阻也相应增加。从理论上分析，这时的喉管长度将是气泡发生器最佳的喉管长度，超过这一长度时，流动过程主要表现为沿程管壁摩阻引起的能量损失。因此，L_k 太短，传能传质不充分，经过扩散管增压后其能量损失也会增大；但是，L_k 也不能太长，否则喉管内的能量损失加大。

4.3.3.2　自吸式微泡发生器气泡尺寸计算[45]

微泡形成是气泡发生器内气液两相流体能量交换的结果。由此推导的气泡临界尺寸公式为：

$$d_{bmax} = 0.725 \left[\left(\frac{e_{Lg}}{d_L} \right)^3 \left(\frac{M}{W} \right)^2 \right]^{\frac{1}{5}} \tag{4-8}$$

式中，d_{bmax} 为气泡最大稳定尺寸，m；e_{Lg} 为气液界面张力，N/m；d_L 为液体密度，kg/m^3；M 为参与两相混合的液体质量，kg；W 为两相混合的液体能量消耗，J/s。

式（4-8）表明，气泡发生器的气泡尺寸取决于：①气液界面的能量状态（e_{Lg}）；②成泡过程的能量耗散（W/M）。其中后者反映了气泡发生器结构尺寸及运行工况对其充气性能的影响。

A　成泡过程的能量消耗计算

以入射端口（1-1）、引射端口（2-2）和射出端口（3-3）为基准，建立气泡发生器运行过程的能量守恒方程：

$$\frac{r_L d_L}{r_L d_L + r_g d_g} \left(\frac{p_1}{d_L} + \frac{1}{2} g_1^2 \right) + \frac{r_g d_g}{r_L d_L + r_g d_g} \left(\frac{p_2}{d_g} + \frac{1}{2} g_2^2 \right) = \left(\frac{p_3}{d_{Lg}} + \frac{1}{2} g_3^2 \right) + hg + \Delta Eg \tag{4-9}$$

式中，r_L、r_g 分别为液、气体积百分数，%；d_L、d_g、d_{Lg} 分别为液、气及泡沫流密度，其中 $d_{Lg} = r_L d_L + r_g d_g$，$kg/m^3$；$p_i$ 为断面流体压力，$i = 1 \sim 3$，MPa；g_i 为断面流体平均速度，$i = 1 \sim 3$，m/s；h 为流体沿程损失，m；ΔE 为气液混合压头损失，m；g 为重力加速度，$g = 9.8 m/s^2$。据表 4-6 得 $r_L = 56\%$，$r_g = 44\%$，$d_{Lg} = 560 kg/m^3$。

由于 $d_g \ll d_L$，$r_g d_g \ll r_g d_g + r_L d_L$，故：

$$\frac{r_g d_g}{r_L d_L + r_g d_g} \left(\frac{p_2}{d_g} + \frac{1}{2} g_2^2 \right) = 0 \tag{4-10}$$

忽略沿程摩擦损失（$h = 0$），并将式（4-10）代入式（4-9）得：

$$\Delta Eg = \frac{r_L d_L}{r_L d_L + r_g d_g} \left(\frac{p_1}{d_L} + \frac{1}{2} g_1^2 \right) - \left(\frac{p_3}{d_{Lg}} + \frac{1}{2} g_3^2 \right)$$

$$W = Q_L d_L \Delta E g$$

式中，Q_L 为液体流量，m/s；据表 4-6 得 $W = 75.4J/s$。

表 4-6   实验室型气泡发生器几何尺寸及运行参数

端面位置	入射端口 (1-1)	引射端口 (2-2)	射出端口 (3-3)
流体压力 /MPa	0.2	0	0.05
体积流量/m³·s⁻¹	6.9×10^{-4}	5.6×10^{-4}	1.5×10^{-3}
断面直径/m	0.03	0.012	0.03
断面面积/m²	7.1×10^{-4}	1.1×10^{-4}	7.1×10^{-4}
流体速度/m·s⁻¹	0.98	5.56	1.96

B   气液混合液体质量 M 的计算

由于气液混合发生在射流运动的 Ⅱ、Ⅲ 段，且近似认为这种混合自喉管入口处即开始，故：

$$M = M_{\rm II} + M_{\rm III} \approx r_L d_L (V_{\rm II} + V_{\rm III}) \qquad (4\text{-}11)$$

式中，$M_{\rm II}$、$M_{\rm III}$ 分别为射流 Ⅱ、Ⅲ 段内的液体质量，kg；$V_{\rm II}$、$V_{\rm III}$ 分别为气泡发生器喉管段与扩散段的空间体积，m³。实测的实验室型自吸式微泡发生器 $V_{\rm II} + V_{\rm III} = 0.65 \times 10^{-3} m^3$。由式（4-11）得 $M \approx 0.36kg$。

气液混合的平均能量耗散 $W/M = 210J/(kg \cdot s)$。在正常起泡剂浓度条件下，$e_{Lg} = 6.0 \times 10^3 N/m$，据式（4-8）得 $d_{bmax} = 260\mu m$。

4.3.3.3   自吸式微泡发生器的数值模拟[6]

根据气泡发生器的结构及射流的特点，数值模拟的物理模型可以按照轴截面的一半建立。假设气液两相流与外界无热量交换，且温度不变，气液两相流为定常湍流流动。对于数学模型的选取目前还没有普遍适用的湍流模型，计算中所采用的湍流模型主要有零方程模型、一方程模型及二方程模型。模拟一般选用柱坐标下的轴对称物理模型，采用欧拉二相流下的标准 $\kappa\text{-}\varepsilon$ 双方程模型。

选取发生器结构对称的一半作为计算区域。喷嘴出口为速度边界，进气口为压力边界，扩散管为常压出口边界。两相之间采用无速度滑移条件。网格划分如图 4-43 所示。

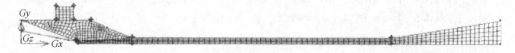

图 4-43   网格划分示意图

将喷嘴出口水速及其他边界条件分别输入到 FLUENT 软件中进行计算，得到两相的流动状态及湍动程度显示。

图 4-44 和图 4-45 分别为气体的流动状态和速度坐标图。

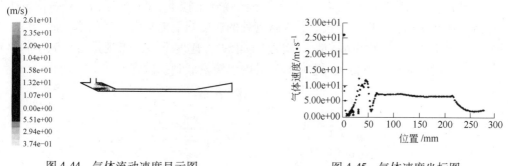

图 4-44　气体流动速度显示图　　　　　图 4-45　气体速度坐标图

　　由图 4-44 和图 4-45 可以看出，气体在喉管入口前即液体喷射出口附近的速度最大，这是因为液体的卷吸作用使得在该处的气体速度与喷射液体的速度趋于一致。而在喉管进口处可以看到气体的速度急剧下降，这是因为所设计的发生器在吸气室与喉管之间的壁面不是圆滑弧线过渡，而是有锐角，气体在此处与壁面发生猛烈的碰撞使得速度有显著的下降。在混合段（喉管）由于压力减少气体的速度又有所增加但变化不大，比较平稳，在此处气体与液滴充分混合。而在扩散管处压力增加，气体的速度又有所下降。

　　图 4-46 和图 4-47 分别为液体的流动速度显示图及速度坐标图。

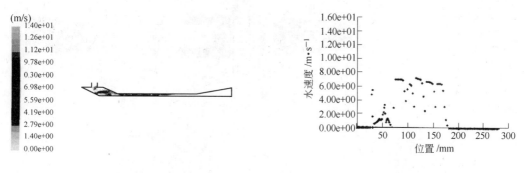

图 4-46　液体流动速度图　　　　　　图 4-47　液体速度坐标图

　　从图 4-46 和图 4-47 可以看出，液体的速度不连续且很分散，在喷嘴出口处速度最高继而显著下降，这是因为与气体接触后能量耗散很大，而且在喉管入口处与锐角壁面发生剧烈碰撞速度明显下降。在喉管段与气体混合后液体的能量进一步下降，而且在喉管段液体成为不连续介质，分散成为液滴。在喉管后半段液体速度几乎为零，这说明液体的能量损失太快。

　　由紊动泵射入的工作介质（流体）与即将射入浮选柱的气体所发生的能量与质量的交换主要是在喉管内部完成的，一般最优的期望是工作流体与通入的气体正好在喉管的出口处完成混合过程，并且完成能量与质量的交换，这时两股流体均匀混合，在微泡发生器的内部形成稳定的流速分布。从图 4-44～图 4-47 可以看出，气泡发生器的设计还需要进一步的改进，首先吸气室与喉管段的连接应用圆滑过渡而不是现在所采用的锐角，这可以减少流动的阻力，同时也可降低此处的湍动。

　　我国的一些学者针对上述问题，设计采用了球槽半径结构的喉管，并对其进行了进一步的仿真研究[46]。图 4-48 和图 4-49 显示了不同喉管半径下，7 mm 球槽半径微泡发生器内的速度曲线和紊动能云图，可以看出在喉管处的速度峰值随喉管半径的增加而降低。在喉管半径变大至 2.8 mm 和 3 mm 时，速度低谷消失；速度低谷的出现是由于流体间存在速度梯度，使动能向压力能转化，它使喉管处的涡流发展到扩散管。

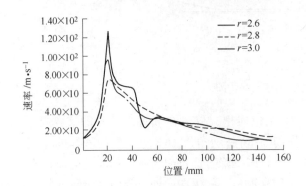

图 4-48　三种不同喉径球槽型喷嘴微泡发生器内速度曲线

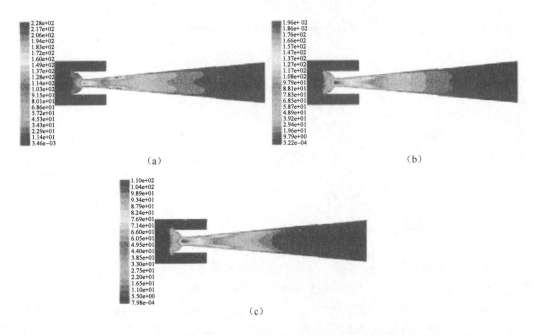

图 4-49　三种不同喉径球槽型喷嘴微泡发生器内紊动能云图
(a) $r=2.6mm$；(b) $r=2.8mm$；(c) $r=3mm$

由图 4-50 可以发现，球槽半径结构的喷嘴在喉管处的紊动能随着喉管半径的增大而降低，这是因为喉管处射流速度降低的缘故。喉管处的紊动能峰值的产生是由于截面的突然收缩，而第 2 处紊动能峰值的产生是由于冲击射流而形成的。矿浆从喉管高速射出后，冲击低速的流动区域，同时该区域的矿浆流动受到壁面的作用，矿浆动能向压力能转化，使该区域的压力升高，形成压力梯度，导致其流动迹线向两侧弯曲，产生涡旋，形成紊动能峰值，并产生横向流动。

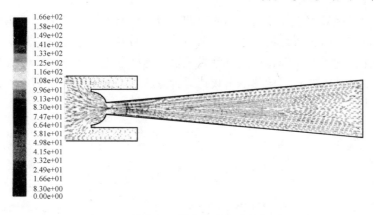

图 4-50 微泡发生器内部矿浆速度矢量图

4.3.3.4 自吸式微泡发生器充气性能

由于气液两相流动的复杂性，目前国内外的实验研究还处于较低的水平，即为测量某一参量必须设计一套复杂的实验装置，并且这样的测量技术也还处于实验阶段。由于受到客观条件的限制，表 4-7 给出了几个宏观测量参数。其中射出端口的速度是通过柱内液面上升的速度换算得到的。

表 4-7 几何参数及运行操作参数

端面位置	入射端口（1-1）	引射端口（2-2）	射出端口（3-3）
流体速度/m·s^{-1}	0.45	2.89	0.92
体积流量/m^3·s^{-1}	2.78×10^{-4}	2.27×10^{-4}	5.7×10^{-4}
断面直径/m	0.028	0.01	0.028
断面面积/m^2	6.15×10^{-4}	7.85×10^{-5}	6.15×10^{-4}
流体压力/MPa	0.2	0	0.05

喷嘴流速对充气性有着显著性的影响，通过实验观测可知，喷嘴流速越高，气泡发生器所产生的气泡量越多，这是因为射流速度越高所卷吸的气体也越多。这说明含气率随着喷嘴流速的增加而增大，但是通过进一步的实验可以发现当喷嘴流速增加到某一值后有机玻管内的气泡数量逐渐趋于平稳而不再增加了，这是因为在结构参数已确定的条件下射流卷吸的能力已达到饱和。含气量与射流速度的关系大致可用图 4-51 所示。

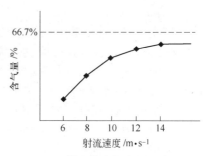

图 4-51 射流速度与含气量的关系

根据所设计的气泡发生器，在自吸的情况下，气体的最高速度是在射流出口附近，而且不可能超过射流的出口流速 14m/s，通过进气管的气体流速取其平均值为 7m/s，进气管的直径为喷嘴直径的 2 倍。在这种情况下，含气率最高为 66.7%。考虑到摩擦阻力，所设计的气泡发生器含气率最高不可能超过 66.7%，如图 4-51 中的一条水平线所示。

气泡发生器作为浮选柱的核心部件，其技术发展一直受到人们的关注，早期的气泡发生器主要以安装在柱体内部的空气直接式气泡发生器为主，而此类气泡发生器易堵塞，充气性能不稳定，最终导致了柱浮选技术研究的一段时期的停滞。此后，新的气泡发生方式的采用又使柱浮选技术的研究迈上了一个新台阶，先后开发出了空气直喷、气水混流和气浆混流等一些主流的具有外部特征的气泡发生器，这些气泡发生器由于性能稳定，更换方便而带动了柱浮选技术的新一轮热潮。现代设计方法与手段的采用也为气泡发生器的研究注入了新的活力，一些新形式的发泡方式和气泡发生器也获得了应用与发展。

参 考 文 献

[1] 沈政昌，陈东，史帅星，等. BGRIMM 浮选柱技术的发展 [J]. 有色金属（选矿部分），2006（06）.

[2] 桂夏辉，刘炯天，曹亦俊，等. 气泡发生器结构性能的研究与进展 [J]. 选煤技术，2009（02）.

[3] 陈志友，陈湘清，李旺兴，等. 浮选柱气泡发生器的研究与进展 [J]. 煤炭加工与综合利用，2008（02）.

[4] 张敏，刘焕彬，朱小林，等. 浮选柱混合气泡发生器的初步设计和性能分析 [J]. 中国造纸，2009（02）.

[5] 王军，王聪兴，史帅星，等. 加压溶气气浮法浮选微细颗粒的理论分析 [J]. 矿业工程，2005（06）.

[6] 刘波. 气泡生成力学机理及气泡发生器装置研究 [D]. 昆明：昆明理工大学，2006.

[7] 邵延海. 浮选柱气泡发生器充气性能及应用研究 [D]. 长沙：中南大学，2004.

[8] 今井哲男，晨洋. 浮选柱技术的发展 [J]. 国外金属矿选矿，2000（08）.

[9] 张兴昌. CPT 浮选柱工作原理及应用 [J]. 有色金属（选矿部分），2003（02）.

[10] 黄光耀，陈雯，冯其明，等. 浮选柱内微孔发泡器发泡性能研究 [J]. 金属矿山，2010（10）.

[11] 北京矿冶研究总院. KYZ 浮选柱研究报告 [R]. 2005.

[12] 杠透山铜矿选矿厂. 浮选柱的床石充气器 [J]. 有色金属，1973（02）.

[13] Rubinstein J B. Column Flotation：Processes，Designs and Practices [M]. Gordon and Breach Science Publishers，1995.

[14] 松全元. DEISTER 浮选柱 [J]. 金属矿山，1991（01）.

[15] 张鸿甲，万醒波. 浮选柱水气喷射充气器的试验研究 [J]. 金属矿山，1974（04）.

[16] 李建国. EKOFLOT 充气式浮选机 [J]. 选煤技术，1992（03）.

[17] 卡佐尔拉 A，希门尼斯 Jm，蒙雷顿 T，等. Microcel 气泡发生器在西班牙选矿厂浮选柱上的应用 [J]. 国外金属矿山，1997（04）.

[18] Finch J A. Column flotation：A selected review— part IV：Novel flotation devices [J]. Minerals Engineering. 1995，8（6）：587-602.

[19] 夏敬源，李耀基，杨稳权. 空腔谐振式浮选柱在胶磷矿选矿中的动力学参数研究 [J]. 有色金属（选矿部分），2013（01）.

[20] 程新潮，刘炯天. 詹姆森型浮选柱的性能分析及应用模式探讨 [J]. 矿冶，1995（04）.

[21] 汪廷煌. 澳大利亚的新型浮选柱 [J]. 有色金属（选矿部分），1992（05）.

[22] 刘炯天. 旋流-静态微泡柱分选方法及应用（之三）射流微泡与管流矿化的研究 [J]. 选煤技术，2000（03）.

[23] 高敏，欧泽深，胡恒杰，等. 旋流微泡浮选柱的研制及应用 [J]. 金属矿山，1998（08）.

[24] 欧泽深，刘炯天. 新型短体浮选柱的研究 [J]. 中国矿业大学学报，1996（01）.

［25］王化军，朱友益，张强．新结构短柱体浮选柱的研究现状［J］．化工矿山技术，1996（05）．

［26］北京矿冶研究总院．浮选柱旋流充气器工业试验报告［R］．北京矿冶研究总院，1978.

［27］沈政昌，史帅星，卢世杰，等．浮选设备发展概况（续三）［J］．有色设备，2005（02）．

［28］史帅星．加压溶气浮选设备的研究［D］．北京：北京科技大学，2004.

［29］Matis K A，刘明鉴．溶气浮选和电解浮选［J］．国外金属矿选矿，1990，27（4）：1-15.

［30］蒋克彬，彭松，陈秀珍，等．水处理工程常用设备与工艺［M］．北京：中国石化出版社，2014.

［31］Б А 强图尔亚，ВД 鲁林，彭儒．矿石浮选时电化学方法准备水的研究［J］．武汉化工学院学报，1992（S1）：39-62.

［32］ГД 克拉斯诺夫，陈经华，李长根．脉动充气式浮选机的操作经验［J］．国外金属矿选矿，2002（12）．

［33］Finch J A，Dobby G S. Column Flotation［M］．Oxford：Pergamon Press，1990：176.

［34］Geary N W，Rice R G. Bubble size prediction for rigid and flexible spargers［J］．AIChE Journal，1991，2（37）：161-168.

［35］Abramcvich G N，Girtovich T A，Krasheninnikov S Y. Theory of turbulent jets［M］．Moscow：Nauka Publishing House，1987，715.

［36］Hooper A R. A study of bubble formation at a submerged orifice using the boundary element method［J］．Chemical Engineering Science. 1986，1（41）：1879-1890.

［37］Gaddis E S，Vogelpohl A. Bubble formation in quiescent liquids under consrant flow conditions［J］．Chemical Engineering Science. 1986，1（41）：97-105.

［38］Rice R G，Lakhani N B. Bubble formation at a puncture in a submerged rubber membrane［J］．Chemical Engineering Communications，1983.4/6（24）：215-234.

［39］Miyahara T，Takahashi T. Coalescence phenomena at the moment of bubble formation at adjacent holes［J］．Chemical Engineering Research and Development，1986，4（64）：320-323.

［40］沈政昌，史帅星，卢世杰．KYZ-B型浮选柱系统的设计研究［J］．有色金属（选矿部分）．2006（04）．

［41］张跃军．浮选柱内气液两相流数值模拟与试验研究［D］．北京：北京科技大学，2008.

［42］史帅星，姚明钊，曹亮．气泡发生器的流体动力学性能研究［J］．有色金属（选矿部分），2006（03）．

［43］成大先．机械设计手册［M］．5版．北京：化学工业出版社，2008.

［44］沈政昌，卢世杰，张跃军．KYZ-B浮选柱气液两相流数值模拟与试验研究［J］．有色金属（选矿部分），2008（04）．

［45］刘炯天，王永田．自吸式微泡发生器充气性能研究［J］．中国矿业大学学报，1998（01）．

［46］喻学宁，李浙昆，熊艳．喉管对微泡发生器流场影响的仿真研究［J］．新技术新工艺，2010（10）．

5 浮选柱的选型及放大技术

本章介绍两方面的内容：一是浮选柱的选型方法；二是浮选柱的放大技术。浮选柱选型主要介绍浮选柱和浮选机比较选择、浮选柱类型的选择、浮选柱规格的计算、浮选柱配置方式的选择和配套设备的计算等五个部分。浮选柱的放大技术主要介绍浮选柱大型化过程中浮选柱高径比的设计、浮选柱捕收区的放大、泡沫收集区域的放大、气泡发生与弥散系统的放大、给矿器的放大、淋洗水系统的放大和尾矿排放系统的设计等六个方面的内容。

5.1 浮选柱的选型

浮选柱的选型影响因素较多，不仅涉及矿石性质、磨矿粒度、矿浆浓度、药剂制度和流程结构等选别工艺条件，而且与操作维护、运行成本和选厂的空间位置等都有关系。由于浮选柱与浮选机在分选原理和结构上存在较大的差距，浮选柱在浮选工艺回路中的配置有其特殊性。首先从浮选柱和浮选机工作原理出发，讨论不同矿物种类和不同作业的浮选柱与浮选机的对比选择；其次对比分析常用浮选柱的特点，介绍其不同的适应范围；再次分别介绍浮选柱的规格计算方法和配置方式；最后介绍配套设备选型计算的一般方法。

5.1.1 浮选柱与浮选机的对比选择

一般浮选机是指带有机械搅拌装置的浮选设备，传统上分为充气机械搅拌式浮选机和自吸气机械搅拌式浮选机，统称为机械搅拌式浮选机。机械搅拌式浮选机作为最通用和可靠的浮选装备，工业使用已有近百年的历史，国内正在运行中的机械搅拌浮选机也有上万台套，浮选机的应用技术已经非常成熟[1]。

浮选柱作为一种无搅拌的浮选设备，工业实践也有100年的历史。Eriez公司收购加拿大工艺技术公司（CPT）后加大了浮选柱市场的开拓力度。截至2009年，已经在世界范围内推广了600多台套，钼矿、铜矿、锌矿、铁矿、萤石、石英、磷矿、煤泥等都有应用实践。国内浮选柱的使用，从20世纪60~70年代兴起热潮后，一度沉寂了下来。其后，2002年德兴铜矿大山选厂精选段成功采用了一台2.44×10m浮选柱；2003年洛阳栾川钼业集团选矿三公司也进行了浮选柱工业试验，推动了国内选矿行业对浮选柱的重新思考。随后国内的有色矿山主要在铜矿和钼矿开始应用浮选柱，大多数安装在精选段。浮选柱的大规模应用实践，有力地促进了浮选柱技术的进步。

因此，随着浮选机技术的成熟和浮选柱技术的发展，选矿设计者可以根据矿物选别工艺的特点，结合浮选机和浮选柱各自的不同性能，采用全浮选机流程、浮选机-浮选柱联合配置流程或者全浮选柱配置流程，进而达到更好的技术经济指标。

5.1.1.1 浮选机适用的条件

浮选机工作原理和适用条件：浮选机具有机械搅拌系统，依靠叶轮的搅拌进行矿浆输送和空气分散，气泡和矿物颗粒在捕收区域碰撞黏附，矿化颗粒在叶轮产生向上输送力的作用下，到达泡沫区，从溢流堰排出。由于浮选机自身工作原理和工作方式的不同，在工业应用中具有以下显著特点：

（1）对矿石性质的变化有较强的适应性，适用范围广，几乎所有矿物的选别都有成功的应用实例。

（2）对不同作业有较强的适应性，满足粗选、扫选及精选作业。

（3）自身具有矿浆搅拌和空气分散系统，可以加强药剂的分散能力。

（4）浮选机选择性好，对连生体的捕收能力强，有利于提高目的矿物的回收率。

（5）入选粒度范围宽，可有效降低过磨现象。

（6）可以长时间停车后满槽启动。

（7）有搅拌系统，自身能耗较高。

（8）占地面积大，启动载荷大。

5.1.1.2　浮选柱适用的条件

浮选柱一般没有搅拌装置，圆柱形或者方形结构，具有较大的高径比，高度从6~16m不等（类詹姆森型浮选柱除外），空气从浮选柱的底部给入产生气泡，矿浆从浮选柱的上部给入，顺流而下的矿浆与逆流而上的气泡在静态环境下发生碰撞，矿化气泡在气泡浮力作用下向上到达泡沫区，在泡沫冲洗水的作用下，进行二次富集，最终从溢流堰排出。浮选柱由于截面积相对较小，泡沫层一般较厚。泡沫冲洗水的添加是浮选柱区别于浮选机的主要特点。泡沫冲洗水一方面减少了泡沫非目的矿物的夹带，另一方面可以形成正偏流，弥补泡沫带走的水分，维持矿浆浓度的平衡。浮选柱一般具有以下特性：

（1）泡沫层厚，而且添加有冲洗水，有利于减少夹带获得高品质精矿。

（2）可以减小浮选作业段数，尤其在精选作业，一台浮选柱可以替代2~3次浮选机精选作业。

（3）占地面积小，基建费用低。

（4）没有搅拌，单个浮选柱能耗较低，但需要前置调浆加药搅拌桶，增加循环泵等。

（5）由于具有冲洗水，在正偏流的情况下容易导致水循环量的增加。

（6）对矿石性质和矿浆量的变化敏感，适应能力差。

（7）选择性分离效果差。

（8）通常适用于细粒矿物的分选，粗颗粒连生体的捕收能力差，回收率低。

（9）一般没有吸浆能力，不能水平配置，需泵输送矿浆或者阶梯配置。

5.1.1.3　浮选柱选用的决定条件

根据两种设备的不同特点和相关的工程实践，一般认为可以根据以下条件选用浮选柱。

（1）矿物种类比较单一，矿石性质简单的选矿环境。例如辉钼矿、硫化铜矿、黄铁矿、方铅矿、闪锌矿和磷灰石等。

（2）给矿性质稳定，给矿量波动小的条件。由于浮选柱与浮选机相比，同样的容积，截面积相对较小，给矿量的波动对分选环境影响大。同时由于静态的分选环境，浮选柱对给矿性质的变化反应很灵敏。

（3）目的矿物和非目的矿物选别性差异大的场合。例如脉石与硫化矿物的分离。在铜钼分离、铜硫分离和锌硫分离等工艺中使用存在一定的困难。

（4）致力于精矿品质的提高，精选作业段优先考虑使用。浮选柱具有较厚的泡沫层，并可添加冲洗水，有利于精矿品位的提高。

（5）给矿粒度一般要求较细，因此在粗选，尤其是扫选作业应慎重使用。由于浮选柱致力于精矿品质的提高，对连生体的捕收效果较差，而粗扫选作业首要目的是保证目的矿物的回收率，与浮选柱的分选原理相违背。

但是随着浮选柱技术的发展，柱浮选技术与机浮选技术正在快速融合，浮选机与浮选柱的界限愈加模糊，浮选柱的使用范围愈来愈广，上述的决定因素不是一成不变的，应该需要随浮选柱技术的发展而改变。例如 Jameson 设计的 NovaCell 浮选柱，适用于连生体甚至贫连生体的捕收，该浮选柱的特点见第一章。

5.1.2　浮选柱类型的选择

本书第一章介绍了十几种浮选柱，它们特点各异，如何选择正确的或更适合的浮选柱，需要考虑矿物性质、浮选工艺、选矿指标、运行功耗、操作维护等多方面因素。目前国内使用较多的浮选柱主要有 KYZB 型、FCSMC 型、CCF 型、CPT-Slamjet、KYZE 型和 CPT-Cav 型。KYZB 型、CCF 型与 CPT-Slamjet 都属于空气直喷式大高径比浮选柱，空气直喷式气泡发生器安装在浮选柱底部，矿浆从浮选柱中上部给入，矿物自上向下流动，气泡从底部向上运动，在浮选柱内部主要发生逆流碰撞。FCSMC 型、KYZE 型和 CPT-Cav 型浮选柱属于混流型浮选柱，矿浆和空气在充气器内发生紊流碰撞，其后混合体射入浮选柱内部，新鲜气泡与矿物颗粒发生逆流碰撞。下文主要从矿物种类、分选粒级、作业水平、充气量、药剂消耗、能耗、占地面积和易损件消耗等八个方面分析不同浮选柱类型的差别。

（1）从矿物种类来看。KYZB、CPT-Slamjet、CCF 型浮选柱对硫化矿的选别更适应，如黄铜矿、辉钼矿、方铅矿和闪锌矿等矿物；FCSMC、KYZE、Jameson 和 CPT-Cav 等混流型浮选柱更适合氧化矿的场合，如赤铁矿反浮选、磷矿、铝土矿等矿物。FCSMC 和 Jameson 浮选柱在选煤行业应用较多。

（2）从选别粒级考虑。KYZB、CCF、CPT-Slamjet 等空气直喷式浮选柱对 $-0.074\sim-0.038\text{mm}$ 粒级回收效果较好。FCSMC、KYZE 和 CPT-Cav 等混流型浮选柱对微细粒级选别效果更好。

（3）从浮选作业来看。空气直喷式浮选柱适合精选 1 或者精选 2 作业，混流型浮选柱更适应最后两次或者最后 1 次精选作业。

（4）从矿物的充气量考虑。KYZB、CCF、CPT-Slamjet、KYZE 和 CPT-Cav 型浮选柱都是外加充气形式，可满足任意充气量场合，尤其适用于大充气量和充气范围要求窄的分选条件。FCSMC 型气泡发生器采用文丘里管原理自吸空气，对需求气量小的场合尤为适应。

（5）从药剂消耗方面考虑。KYZB、CCF、CPT-Slamjet 等浮选柱由于静态的逆流矿化环境，一般需要前置的矿浆搅拌槽将药剂和矿浆高效混合。而 FCSMC、KYZE 和 CPT-Cav 等混流型浮选柱在气泡发生器内部可以创造高速紊流的混合环境，进一步强化了药剂的作用条件，从而可以提高药剂的利用效率。

（6）从能耗上考虑。KYZB、CCF、CPT-Slamjet 浮选柱仅依靠空压机供气消耗能量，能量消耗相对较小。KYZE 型和 CPT-Cav 虽采用了中矿循环泵，但也采用空压机压入供气，气泡发生器内部的矿气混合体的流速不大，能量消耗次之。FCSMC 型浮选柱采用了中矿循环泵和文丘里管形式，自吸空气，能量消耗最大。在同样的充气量条件下，三种类型的浮选柱能量消耗的占比约为 0.65∶0.85∶1。

（7）从占地面积考虑。KYZB、CCF、CPT-Slamjet 浮选柱仅依靠空压机供气消耗能量，浮选柱占地面积小。而 FCSMC、KYZE 和 CPT-Cav 等混流型浮选柱需要配置中矿循环泵（一用一备），占地面积可能大一倍以上。

（8）从易损件消耗上考虑。KYZB、CCF、CPT-Slamjet 浮选柱的易损件主要是气泡发生器的喷嘴，由于通过的介质主要是高压空气，磨损轻，使用寿命长，可到 2~3 年，在线更换方便。而 FCSMC、KYZE 和 CPT-Cav 等混流型浮选柱的易损件主要是气泡发生器和泵的过流件，通过的介质主要是气液固三相流，固相颗粒的存在，加剧了气泡发生器的磨损速度，其使用寿命只有 8~10 个月，甚至更短。

当然浮选柱类型的选择还有其他方面的考虑，这里不再一一赘述。

5.1.3　浮选柱规格大小的计算

浮选柱的类型确定后，需要对浮选柱的大小规格进行计算。由于浮选柱种类较多，本节研究的对象主要以工业实践中应用较多的空气直接喷射式浮选柱为主进行介绍。针对现在国内实验室小型试验的技术现状，一部分选型试验采用浮选机进行，需要依据小型试验结果进行工业浮选柱选型计算；另一部分是采用浮选柱进行小型试验，需要依据小型试验结果进行工业浮选柱的选型。这两种情况选型计算过程略有不同，下文分别介绍。

5.1.3.1　依据小型浮选机试验计算

国内的科研院所或者高校对小型浮选机开路或者闭路试验富有经验，都比较希望通过小型浮选机开路或者闭路试验数据对工业浮选柱进行选型。一般认为，只要确定浮选时间放大系数和流程的简化方法，就可以初步计算浮选柱的型号。下面主要以钼矿为例进行介绍。

浮选流程的简化：一般的辉钼矿选矿，由于富集比比较高，精选段采用浮选机设备，一般有 6~8 次精选作业，而选用浮选柱 3~4 次作业即可满足钼精选作业的目标要求。其替代原则如下：

（1）1 台浮选柱替代浮选机的精 1 作业；

（2）1 台浮选柱替代浮选机精 2 和精 3 作业；

（3）1 台浮选柱替代浮选机精 4~精 8 作业。

精扫选可用浮选柱也可用浮选机，一般 1 台浮选柱替代两次精扫作业。

流程确定后浮选柱规格大小的计算过程如下：

（1）浮选时间的确定。浮选时间是以有用矿物得以充分选别为基础来确定的。通常根据实验室小型浮选试验结果，再参照类似矿石选矿工业生产实际情况来最终确定工业设计浮选时间。由于工业浮选柱与试验设备动力学条件的差异，其放大系数 K_t 应该略大，在 2~3.5 倍，详细值根据具体的矿石性质确定。

计算公式如下：

$$t = K_t t_0 \tag{5-1}$$

式中　t——设计浮选时间，min；

t_0——试验浮选时间，min；

K_t——浮选时间修正系数，$K_t = 2.0 \sim 3.5$。

如果设计的浮选柱充气量与实验室小型试验时的充气量不同，应按式（5-2）来调整：

$$t = t_0 \sqrt{\frac{q_0}{q}} + \Delta t \tag{5-2}$$

式中　t——设计浮选时间，min；

q_0——实验室小型试验的充气量，$m^3/(m^2 \cdot min)$；

q——工业生产时的充气量，$m^3/(m^2 \cdot min)$；

Δt——参照生产实践增加的浮选时间，或 $\Delta t = 0.5 K_t t_0$，min；

其他符号同前。

（2）浮选柱有效容积计算。参照浮选柱产品样本手册，初步选择一种规格浮选柱，根据该种浮选柱规格参数进行浮选柱有效容积的计算。浮选柱内没有机械搅拌装置，所以柱体内机械部分占据的体积很少，可以忽略不计。一般认为浮选柱内分为分选区和底流区，其中分选区又由捕收区和泡沫区组成，如图 2-13 所示。浮选柱有效容积的大小主要与柱体内捕收区高度和空气保有量相关。

浮选柱内捕收区高度的计算方法如下：

$$h_c = h_s - h_f \tag{5-3}$$

式中　h_c——捕收区高度，m；

h_s——分选区高度，即气泡发生器距泡沫溢流堰的高度，m；

h_f——泡沫区高度，m。

现代浮选柱普遍采用截面圆形设计，早期截面矩形设计也有工业应用。对于圆形截面的浮选柱，其有效容积计算公式如下：

$$V_0 = \frac{1}{4} \pi d^2 h_c (1 - \varepsilon_g) \tag{5-4}$$

式中　V_0——浮选柱的有效容积，m^3；

d——浮选柱直径，m^3；

h_c——浮选柱捕收区高度，m；

ε_g——空气保有量，%。

对于矩形截面积，其有效容积计算公式如下：

$$V_0 = l b h_c (1 - \varepsilon_g) \tag{5-5}$$

式中　V_0——所选浮选柱的有效容积，m^3；

l——浮选柱矩形截面长度，m；

b——浮选柱矩形截面宽度，m。

一般，粗、扫选作业空气保有量为 $0.10 \sim 0.25$，精选作业空气保有量 $0.05 \sim 0.15$。泡沫层厚时取大值，反之取小值。

（3）浮选柱台数计算。

$$n = \frac{V_f t}{V_0} \tag{5-6}$$

式中　　n——作业所选浮选柱台数；

　　　　V_f——作业给入的矿浆量，m^3/min；

　　　　t——浮选时间，min。

通过式（5-1）~式（5-6），可以计算得到浮选柱需配置的台数。一般，浮选柱台数的最终确定需要综合考虑浮选柱安装场地大小、工艺流程稳定性和设备运行成本等因素。

下面以某辉钼矿为例进行说明。该钼矿的小型浮选机的试验浮选时间数据见表5-1。各个作业的处理量、设计品位和浓度见表5-2。选型计算结果见表5-3。

表5-1　小型浮选机的试验浮选时间

作业名称	精选Ⅰ	精选Ⅱ	精选Ⅲ	精选Ⅳ	精选Ⅴ	精选Ⅵ	精选Ⅶ	精扫选Ⅰ	精扫选Ⅱ
浮选时间/min	8	6	6	6	6	6	6	8	8

表5-2　各个作业的处理量、设计品位和浓度

作业名称		精选Ⅰ	精选Ⅱ	精选Ⅲ	精选Ⅳ	精选Ⅴ	精选Ⅵ	精选Ⅶ	精扫选Ⅰ	精扫选Ⅱ
设计品位/%	精矿	8.13	17.16	30.0	48.5	48.7	50.5	53.0	0.37	0.17
	尾矿	0.16	2.0	5.64	15.3	32.1	37.4	42.4	0.12	0.115
浓度/%		16.7	17.3	15.0	14.5	13.7	14.4	14.0	15.0	15.2
矿石量/t·d⁻¹		556.48	205.92	102.88	51.04	29.6	30.16	23.52	456.16	383.6

表5-3　选型计算结果

序号	设备名称	规格型号	几何尺寸 ϕ_{DXH}/m	台数	替代设计的作业	有效容积/m³	浮选时间/min 小型试验	实际
1	浮选柱	KYZ3012	3.0×12.0	1	精选Ⅰ	41.1	8	20
2	浮选柱	KYZ2012	2.0×12.0	1	精选Ⅱ，精选Ⅲ	17.6	12	24
3	浮选柱	KYZ1512	1.5×12.0	1	精选Ⅳ，精选Ⅴ，精选Ⅵ，精选Ⅶ	10.6	24	48
4	浮选机	X/K-10	2.4×2.4×2.1	9	精扫选	63.0	16	31.5

5.1.3.2　依据小型浮选柱试验结果计算

A　小型浮选柱试验

小型浮选柱试验需要确定的参数主要有：浮选时间、浓度、充气量、泡沫层厚度、冲洗水量、精矿产率和品位等。由于浮选柱与小型浮选机不同，没有搅拌系统，所以其试验方法略有不同。

浮选柱小型试验由开路试验和闭路试验两种形式。浮选柱试验系统由搅拌槽、计量泵和试验型浮选柱组成。浮选柱主要由喷淋水槽、泡沫槽及柱体等部件组成。浮选试验系统如图5-1所示。

KYZ型浮选柱试验系统包括以下几个方面的流程：

（1）给矿过程：矿浆经搅拌槽搅拌混合均匀后通过浮选柱给矿口给入浮选柱；

（2）精矿排出：浮选柱产出精矿由精矿口排出；

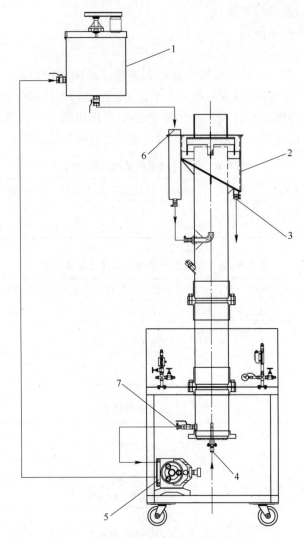

图 5-1 KYZ 型浮选柱试验系统示意图

1—搅拌槽；2—浮选柱；3—精矿口；4—进气口；5—蠕动泵；6—给矿口；7—尾矿口

（3）尾矿排出：浮选柱尾矿经尾矿口排出后由蠕动泵返回至搅拌槽；

（4）液位调节：液位调节的目的是控制泡沫层厚度，通过尾矿泵转速调节液位；

（5）充气量调节：空气流量通过数字流量计测量，大小调节为手动闸阀控制；

（6）喷淋水调节：喷淋水的流量通过数字流量计测量，大小调节为手动闸阀控制。

为平稳控制浮选柱液面，须在试验前依据初步试验矿浆量，用清水对搅拌槽与计量泵出口矿浆流量进行标定，方法如下（见图 5-2）：

（1）保持浮选柱尾矿口阀门处于关闭状态，向浮选柱内注满清水；

（2）将计量泵出口管位置提升至搅拌槽给矿口位置高度，开启蠕动泵标定出口流量，记录计量泵电机频率，此过程从蠕动泵管内流出的清水需用桶收集并返回浮选柱。

（3）保持搅拌槽出矿口阀门处于关闭状态，向搅拌槽内注满清水；

（4）将搅拌槽出口管调整至浮选柱给矿口位置高度，开启搅拌槽阀门，标定搅拌槽出口流量，记录搅拌槽出口开度，此过程从搅拌桶流出的清水需用桶收集返回搅拌桶。

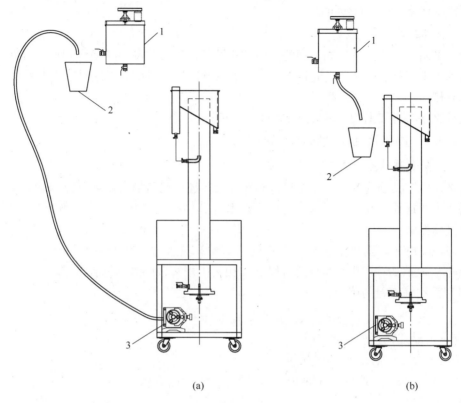

图 5-2　试验系统标定

（a）蠕动泵流量标定；（b）搅拌槽流量标定

1—搅拌槽；2—塑料桶；3—蠕动泵

完成搅拌槽与蠕动泵流量标定后，仅清空搅拌槽内清水，浮选柱内清水无需放出。

粗选试验：称取矿样，配制矿浆（浓度需要考虑浮选柱内存在的矿量）。将配制好的矿浆倒入搅拌桶并加入药剂，调浆后，按计量泵电机频率启动蠕动泵，同时缓慢将搅拌槽出口阀门打开至事先标定位置。待浮选柱液面稳定后，矿浆循环 1~2 次后，开启空压机向浮选柱内充入空气。泡沫将由浮选柱溢流堰溢出时开始计时，如泡沫不能连续刮出，可向浮选柱内缓缓补入清水，抬高液位促使泡沫刮出，直至泡沫开始变白，停止刮泡，该段时间即可记录为浮选时间。

精选试验：重复上面的工作，标定搅拌槽和蠕动泵开度。收集粗选试验泡沫产品（粗选精矿），调配为矿浆。将配制好的矿浆倒入搅拌桶并加入药剂，搅拌混合均匀。待浮选柱液面稳定后，矿浆循环 2~5 次后，开启空压机向浮选柱内充入空气。每隔单位时间分别取样，送化验分析，然后绘制精矿品位变化曲线，精矿品位变化的拐点所对应的时间即浮选时间。

试验中需要考察以下设备运行参数：

给矿体积量（给矿速率，J_s，m/min）：Q，m^3/min；

浮选时间：t，min；

分选浓度：c，%；

充气速率：J_g，m/min；

淋洗水速率：J_w，m/min。

B 规格计算

由于采用与工业浮选柱同类型的选矿试验设备，其浮选动力学条件相似，因此选型计算较第 5.1.3.1 节更为简单。流程中的作业段数可以一一对应。浮选时间放大系数 K_t 应在 1.5~2.0 倍。

其计算方法可依据式（5-1）~式（5-3）进行。

5.1.3.3 浮选柱规格其他计算方法

A 依据表观给矿速率的计算方法

浮选柱由于其分选环境与浮选机差异性较大，还可以转换角度通过浮选动力学数据进行规格大小的计算。其结果可以作为以上选型计算结果的校核方法。以辉钼矿选别为例，其计算过程如下：

一般情况辉钼矿选别浮选柱：允许的表观给矿速率 $J_s = 0.18 \sim 0.6$m/min，一般取值 0.3m/min。该值的选取由小型浮选柱试验和相关工程实践的数据综合考虑。

（1）浮选柱直径的确定：

$$d = 2K_d \sqrt{Q/\pi J_s} \tag{5-7}$$

式中 d——浮选柱直径，m；

Q——浮选柱的给矿，m³/min；

J_s——表观给矿速度，m/min；

K_d——直径系数。

（2）浮选有效高度的计算：

$$H_0 = J_s t \tag{5-8}$$

式中 H_0——浮选柱的有效高度，m；

J_s——表观给矿速度，m/min；

t——设计浮选时间，min。

（3）浮选几何高度的计算：

$$H = H_c + H_f + H_{spa} \tag{5-9}$$

式中 H_c——浮选柱的捕收区高度，m；

H_f——泡沫层高度，m；

H_{spa}——气泡发生器距柱底距离，m。

B 依据泡沫负载量的计算方法

有人认为浮选柱直径一般由精矿流量决定，而精矿流量又取决于泡沫最大负载量 C_{max}。泡沫负载量 C 指浮选柱单位截面内通过的精矿量，单位通常以 t/（m² · min）来表示。

G. H. 勒特雷尔[2]等指出，理论上，C 应当是表面气泡表面积通量 S_b 和从泡沫相迁移的单位截面内附着的矿粒质量 M_p 之积，即：

$$C = M_p S_b = \frac{2d_p \rho_p \beta}{3} \left(\frac{6J_g}{d_b} \right) \tag{5-10}$$

式中　J_g——表观气体流速，cm/s；

　　　β——矿粒填充系数；

　　　d_b——气泡直径，μm；

　　　d_p——泡沫中矿粒平均直径，μm；

　　　ρ_p——矿粒密度，g/cm³。

此外，J. A. Finch 提出了泡沫负载量的另一种计算方法，计算公式如下[3]：

$$C = K_1 \frac{\pi d_p \rho_p J_g}{d_b} \tag{5-11}$$

式中　K_1——单泡沫层时的泡沫负载率系数。

一般，矿粒平均直径 d_p 可由 d_{80} 替代，d_{80} 表示泡沫精矿中 80% 矿粒筛析通过的筛孔尺寸。

估算 C_{max} 最可靠的方法来自实验室浮选试验和半工业浮选试验。表 5-4 是在实验室和工业规模浮选柱内测量的泡沫负载量值。

表 5-4　实验室和工业规模浮选柱内测量的泡沫负载量

试验地点	给矿性质	浮选柱直径 /m	粒度 d_{80} /μm	密度 ρ_p /g·cm⁻³	泡沫负载量 C	
					g/cm²/min	t/m²/h
Mt. Isa 锌铅银铜矿	Cu	0.051	16	4.3	2.0	1.2
Mt. Isa 锌铅银铜矿	Zn	0.051	6	4.0	1.4	0.84
Mt. Isa 锌铅银铜矿	Zn	0.051	11	4.0	2.3	1.38
Mt. Isa 锌铅银铜矿	Pb、Zn	0.051	16	4.2	4.5	2.70
Mt. Isa 锌铅银铜矿	Pb	0.051	15	4.5	2.7	1.62
Mt. Isa 锌铅银铜矿	Pb	0.051	14	5.8	4.1	2.46
Sullivan 铅锌银矿	Zn	0.051	35	4.0	9.1	5.46
Disputada 铜矿	Cu	0.91	30	4.2	6.2	3.72
基德克里克冶炼厂	Cu	0.2	23	4.2	3.8	2.28
加拿大国际镍业公司	Cu	1.1	44	5.6	16.1	9.66
多伦多大学	石英	0.025	35	2.6	5.13	3.08

根据表 5-4 的数据，通过线性拟合，可以得到泡沫负载量与 $d_{80}\rho_p$ 的关系式，如图 5-3 所示。

$$C = 0.068 d_{80}\rho_p \quad (\text{g/cm}^2/\text{min}) \tag{5-11a}$$

或　　　　　　　　　$$C = 0.041 d_{80}\rho_p \quad (\text{t/m}^2/\text{h}) \tag{5-11b}$$

（1）浮选柱直径确定。

若已知气泡表面积通量 S_b，可按方程式（5-11a）或式（5-11b）从理论上计算泡沫最大负载量 C_{max}。C_{max} 与浮选柱直径 d_c 的关系如下：

$$d_c = \sqrt{\frac{4\gamma}{\pi C_{max}}\left[\left(\frac{1}{\rho} + \frac{1-s}{s}\right)^{-1}\right]\frac{V_f}{n}} \tag{5-12}$$

式中　V_f——给入浮选柱的矿浆量，m^3/min；

　　　γ——产率，%；

　　　ρ——矿石密度，t/m^3；

　　　n——浮选柱数量；

　　　s——矿浆质量浓度，%。

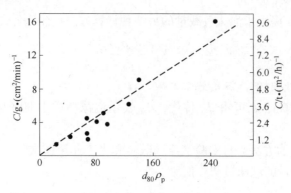

图 5-3　泡沫负载量与 $d_{80}\rho_p$ 的关系

（2）浮选柱高度确定。

为达到工业生产浮选柱期望的回收率，需估算矿浆在浮选柱内的停留时间 τ，并且满足 $\tau \geqslant t$。

根据浮选柱排出的尾矿矿浆量可以估算矿浆的停留时间 τ，计算公式如下：

$$\tau = \frac{h_c}{v} = \frac{\pi d_c^2 h_c}{4V_t} \tag{5-13}$$

式中　v——浮选柱排出尾矿流量，$m^3/(m^2 \cdot min)$；

　　　V_t——浮选柱排出的尾矿矿浆量，m^3/min；

　　　h_c——捕收区高度，m。

由于泡沫淋洗水偏流量很小，可以忽略不计，此时 V_t 可以用给入浮选柱的矿浆流量 V_f 替代。

浮选柱设计高度包括捕收区、泡沫区和底流区高度。

$$h = h_f + h_c + h_b \tag{5-14}$$

式中　h——浮选柱设计高度，m；

　　　h_f——浮选柱泡沫区高度，m；

　　　h_b——浮选柱底流区高度，m。

5.1.3.4　模拟计算方法

20 世纪 70 年代开始至 90 年代末，国内以陈子鸣、尹蒂为代表的研究人员关于浮选动力学及工业浮选回路模拟计算进行了内容丰富的研究，发表了大量的研究成果，遗憾的是均没有推出商业化的模拟计算软件应用于工业实践。近些年来，国内在浮选速率数学模型和过程模拟方面的研究和应用日渐式微，与国外这方面的长足发展形成明显的对比。

目前，国外已见诸报道的浮选过程模拟软件主要有 JKtech 研发的 JKSimFloat、Outotec 公司推出的 HSC Sim、法国地矿局（BRGM）开发的 USIM PAC 以及 Eurus 矿业咨询公司开发的 Supasim 等，浮选过程模拟软件已越来越成为国外选矿工程师研究、设计和优化浮选工艺流程的重要工具。

A 浮选过程模拟软件 JKSimFloat

浮选过程模拟软件 JKSimFloat 是澳大利亚昆士兰大学所属研究机构 JKTech 推出的一款用于浮选回路模拟的软件，该软件的推出得益于澳大利亚矿业研究联合会 P9 项目的长期资助，融合了昆士兰大学、麦吉尔大学和开普顿大学最新的学术研究成果。

该软件建模思路是将入选物料的矿物颗粒按浮选速率不同划分成 n 个单元，并将浮选速率相近的矿物颗粒视为同一类别。这样入选物料每种矿物均可以大致划分为 4 个可浮性组分、如快速可浮性组分、中等速度可浮性组分、慢速可浮性组分和不浮组分。当进行浮选回路模拟计算时，假定每种矿物的可浮性组分在不同作业间的浮选速率保持不变。基于矿物可浮性组分模型，建立了矿物可浮性组分回收率数学模型[4]，见式（5-15）。

$$R_i = \frac{P_i S_b \tau R_f (1 - R_w) + ENT_i R_w}{(1 + P_i S_b \tau R_f)(1 - R_w) + ENT_i R_w} \tag{5-15}$$

式中 R_i——可浮性组分 i 的回收率；

      P_i——某种矿物可浮性组分 i 的可浮性；

      S_b——气泡表面积通量；

      R_f——泡沫区回收率；

      R_w——泡沫精矿中水的回收率；

      τ——矿浆停留时间；

  ENT_i——泡沫夹带率。

式（5-15）认为浮选回收率与矿物性质和浮选设备性能相关，矿物性质可由矿物的可浮性表征，浮选设备性能与流体动力学性能和泡沫特征相关。

应用 JKSimFloat 软件的过程实际上包括很多前期的试验和测定等准备工作。利用数值模拟进行浮选回路优化的一般步骤为：

（1）数据测量。通过现场流程考查取样分析、浮选设备工作特性参数测量、实验室小型浮选试验等方法获取关于浮选工艺回路及设备工作状况的原始数据。

（2）数据分析。对原始数据进行分析处理，包括气泡分散特征参数计算、物料平衡数据协调、矿浆区和泡沫区特性参数分析和可浮性组分的组成分析，获得进行数值模拟计算所需的各项参数。

（3）绘制设计的工业浮选回路，合理添加不同设备，并分别对所有设备及物料流进行命名，然后设置各项参数。

（4）模拟计算。运用 JKSimFloat 软件进行流程数值模拟计算，获得各种可能的回路结构和单元设备工作条件下流程和各单元作业的选别结果。

（5）过程优化。分析对比作业单元内不同浮选机性能参数变化对流程的选别结果的影响，找到最佳的运行参数和可能达到的最佳回收率。

（6）现场实施。根据模拟计算结果和过程优化要求，指导工业生产中实施浮选工艺流程的优化方向，并可跟踪分析实施效果。

2012 年，北京矿冶研究总院引进了最新版、面向企业客户的 JKSimFloat-V6.2，JKSim-Float 软件绘制的工业浮选回路如图 5-4 所示。

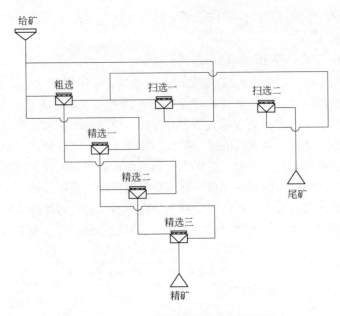

图 5-4　JKSimFloat 软件绘制的工业浮选回路

一般，模拟过程中矿石的可浮性特征参数设置完毕后不需要改变，主要是调整浮选设备特征参数对浮选选别结果的影响。目前，JKtech 已建立起一套 JKFIT 可浮性指数标准试验及分析方法，可以计算获得矿石中不同矿物的可浮性参数。另外，由于 JKSimFloat 软件充分考虑了矿物颗粒在矿浆相和泡沫相中的基本行为，如泡沫区回收率、夹带率、泡沫精矿中水的回收率和气泡表面积通量等重要影响因素，所以通过调整浮选工艺参数可以较好地预测浮选回路的选别指标的变化情况，从而可以指导工业生产操作的优化。

真实的浮选过程中，不同作业内矿物颗粒的表面性质总是处于不断变化中，如后续补加药剂使得矿物颗粒表面的可浮性发生很大的变化，而该项软件只能设置给矿物料的可浮性及组成，后续作业的给料性质无法设置，且尚无法直接定量计算药剂制度变化所引起的选别结果的变化。从 JKMRC 已公开发表的一些具体模拟计算实例来看，对浮选回收率的预测与实测指标相比大体趋势基本正确，但有些预测值却有较大的偏离。

B　浮选过程模拟软件 HSC Sim[5,6]

Outotec 公司开发的 HSC Sim 软件最初是用来模拟化学反应进程和湿法冶金过程的一个软件，后来稍加改进才应用到浮选过程模拟。早期研究认为，浮选速率常数是一阶方程，基于此建立了实验室间歇试验浮选回收率模型，见式（5-16）。

$$R = m_S(1 - e^{-k_S t}) + m_F(1 - e^{-k_F t}) + m_N(1 - e^{-k_N t}) \tag{5-16}$$

式中　R——矿物总回收率；

　　m_S——矿物中慢速浮选组分的质量分数；

　　k_S——矿物中慢速浮选组分的浮选速率常数；

　　m_F——矿物中快速浮选组分的质量分数；

　　k_F——矿物中快速浮选组分的浮选速率常数；

　　m_N——矿物中不浮组分的质量分数；

k_N——矿物中不浮选组分的浮选速率常数;

t——浮选时间。

工业浮选生产是一个连续的回路,为此建立了适用于连续性浮选回路的矿物回收率方程,见式(5-17)。

$$R = m_S\left(\frac{k_St}{1 + k_St}\right) + m_F\left(\frac{k_Ft}{1 + k_Ft}\right) + m_N\left(\frac{k_Nt}{1 + k_Nt}\right) \tag{5-17}$$

基于实验室分批浮选试验结果,应用方程式(5-16),可以分别得到不同矿物的不同可浮性组分的质量分数及浮选速率常数。然后,在 HSC Sim 稳态模拟器中绘制工业浮选回路,采用实验室试验的动力学参数,按工程实践经验放大工业浮选时间,设置给矿量和各作业的矿浆浓度等参数,选择连续性浮选回路的矿物回收率方程进行模拟计算,从而可以预测整个浮选工艺回路的选别指标。应用 HSC Sim 软件绘制的工业浮选回路如图 5-5 所示。

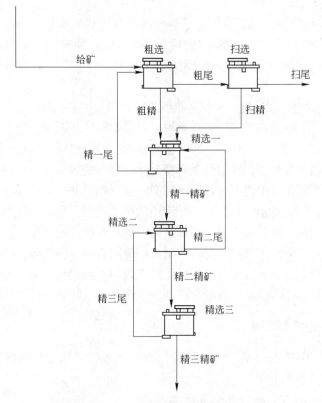

图 5-5 HSC Sim 软件绘制的工业浮选回路

HSC Sim 软件同样认为可将入选物料矿物划分成 3 个可浮性组分分别建立数学模型,这个思路与 JKSimFloat 建模思路非常接近,这可能与 Outotec 公司早期参与了澳大利亚 P9 项目的赞助相关。

C 浮选过程模拟软件 USIM PAC

浮选过程模拟软件 USIM PAC 是法国地矿研究局 BRGM 开发的选矿流程稳态模拟软件,服务的工业过程包括破碎、磨矿、分级、浮选、重选、磁选、湿法冶金、生物冶金等众多方面。USIM PAC 还允许用户根据需要加入自己的模型,并为此配备了专用的开发工具（USIM PAC Development Kit）。USIM PAC 软件还带有物料平衡数据协调功能、模型参数拟合功能、设备尺寸型号选择功能及投资费用分析功能。

用 USIM PAC 进行模拟计算所需的参数可分为物料参数和单元模型参数。物料参数可以根据软件使用者选择用不同的方法加以描述。对于浮选回路物料参数，包括可以设置给矿量、给水量、入选物料的组成和矿物的可浮性参数等。单元模型参数又分为可见参数和隐藏参数两类，前者可由软件应用者直接操作，后者仅用于模型标定，参数取值须由试验数据分析得到。

USIM PAC 软件应用于浮选过程主要有三个方面：

（1）在初步设计阶段，根据小型试验结果、推荐流程和生产目标，先用正向模拟法计算流程中各物料流的流量、品位和粒度组成，接着用逆向模拟法反算所需主要设备的尺寸，最后再用正向模拟法计算未来选矿厂的运行结果并估算投资费用。重复应用这个方法可对不同的方案进行比较。

（2）在详细设计阶段，根据半工业试验数据进行物料平衡数据协调，利用协调后的数据通过逆向模拟法进行半工业试验流程的模型参数标定，并根据一定的比例放大规则计算实际选厂设备的尺寸。然后，采用正向模拟法计算未来选矿厂的运行结果并估算所需的投资费用。

（3）现在流程的优化和升级。根据现在流程考查获得的数据进行物料平衡数据协调，利用协调后的数据通过逆向模拟法进行生产流程模型参数标定，再用正向模拟法计算各种可能的方案及工艺条件下流程的运行结果，并可进行技术、经济和环境影响指标的比较分析。

采用浮选过程模拟软件进行浮选设备选型及浮选回路的模拟计算，不但可以预测浮选回路的选别指标，还可以反过来论证浮选设备选型的合理性，并可以指导选矿厂生产浮选工艺流程的优化。然而，需要特别注意的是，在运用此类软件时，一定要注意比较分析预测结果与实际生产情况的对比，模拟过程中个别参数的设置具有一定的"盲目"性，不可预先设定好目标，脱离一般的实际生产情况，拼凑各个参数设定值而达到某种目的，这样的模拟计算显然就失去了本来的意义。只有软件应用者凭借丰富的专业知识积累、各参数物理意义的深刻认识、合理的试验方法和数据分析的严谨性，才能获得较好的模拟计算结果。

5.1.4   浮选柱配置方式的选择

近十年来，国内的矿山工程实践中采用浮选柱流程配置的特点鲜明，主要有浮选柱浮选机联合配置和全浮选柱流程。

5.1.4.1   浮选柱浮选机联合配置流程

我国在辉钼矿的选别上采用浮选机浮选柱联合配置的案例最多，其次是在硫化铜矿和金矿的选矿中的应用。下文介绍实践中使用较多的三种联合配置流程。

（1）一段粗磨进入粗选，粗选精矿再磨后进入浮选柱进行精选，精选尾矿进行精扫作业，其精矿顺序返回，底流直接抛掉。粗选扫选采用浮选机，精选采用浮选柱，精扫选采用浮选机。形成两段磨矿，精扫选和扫选双开路的技术特点。其流程如图 5-6 所示。

该选矿流程在辉钼矿选别使用，一般情况下，粗选段磨矿细度-0.075mm（-200 目）约占 65%，为了提高产量粗选段可以适当放粗到 55%，由于采用浮选机对矿石性质变化的适应能力强，保证了粗扫段的回收率。精矿再磨后-0.044mm（-325 目）约占 90%，给入精选，精选段采用浮选柱，有利于提高精矿品位，该配置较好地利用了浮选机和浮选柱各自的优点，有效地保证了技术经济指标的实现。具体流程如图5-6所示。但对于黄铁矿、黄铜矿或者高岭土含量较多的矿石性质，精扫尾矿矿石粒度较细，-0.044mm（-325目）占90%以上，精扫选后的底流由于有脉石抑制剂水玻璃的分散作用，使精扫尾矿浆表现为"均质体"，且矿粒表面污染严重，难以进行分选。如该尾矿直接返回粗选，一方面细泥污染了粗选的选矿环境，另一方面促进了黄铁矿或者黄铜矿在流程中的不断累积，增重了整个流程的负荷。在这种情况下，需要在精选段开路及时排出精扫选的底流，才能有效地保证技术经济指标。

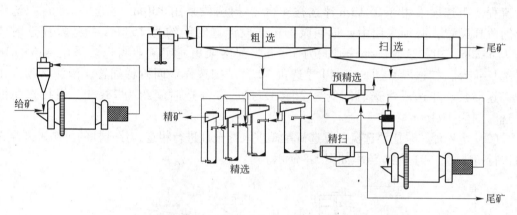

图5-6 精选浮选柱—粗扫选采用浮选机—精选段开路流程

河北丰宁鑫源钼业采用该流程，粗选段采用6台XCF/KYF-50浮选机，扫选段采用6台XCF/KYF-50浮选机，精选段采用浮选柱，精扫选采用浮选机。基本采用阶段磨矿双开路流程。粗扫选作业间水平配置，免去中矿返回泵。粗扫选浮选时间约为42min。

（2）一段粗磨进入粗选，粗选精矿再磨后进入浮选柱进行精选，精选尾矿进行精扫作业，其精矿顺序返回，底流直接抛掉。粗选采用浮选柱，扫选采用浮选机，精选采用浮选柱，精扫选采用浮选机。形成两段磨矿，精选闭路的技术特点。其流程如图5-7所示。粗扫选作业采用浮选机，精选作业配置浮选柱，精扫选采用浮选机流程。

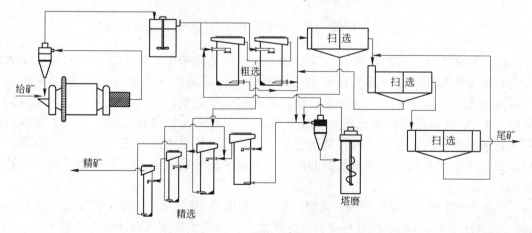

图5-7 粗选、精选采用浮选柱流程，扫选采用浮选机流程

　　该选矿流程粗选采用浮选柱，设计初衷可以把粗选段易浮的目的矿物优先选出，再磨后直接给入精选段，强化了高品位精矿的实现；扫选段采用浮选机来保证系统回收率的提高。由于采用浮选柱，必须保证粗选段磨矿细度和浮选柱前置搅拌槽高效调浆。进入扫选段浮选机的矿浆，由于和药剂长时间的作用，矿物的解离面钝化，不能保证粗颗粒和连生体的有效回收。为了提高回收率需要成倍地增加扫选段浮选时间，增加过多的能耗，并没有利用浮选柱达到节省能耗的目的。另外，该流程不能克服某些黄铁矿、黄铜矿或者高岭土含量较多的矿石性质，无法避免精扫选底流对粗选的污染。

　　河南栾川钼业万吨选厂采用该流程，干矿处理能力 10000t/d，采用第二种设备配置流程。粗选段采用 4.0×12m 浮选柱 4 台，扫选段采用 130m³ 浮选机，8 台扫选作业间阶梯配置，必须采用中矿返回泵。粗选段浮选时间约为 26min，扫选段浮选时间约为 64min，粗扫选总的浮选时间为 88min。河南栾川龙宇矿业粗选段采用 4.0×12m 浮选柱 4 台，扫选段采用 KYF-40 浮选机 32 台。扫选作业间阶梯配置，泡沫必须采用中矿返回泵。粗选段浮选时间约为 26min，扫选段浮选时间约为 78min，粗扫选总的浮选时间为 104min。

　　(3) 优先浮选采用浮选机，浮选机尾矿进入浮选柱进行粗选，浮选柱的尾矿进入浮选机进行扫选，直接抛尾，流程如图 5-8 所示。

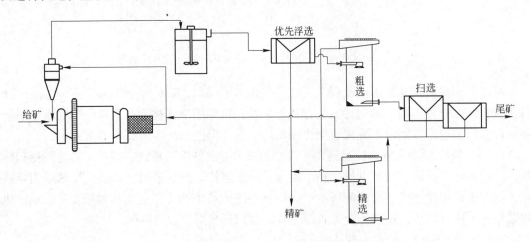

图5-8　优先浮选采用浮选机，粗选采用浮选柱，扫选采用浮选机流程

　　该流程优先浮选采用浮选机，气泡沫产品作为最终精矿，优先浮选柱的尾矿进入浮选柱作为粗选作业，浮选柱尾矿采用浮选机进行两次扫选作业，浮选柱的精矿进入浮选柱进行精选作业，精选作业的精矿和优选作业的精矿作为最终精矿。具体流程见图 5-3。该流程采用浮选机进行优先浮选，其底流进入浮选柱选别，克服了粗砂对浮选柱的影响，使浮选柱的操作趋于稳定。由于浮选柱采用混流充气浮选柱，该条件可以强化浮选机未捕收的细粒矿物的回收。该流程较好的利用了浮选柱和浮选机优势性能。

　　三山岛金矿新立选矿厂采用该流程，干矿处理能力 8000t/d。优先浮选采用 1 台 KYF-160，粗选段采用 5.0×8m 浮选柱 3 台，并联配置，扫选段采用 KYF-160 浮选机 4 台，作业间阶梯配置，必须采用中矿返回泵。精选采用直径 4m×7m 两台。粗选扫段浮选时间约为 35min，扫选段浮选时间约为 35min，粗扫选总的浮选时间为 70min。

5.1.4.2 全浮选柱配置流程

粗选、扫选和精选作业全部选用浮选柱，一般全流程配置形式如图 5-9 所示。浮选柱有并联配置和串联配置两种形式，并联配置需要前置给矿分配器，其配置方式如图 5-10 所示。

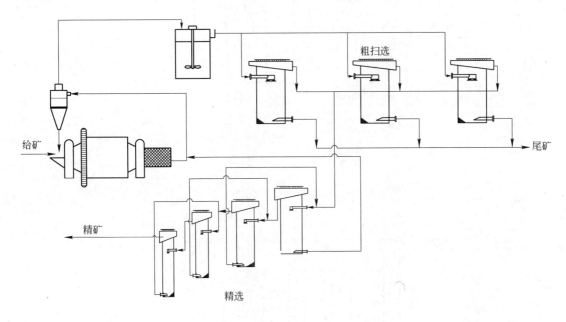

图 5-9 全浮选柱流程

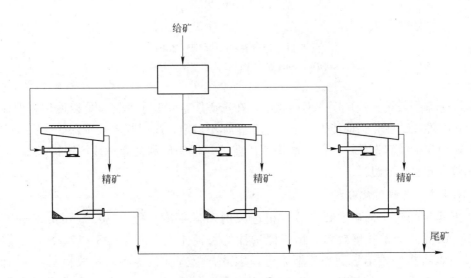

图 5-10 浮选柱并联配置方式

串联配置有阶梯配置和水平配置两种。如果采取顺序返回流程，阶梯配置的浮选柱的泡沫可采用自流方式，底流中矿需采用泵返回。水平配置的泡沫和底流都需要泵返回。其具体形式如图 5-11 所示。

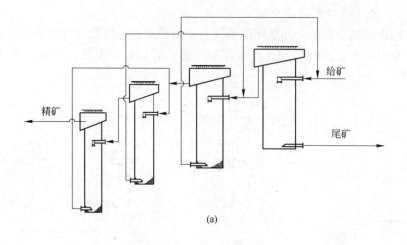

(a)

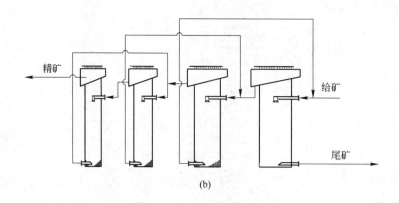

(b)

图 5-11　浮选柱的串联配置方式
（a）阶梯配置方式；（b）水平配置方式

　　该浮选流程较短，选矿厂占地面积小，在选矿厂空间较小的地方可以使用。但该选矿系统对矿石性质的变化适应能力不强，选矿指标不稳定，高回收率较难保证。在国内的广西中金岭南矿业铅锌选矿、江西金鼎钨钼矿业公司钨钼矿和湖南黄沙坪铅锌矿都有应用，其使用效果还有待改进。

5.1.4.3　流程对比分析

　　从近几年的钼矿选矿实践来看，粗选段的磨矿细度一般在 -0.075mm（-200 目）占 50%~65%。磨矿粒度较粗。由于浮选柱的长径比大，高度在 8~12m，仅依靠气泡的输送很难将粗颗粒运送到溢流堰附近。因此，浮选柱只能将粗选段极易选别出来的钼颗粒选出，大部分的目的矿物从尾矿流失进入扫选段。这就大大降低了粗选段的回收率。而浮选机由于有有力的搅拌产生向上的输送力，可以较好地满足全粒级回收的条件。

　　粗选段采用浮选柱无形中增大了扫选作业的长度，如果在粗选段采用浮选柱，回收率较低。为了增大整个选厂的回收率，势必要大大延长扫选浮选机的长度，使扫选浮选机的台数成倍增加，造成了不必要的能量消耗。粗颗粒的存在对充气器和尾矿控制阀门的磨损力度大，大大简短了浮选柱核心部件的使用寿命，增大了维护的难度和备件成本。由于浮选柱是柱形设备，长时间出现事故必须将浮选柱内的矿浆排除干净，造成了浪费；而浮选机可以完全做到满槽的矿浆启动，减少了浪费，减轻了重新开车的劳动强度。

浮选机和浮选柱设备在多种矿物选别上的应用，积累了较多的实践经验，有力促进了浮选机-浮选柱联合配置浮选技术的进步。机柱联合配置技术一方面在提高精矿品位、节能减排、降低药剂消耗、减少设备维护成本上具有较大的竞争优势；但是另一方面现有浮选柱自身的技术特点存在较大的技术风险。在精选作业采用浮选柱由于粒度较细，浓度较低，有利于提高精矿品质；但在粗扫选作业采用浮选柱必须慎重，应充分了解矿物学特点，系统分析采用浮选柱给磨矿、分级、调浆和其他方面带来的限制条件。

5.1.5 配套设备

KYZB、CCF、CPT-Slamjet、KYZE 和 CPT-Cav 型浮选柱都是外加充气形式，需要配置空压机。下文主要介绍空压机气量的计算和风压的计算。

5.1.5.1 气量确定

浮选柱的风压应保持稳定，设计中应尽量采用独立风源，如必须与其他风源共用时，应采取稳压措施。表观充气速率在 $J_g = 0.2 \sim 1.5 \ \text{m/min}$ 之间调节，充气量多少要根据矿山矿石性质和选别工艺来定，充气量确定后再根据浮选柱捕收区横截面积确定总风量。

$$Q = K_0 n S J_g \tag{5-18}$$

式中　Q——空压机所需风量；

　　　K_0——富余系数，一般取 $1.1 \sim 1.3$；

　　　n——工艺流程中浮选机总台数；

　　　S——浮选柱的横截面积，m^2；

　　　J_g——工艺所需最大充气速率，m/min。

5.1.5.2 风压确定

空压机风压大小取决于浮选柱类型。KYZB、CCF、CPT-Slamjet 等浮选柱的供气压力在 $0.45 \sim 0.6 \text{MPa}$。KYZE 和 CPT-Cav 型浮选柱供气压力在 $0.25 \sim 0.35 \text{MPa}$。

5.1.5.3 空压机的配置

由于浮选柱需要的气源需要含水量、含油量和含尘量尽量小。一般需要配置储气罐，二级过滤器，如有条件还需配置冷干机，如图 5-12 所示。

备用空压机数量可按 $33\% \sim 100\%$ 的备用率计算，或者按所需空压机台数进行设置，小于等于 3 台时，应设 1 台备用空压机，大于等于 4 台时，应设 2 台备用空压机。

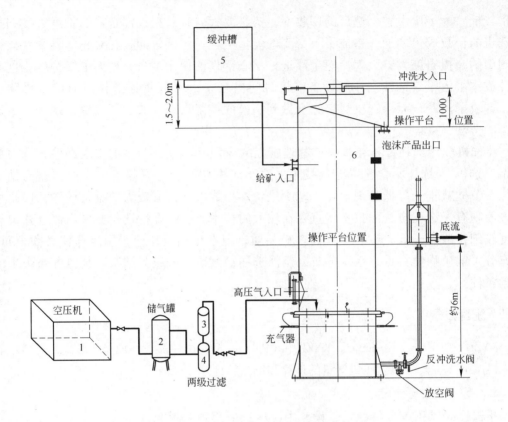

图 5-12 浮选柱空压机的配套装置

5.2 浮选柱的放大

浮选柱种类很多，放大方法不尽相同，本文以典型的空气直接喷射式浮选柱为例介绍放大方法。该型浮选柱组成如图 5-13 所示，主要由给矿系统、捕收区、泡沫收集区、气泡发生与弥散、淋洗水系统和尾矿排放系统等构成。依据浮选柱的不同组成单元，本节介绍浮选柱的放大方法和技术，主要包括浮选柱高径比的选择、浮选柱捕收区的放大、泡沫收集区域的放大、气泡发生与弥散系统的放大、给矿器的放大、淋洗水系统的放大、尾矿排放系统的放大等六个方面。

5.2.1 浮选柱高径比的选择

浮选柱高径比的选择是一个十分复杂的问题，高径比对矿物浮选时间、气泡的大小与分布、柱内流体动力学特性等设备性能有重要影响，并且对该作业的经济指标产生重要影响。其中矿物所需浮选时间对浮选柱的高径比起着决定性的作用，停留时间可以通过浮选柱直径和高度的不同组合来实现。因此，浮选柱的高度和直径与矿浆的停留时间关系密切。在硫化矿浮选时，计算公式如下：

$$H_{fc} = \frac{v_t}{15\pi(1 - \rho_{col}/\rho_{sl})}d_{fc}^{-2}t + H_{spa} + H_f \tag{5-19}$$

式中　t——停留时间，min；

$\quad\quad d_{fc}$——设备直径，m；

$\quad\quad H_{fc}$——浮选柱总高度，m；

$\quad\quad H_{spa}$——气泡发生器的安装高度，m；

$\quad\quad H_f$——气液界面高度，m；

$\quad\quad \rho_{col}$——捕收区矿浆密度，t/m³；

$\quad\quad \rho_{sl}$——精矿密度，t/m³；

$\quad\quad v_t$——矿浆的下行流量，m³/min。

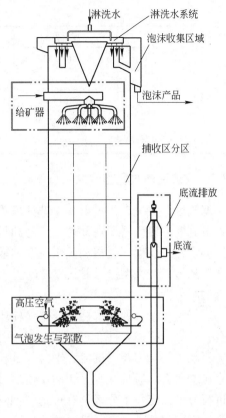

图 5-13　典型的空气直接喷射式
浮选柱系统组成示意图

对于给定的矿浆流量，可以通过调整浮选柱的尺寸、充气量大小和矿浆密度得到必要的滞留时间。如果给矿量恒定，柱体直径 d_c 决定了液相截面流速。液相流速增大使得相应的浮选时间缩短。另一方面，如果浮选柱高度恒定，给矿速度增大会降低设备内泡沫的上升速度并使矿浆内气泡滞留时间和泡沫的负荷变大。因此，应根据矿物特性、浮选时间、矿物颗粒的粒度组成、柱内流体动力学特性等参数确定浮选柱高度。工业实践中最大直径的浮选柱已达 6m，高度为 14m。16~18m 更大的高度也在不少的矿山得到应用。典型浮选柱的高径比见表 5-5。

表 5-5　典型浮选柱的高径比

研究单位	规　格	直径 d_c/m	高度 h_c/m	高径比 i
北京矿冶研究总院	KYZB-0612	0.6	12	20.0
	KYZB-1012	1.0	12	12.0
	KYZB-1512	1.5	12	8.0
	KYZB-2012	2.0	12	6.0
	KYZB-3012	3.0	12	4.0
	KYZB-4012	4.0	12	3.0
	KYZB-4512	4.5	12	2.7
长沙有色冶金设计研究	CCF-0412	0.4	12	30.0
	CCF-1012	1.0	12	12.0
	CCF-2012	2.0	12	6.0
	CCF-3010	3.0	10	3.3
	CCF-4010	4.0	10	2.5
	CCF-4510	4.5	10	2.2

研究单位	规　格	直径 d_c/m	高度 h_c/m	高径比 i
中国矿业大学	FCSMC-1000	1.0	7~8	7.0~8.0
	FCSMC-2000	2.0	7~8	3.5~4.0
	FCSMC-3000	3.0	7~8	2.3~2.7
	FCSMC-4000	4.0	6~8	1.5~2.0
	FCSMC-4500	4.5	6~8	1.3~1.8

5.2.2　浮选柱捕收区的放大

捕收区是空气直接喷射式浮选柱最关键的浮选动力学区域，一般定义为浮选柱的给矿口以下到气泡发生器所在部位。气泡和目的矿物颗粒的碰撞和黏附主要发生在该区域。捕收区的设计需要保证气泡和矿浆完全弥散均匀，矿浆的近柱塞流状态，避免回旋流。小型浮选柱的流态与大型浮选柱的流态差别较大，如图 5-14 所示。在大型化的过程需要保证流态的相似性。

对于直径较小的浮选柱，浮选柱柱体内的矿浆向下运动的状态呈近似的柱塞流，被认为具有较好的选矿条件。对于直径较大的浮选柱，由于在浮选柱的截面内存在矿浆密度的分布不均匀，会出现回旋流，干扰了选矿的正常进行。为了避免柱体内部回旋流的出现，北京矿冶研究总院应用基于 "小浮选柱元" 的截面积基本等效的理论[7~9]，对大型浮选柱进行分区，使每个分区具有较为 "独立" 的小浮选柱的分选特性，从而达到整个大浮选柱高效选别的基础。直径较大的浮选柱的柱体分成多个单独作用的区域，避免回旋流的出现，有利于产生稳定的分选环境。一般直径为 3m 以上的浮选柱开始进行分区，例如直径 5m 的浮选柱分为 9 个独立的分区，如图 5-15 所示。

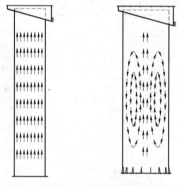

图 5-14　浮选柱的内部流态简图

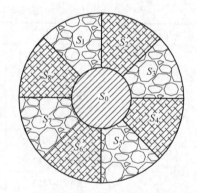

图 5-15　5m 直径浮选柱的内部分区形式

以 5m 直径的浮选柱为例的，内部分区计算过程如下：

浮选柱截面积：$S = 19.625 \text{m}^2$；

分为 9 个区：S_0，S_1，S_2，S_3，S_4，S_5，S_6，S_7，S_8；

按等面积原则：单元面积为 2.2m^2；

中心区域 S_0 为圆形，直径为 1.67m，其他区域按均分原则进行。

5.2.3 泡沫收集区域的放大

泡沫收集区设计的好坏直接关系到目的矿物回收效果的好坏。一般认为泡沫收集区溢流堰越长，泡沫水平移动的距离愈短，愈有利于泡沫产品的回收。相对于小型浮选柱，大型浮选柱的泡沫表面积较大、泡沫的输送距离长，导致输送过程中黏附在泡沫上的颗粒脱落。大型浮选柱设计时要考虑快速刮泡和泡沫分布的均匀性，缩短泡沫的驻留时间。此外，局部泡沫停滞也是设计过程要考虑到的一个问题，如果中部泡沫停滞，靠近泡沫槽边缘的泡沫就易于流动，并且溢流出去的泡沫都是新生的白色泡沫，没有经过二次富集，因此降低了目的矿物的工艺指标。泡沫的及时回收与否，直接关系到浮选目的矿物的工艺经济指标。

泡沫收集区的设计包括泡沫槽形式、数量、尺寸、泡沫槽的配置方式和推泡装置等。工业浮选柱的泡沫槽及其分布一般有以下三种基本形式，如图 5-16 所示。

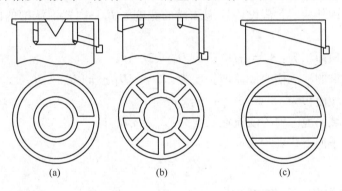

图 5-16 工业浮选柱的泡沫槽及其分布

(a) 环形泡沫槽形式；(b) 内置径向泡沫槽和环形泡沫槽联合形式；(c) 内置平行泡沫槽和外置环形泡沫槽形式

虽然存在多种泡沫槽形式，但其放大的原则基本相同。以环形泡沫槽形式为例，2009年北京矿冶研究总院根据多年浮选柱设计和实践经验[7~9]，提出了基于泡沫产率溢流堰载荷相等的泡沫回收放大原则，避免了泡沫局部停滞，缩短了泡沫的驻留时间，保证了大型浮选柱泡沫的及时回收。需要考虑到泡沫输送距离和泡沫水平方向的流动速度，以及泡沫整体的均匀运动。

考虑到颗粒在泡沫相中在垂直和水平方向上都有速度，所以泡沫驻留时间 t 为：

$$t(r) = \frac{H_f \varepsilon_f}{J_g} + \frac{2h_f \varepsilon_f}{J_g} \ln\left(\frac{2l}{d_c}\right) \tag{5-20}$$

式中 H_f——泡沫层厚度（气液界面到溢流口的距离），m；

h_f——溢流口到泡沫顶部的距离，m；

J_g——泡沫相的表面气体速率，m/min；

d_c——浮选柱直径，m；

l——矿化气泡进入泡沫相的位置，m；

ε_f——泡沫相中的气体保有量。

从式（5-20）可以看出，泡沫驻留时间与浮选设备的操作条件（泡沫层厚度和泡沫相的表面气体速率)、泡沫运动的距离（浮选柱半径）以及矿化气泡进入泡沫相中的位置有关。提高泡沫层高度和增加泡沫中的气体保有量会增加泡沫驻留时间，增加泡沫相的表面气体速率会降低泡沫驻留时间，离溢流堰越远，也就是矿化气泡进入泡沫相的位置越大，因此远离泡沫槽的泡沫驻留时间就越大，因此在浮选柱设计中要充分考虑这些条件，采取适当的方法降低泡沫驻留时间。

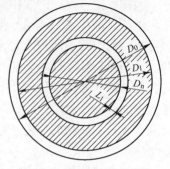

溢流堰载荷的大小与泡沫产率的关系很大，大型浮选柱为了加快泡沫的出流，一般设计多层的内外置环形泡沫槽。设计泡沫槽的大小首先要假定单位面积泡沫产率的完全相等。因此，大型浮选柱泡沫的槽设计是以泡沫产率和溢流载荷相等为原则的。以工程实践中使用较多的环形泡沫槽形式为例，如图 5-17 所示。

图 5-17 泡沫区域示意图

泡沫区域为内外两层，假设内置泡沫槽的宽度为 L_1，内置泡沫槽的内径为 D_n，浮选柱的直径 D_1。

外圈泡沫区域面积为：$S_1 = \pi D_1^2 - \pi (D_n + 2L_1)^2$；

外圈泡沫区域的泡沫槽的溢流堰长度为：$L_1 = \pi D_1 + \pi (D_n + 2L_1)$；

内圈泡沫区域面积为：$S_n = \pi D_n^2$；

内圈泡沫区域的泡沫槽的溢流堰长度为：$L_n = \pi D_n$；

该原则可以采用下式表示为：

$$L_1 / S_1 = L_n / S_n$$

5.2.4 气泡发生与弥散系统的放大

气泡的发生和弥散系统是浮选柱最为重要的技术，包括气泡发生器、空气分散板和多个气泡发生器组配等多个方面。常规的空气直接喷射式浮选柱没有搅拌系统，依靠气泡和目的矿物颗粒的逆流碰撞，达到矿化的目的。气泡的发生、大小和弥散均匀度决定碰撞黏附概率的大小，最终影响浮选柱的回收指标。气泡发生器作为气泡的发生装置是浮选柱的"心脏"，在第 4 章已经详细进行了描述。现行的气泡发生器的组配技术主要有以下三种：

（1）等径周边均匀布置形式。该型是最为传统、使用数量最多的一种。布置较为简单，所有的气泡发生器安装在浮选柱靠近底部的同一个截面上。其分布样式如图 5-18 （a）所示。优点是随着浮选柱直径的变大气泡发生与弥散系统放大较为容易，浮选柱柱体结构简单，浮选柱气泡发生器维护方便；缺点是气泡发生器长短不一，需要交错分布。

（2）阶梯周边均匀布置形式。该型的分布方式需要浮选柱的底部呈渐缩型阶梯状设计，气泡发生器成双层或者多层布置，每层的气泡发生器均匀布置，其长度可以保持恒定。不足之处是浮选柱采用支腿支撑，底部的强度需要详细计算，柱体加工的复杂程度大。其分布样式如图 5-18 （b）所示。

（3）锥底竖直均匀布置形式。该型的分布方式需要浮选柱的底部成大锥底结构。气泡发生器在锥底均匀环状布置，其长度可以保持恒定。不足之处是浮选柱采用大锥底结构，底部充气器的更换较为困难，柱体底部加工的复杂程度也大。其分布样式如图 5-18 （c）所示。

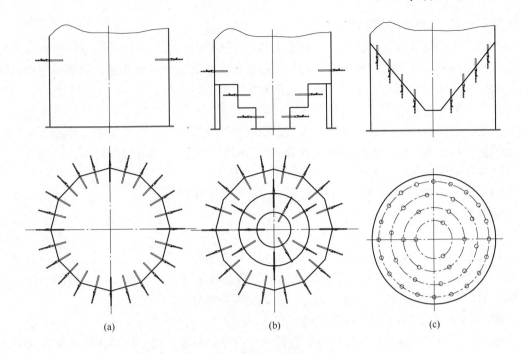

图 5-18　气泡发生器的分布形式

（a）等径周边均匀布置形式；（b）阶梯周边均匀布置形式；（c）锥底竖直均匀布置形式

本文选取使用最多的第一种方案详细介绍了气泡发生与弥散系统随浮选柱直径增大而采用的放大方法。主要包括两部分：①气泡发生器的放大技术；②气泡发生器空间分布。

5.2.4.1　气泡发生器的放大

气泡发生器的工作原理是高压气体从喷嘴的喉径内高速冲出，经过矿浆的剪切作用，形成大量的小直径气泡，如图 5-19 所示。

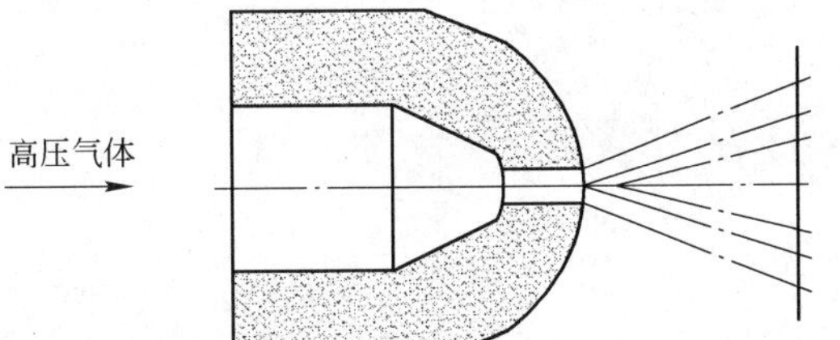

气泡发生器的喷嘴出流可以简化为图 5-24 所示模型结构。

由式（4-7）可以看出，通常情况下，在工作压力不变的情况下，每个气泡发生器的发生气量 Q_m 的大小与其喷嘴的大小存在直接的关系。

知道了单个气泡发生器的空气出流量，以浮选柱选别硫化矿为例，通常情况下浮

图 5-19　气泡发生器的喷嘴空气出流示意图

选柱直径变大，浮选柱所需要的充气量会随着相应变大。我们可以根据浮选柱的直径试算气泡发生器的个数 n_0。已知：

硫化矿的表观充气速率：$J_g = 1.0 \sim 1.2 \text{m/min}$；

浮选柱的直径 D；

浮选柱截面积：$S_c = \pi(D/4)^2$；

总需气量：$Q_g = S_c \times J_g$；

气泡发生器布置数量：$n_0 = Q_g/Q_m$。

5.2.4.2 气泡发生器的组配技术

气泡发生器喷嘴直径、数量、气泡发生器在浮选柱内插入的长短及其空间位置分布构建成气泡多维的弥散系统。为了达到均匀、稳定和高效的气泡分散性能，弥散系统应该随着浮选柱空间结构的变化而变化，其中气泡发生器的空间分布组配是决定因素之一。虽然计算出了气泡发生器的数量，但是不能直接拿来使用，而是需要考虑每个气泡发生器的喷出气流的分散面积，是否能把浮选柱的截面积较快地分散均匀，以最大限度增加浮选柱的有效捕收区高度为目标。因此必须弄清楚每种喷嘴的气泡出流的喷射面积 S_s。

喷嘴气泡出流的喷射面积 S_s 示意图如图5-20所示。

（1）需要分两种情况计算：L 的长度与浮选柱的半径接近。

该条件下：

$$S_s = B \times L$$

计算出

$$i = (n_0 \times S)/S_c$$

如果 i 值愈接近1，我们认为气泡发生器的数量愈接近最优值。再结合浮选柱的结构尺寸微调数量，确定最后的数量。确定数量一般按圆周均匀分布。

（2）L 的长度远小于浮选柱的半径。

该条件下如果所有的气泡发生器长度插入浮选柱的长度一致，很难将浮选柱截面分布均匀。就需要在喷嘴大小不变的情况下改变其长度，形成交错分布的形式。同样长度气泡发生器的计算和条件（1）所示公式一样。最后分布形式如图5-21所示。

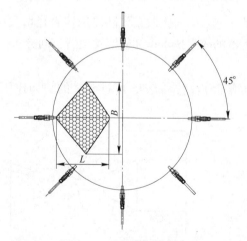

图5-20 喷射范围示意图

（图中参数 B 和参数 L 分别表示菱形喷射范围的宽度和长度）

图5-21 气泡发生器的长短分布形式

5.2.5 给矿器的放大

给矿系统的作用是将给入浮选柱的矿浆均匀地给入浮选柱的截面上。给矿器的设计既要保证给入柱体内的矿浆在浮选柱的截面内均匀分布，又要保证给入速度不能太大，避免破坏泡沫层的稳定状态和正处于上升状态的矿粒-气泡的集合体。

纵观浮选柱发展历史，给矿器的结构有很多种，其中代表性的有以下三种：

（1）上部总分式爪形给矿器，如图5-22所示，矿浆从浮选柱侧面给入到总给矿管，然后从下方均布的多个分矿管流出。分矿管的出口根据矿物的性质可以朝上或者朝下。总给矿管的安装位置应低于泡沫与矿浆的分界面高度。

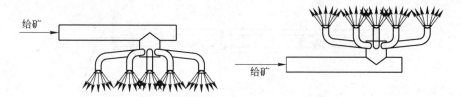

图 5-22　上部总分式爪形给矿器结构示意图

（2）顶部总分式爪形给矿器。矿浆从浮选柱顶部给入到缓冲箱，竖直向下然后从下方均布的多个分矿管流出，分矿管出口位置应低于泡沫与矿浆的分界面高度，如图 5-23 所示。

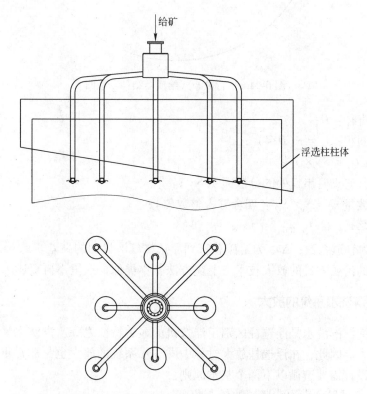

图 5-23　顶部总分式爪形给矿器结构示意图

（3）平行分布式给矿器。该型给矿器使用时需要预置矿浆分配器，有三个或者多个给矿管入口。每个给矿管根据分布面积设计有数量不等的给矿出口，给矿出口向上，如图 5-24所示。

本小节以使用较多的顶部总分式爪形给矿器为例介绍了硫化矿选别条件下给矿器的放大技术。已知：

给矿的矿浆量：Q_s；

硫化矿表观给矿速率：$J_s = 0.3 \sim 0.6 \text{m/min}$；

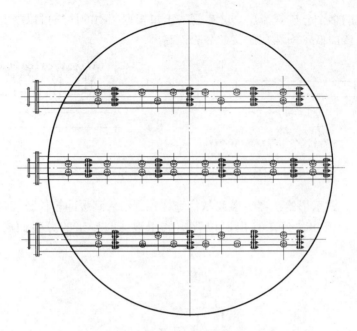

图 5-24 平行分布式给矿器结构示意图

浮选柱的直径：D；

浮选柱截面积：$S_c = \pi(D/4)^2$；

总给矿量：$Q_s = S_c \times J_s$；

假定每个分矿支管出口处的分散面积 S_{Q_n}；

分矿支管数量 $n_s = S_c / S_{Q_n}$（四舍五入整数值）；

分矿管管径：$d_s = Q_s / \pi n_s \delta_s (20 \times \Delta h_s)^{0.5}$。

式中，δ_s 为管道系数；Δh_s 为给矿总管到浮选柱气液界面的高差。

其他类型的给矿方式的放大技术与上述方法基本类似，这里不再赘述。

5.2.6 浮选柱淋洗水系统的放大

浮选柱的泡沫淋洗水是浮选柱区别于浮选机的显著特征之一。淋洗水量与浮选柱的选矿指标关系较大。因此，在浮选柱放大过程中淋洗水系统的放大也是非常重要的。浮选柱淋洗水系统的设计需要遵循以下两个基本原则：

（1）淋洗水尽量撒满泡沫区域的任一角落；

（2）淋洗水接触泡沫的速度尽量最小。

在介绍放大技术之前首要先要了解一下浮选柱淋洗水的三种形式：

（1）多孔槽式。该形式的槽体直径接近浮选柱直径，槽体的底部设计 3~5mm 小孔，由水槽内的液位高低调节淋洗水的下落速度。如图 5-25（a）所示。

（2）多层环形管形式。根据浮选柱直径大小的不同，有两层环形管或者更多的环形管。环形管底部设计 3~5mm 的小孔，环形管的总给水管必须设计泄压通道，避免淋洗水出流速度太大。如图 5-25（b）所示。

（3）总分管形式。根据浮选柱直径大小的不同，由纵横布置的一个直管或者更多的直管构成。分直管底部设计 3~5mm 的小孔，该形式总给水管必须设计泄压通道，避免淋洗水出流速度太大。如图 5-25（c）所示。

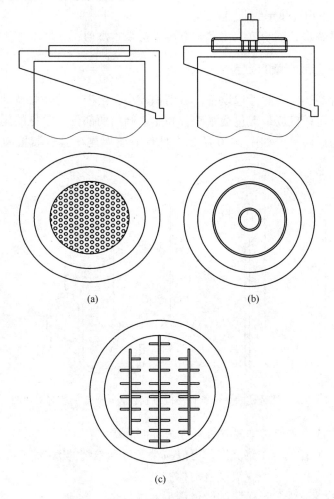

(a)　　　　　　　　　　(b)

(c)

图 5-25　浮选柱淋洗水的三种形式

（a）多孔槽式淋洗水系统；（b）多层环形管式淋洗水系统；（c）总分管式淋洗水系统

本小节以使用较多的多孔槽式淋洗水系统为例介绍硫化矿选别条件下冲洗水系统的放大技术。

以硫化矿为例计算过程如下：

已知：

淋洗水量：Q_w；

表观冲洗水速率：$J_w = 1.20 \sim 1.80 \text{m/min}$；

浮选柱的直径：D；

浮选柱截面积：$S_c = \pi (D/4)^2$；

总淋洗水量：$Q_w = S_c \times J_w$；

水槽直径：$D_w = \partial_w D$；∂_w 为直径系数，由经验决定；

假定槽底开孔直径：$d_{w0} = 5 \text{mm}$；

通过孔的流速：$V_{w0} = (20 \times \delta_w \Delta h_w)^{0.5}$；

式中，δ_w 为管道系数；Δh_w 为水槽中的设计液位高度；

开孔数量：$n_w = 4Q_w/(\pi d_{w0}^2 V_{w_0})$。

其他类型的淋洗水系统的放大技术与上述方法基本类似，这里不再赘述。

5.2.7 浮选柱尾矿排放装置的放大

浮选柱是一种高径比大的浮选设备，截面积较小，给矿量的轻微波动容易导致浮选柱液位的较大波动。尾矿排放装置包括尾矿管和尾矿阀门两部分。常见的尾矿排放装置有低位胶管阀和高位锥阀两种，如图 5-26 所示。低位胶管阀尾矿排放装置随矿浆量变大直径变大即可。

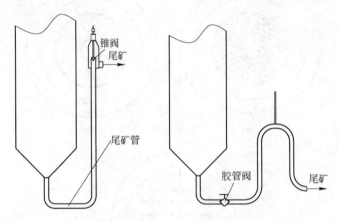

图 5-26　浮选柱的高位锥阀与低位胶管阀尾矿排放装置对比图

高位锥阀相比低位胶管阀排放方式有三个方面的优点：

（1）降低了底流管道的矿浆流速，可以减少管道和锥阀的磨损；

（2）易实现线性控制，减少液位自动控制的偏差；

（3）节省了后续流程泵送矿浆的能量消耗。

高位设置的尾矿出口与浮选柱溢流堰的高差在 3~5m，尾矿管呈半 U 形向上提升，需要较长的尾矿竖直管道，因而高位锥阀放大需要考虑矿浆中的粒度分布，矿浆最低流速需要大于底流矿浆中最大颗粒的沉降速度。

尾矿排放装置作为液位控制的阀门机构，其大小随通过浮选柱尾矿矿浆量和矿浆中粒度分布而不同。因此放大过程主要是尾矿管直径的确定和阀门尺寸的确定。

（1）尾矿管直径的确定。放大的原则有两个方面：一是尾矿管中的流速不能太大，否则磨损过于严重；二是尾矿管中的流速应该足以克服尾矿矿浆中颗粒的最大沉降速度，否则尾矿容易堵塞。

放大过程如下：

已知：通过尾矿管的矿浆量：Q_t；

矿浆最大颗粒的沉降速度：v_d；

尾矿管中矿浆流克服最大沉降颗粒最小流速：v_{dmin}；

由尾矿管设计使用寿命确定最大流速：v_{dmax}；

尾矿管合适的矿浆流速：$v_t = \alpha_1 v_{dmin} + \alpha_2 v_{dmax}$；

式中，α_1、α_2 与矿浆浓度、粒度和颗粒硬度有关，一般两者之和小于 1。

尾矿管管径：$d_t = 2(Q_t / \pi v_t)^{0.5}$

（2）锥阀直径的确定。

已知：通过尾矿管的矿浆量：Q_t；

尾矿管管径：d_t；

设定锥阀的开度为：∂；

阀门直径：$d_{ft} = \sqrt{4Q_t / \pi \partial \delta_t \sqrt{2g \Delta h_t}}$；

式中，δ_t 为重能损失系数，小于 1；g 为重力加速度；Δh_t 为阀门出口到浮选液位的距离。

上述的放大方法仅对硫化矿使用的空气直射式浮选柱而言，其他矿物所用浮选柱的放大过程可借鉴上述方法进行。其他类型的浮选柱由于工作原理和核心部件的差异较大，不能按照上述方法进行放大。

参 考 文 献

［1］沈政昌，史帅星，卢世杰，等．浮选设备的发展［J］．有色设备，2004（11）．

［2］G. H. 勒特雷尔，M. J. 曼科萨，R. H. 尤恩．浮选柱浮选的设计及按比例扩大的依据［J］．国外金属矿山，1994（11）：48-55，65．

［3］J. A. Finch. Column Flotation［M］. Oxford：Pergamon Press，1990.

［4］Savassi O N，Alexander D J，Franzidis J P，etc. An empirical model for entrainment in industrial flotation plants［J］. Minerals Engineering，1998，11（3）：243-256.

［5］Rodrigo Grau，Sami Gronstrand，Pentti Sotka，et al. 太钢袁家村铁矿实验室浮选试验研究［R］. 芬兰：Outotec 研究中心，2009，17-18.

［6］HSC Chemistry® 7. 0 User's Guide［EB/OL］. http：//www. Outotec. com/hsc.

［7］北京矿冶研究总院. KYZ-浮选柱研究报告［R］. 2006（11）．

［8］北京矿冶研究总院. 大型细粒浮选柱研究报告［R］. 2012（9）．

［9］北京矿冶研究总院. 微细粒浮选设备关键技术研究报告［R］. 2012（12）．

6 浮选柱过程控制

过程控制是指为满足各选矿厂的生产需求而使用的连续监测和自动控制技术，主要包括生产安全、生产效益、产品质量、环境保护等。过程控制实施的方法主要是以采用合适的控制器、检测仪表以及执行单元为硬件基础，加以设计人员或现场操作人员的参与和配合来实现的[1]。

自动化检测技术可以及时有效地指示出选矿过程各参数的变化，自动控制可以根据反馈回的结果及时准确地调整浮选相关参数，这两项技术的应用不仅提升了选矿指标，而且还降低了能耗，有效改善了劳动条件。根据国内外资料的统计[2]，自动化技术应用在选矿厂后，一般能使设备效率提高 10%~15%，劳动生产效率提高 25%~50%，生产成本降低 3%~5%。

浮选柱生产过程中，液位高度、充气量大小和喷淋水量三个过程参数对于浮选柱的最终精矿品位和回收率有着重要影响。由于浮选柱本身结构的特殊性以及人工调节的滞后性，如果单纯依靠人工手动操作的方式去控制这些参数，不仅会给生产环节带来不确定因素，而且非常容易导致指标波动从而影响经济效益，因此对浮选柱的各个过程参数进行实时检测，并采用科学合理的控制策略进行自动控制是非常有必要的。

6.1 浮选柱液位控制

浮选柱内矿浆液位的稳定，不仅是浮选设备本身、工艺流程正常运行的重要前提，而且可以有效降低安全隐患，更重要的是它对生产指标的提高也有着直接的影响。

浮选柱液位的波动受多方面影响，矿石性质的变化或外部影响条件不稳定都会给液位系统带来扰动。液位的高低直接影响最终产品的品位和回收率，提高矿浆液位，则可以提高回收率，精矿品位就降低；降低矿浆液位，则可提高精矿品位，回收率又会降低，因此保持浮选液位的稳定，是提高浮选作业技术经济指标的一个关键因素。浮选柱液位控制技术就是结合现代化的检测仪表，在周期性和非控制性的扰动量发生作用之前或之后，通过运用及时有效的调节手段来保持矿浆液面高度的稳定。

由于浮选柱的设计形式基本是大高径比的筒体结构，相比相同容积的浮选机，其截面积小，因此相同给矿波动量对于浮选柱液位的干扰程度要比浮选机显著很多。以北京矿冶研究总院 KYZ1010 浮选柱和 KYF-8 浮选机举例，见表 6-1。

表 6-1 浮选机浮选柱液位变化率对比

设备类型	型号	容积 /m³	截面积 S/m²	给矿量 F/m³·h⁻¹	给矿波动量 β	液位变化率 /mm·h⁻¹
浮选柱	KYZ1010	8	0.8	30	1%F	0.104
浮选机	KYF-8	8	4.8			0.017

可以看出，两种浮选设备容积均为 8m^3，相同的 1%波动系数对于浮选柱液位变化率的影响是浮选机的 6 倍，因此浮选柱的结构特点决定了其液位控制更加具有特殊性和挑战性，需要使用非常规的控制策略才可以达到泡沫层稳定控制的目的。

6.1.1 液位控制国内外研究现状

通过对控制策略的研究，选用合适的仪表，并进行合理的设计，从而使液位检测控制系统达到安装调试容易、工人操作简单、仪表可靠性高、矿浆液位控制精度高的控制效果，满足选矿工艺对矿浆液位测量和控制的要求[3]。

针对浮选柱液位这种大滞后、大惯性且难以建立精确数学模型的控制对象，采用模糊与 PID 的双模复合控制，既具有模糊控制特点，又具有 PID 控制精度高的优点，可有效抑制系统滞后带来的影响且鲁棒性强，在参数变化较大或有干扰时仍然能够取得较好的控制效果，实现了浮选柱生产过程的稳定控制[4]。

通过球形浮子-超声波探测器测定浮选柱液位的高度，采用在线自调整参数的模糊控制、PID 控制和充气量控制相结合的控制方法，控制浮选柱液位高度和产品质量，用金属转子流量计检测空气流量，并根据液位变化对充气量实行串级控制，达到提高精矿产品质量稳定的目的[5]。

用分布式电导传感器检测矿浆液位，通过调节尾矿的排放量、辅助调节尾矿箱的排放量和变结构 PID 控制器控制液位高度，同时利用单片机技术，实现了浮选柱生产过程的稳定控制[6]。

R. DEL VILLAR 等在拉瓦尔大学通过在一个高 250cm、直径 5.25cm 的试验用浮选柱上安装一系列电导电极（这些电极位于浮选柱的上部，横跨气液两相），成功测出液位和偏流量大小[7]。

Felipe Nunez 等通过在 10 台扫选浮选柱上使用分层混合模糊控制策略，实现了浮选柱在 80%的情况下均处于稳定的泡沫浮选状态，并且可以有效地提高矿物回收率和精矿品位。分层混合模糊控制策略共分为两个层次，一层用于控制浮选柱的选矿性能，一层用于控制各个浮选柱液位等过程变量的动作情况[8]。

目前，国内外的多个浮选柱生产厂家均研发出了配套的浮选柱液位控制系统。虽然不同厂家的液位控制系统在具体形式和技术细节上略有差别，但基本都是由三个主要单元组成：液位检测单元、执行机构单元以及控制策略单元。下文对北京矿冶研究总院研发的浮选柱液位控制系统进行详细介绍。

6.1.2 液位检测

在柱浮选过程中，由于充气和药剂的影响，槽内会产生大量的气泡。疏水矿粒会黏着在气泡上，被气泡带到矿浆面而积聚成矿化泡沫层，亲水的脉石粒留在矿浆中。这个过程是在固（矿粒）、液（水）、气（气泡）三相界面上进行的，这样就给浮选柱的液位测量带来难度，需要重点解决浮选柱液位测量问题。

国内外对于测量浮选柱液位传感器的选择进行了深入的探索与研究，如压力液位计、电容液位计、浮子式液位计等。近年来，检测浮选柱内液位高度和泡沫层厚度时采用浮子式液位变送器方式较多。

6.1.2.1 浮子式液位计

浮球、连杆、反射盘和测距传感器一起构成了矿浆液位检测的主体部分。通过实践，发现在室内选择激光传感器作为测距传感器较合适，而在室外考虑到光线的干扰多采用超声波传感器。测量原理图如图6-1所示。

LT代表测距传感器，当矿浆面到达溢流堰处时，浮球位于P_1位置，测距传感器和反射盘距离为H_1，此时实际的泡沫层厚度为0mm，当浮球随着液面的降低而下降时，测距传感器检测到的反射盘距离逐渐增大，浮球到达P_2位置时对应的距离是H_2，泡沫层厚度等于H_2-H_1。

6.1.2.2 压力式液位计

压力式液位计作为一种新式检测方式，近些年在国内外得到了较多的应用。相比其他液位计，压力式液位计安装简单，可靠性高，免去了其他液位计支撑架和喷淋清洗装置的安装，节约成本，而且信号输出稳定性强，可以克服激光传感器等偶尔出现的信号激变，可以更为稳定地控制阀门开度。它的不足是浸入在矿浆中的探头易腐蚀，易氧化，长期使用后信号可能会出现零点漂移。

使用单压力传感器进行检测。在矿浆密度较稳定的情况下，检测点的压力与矿浆液位的高度成正比。但是由于试验现场工艺条件限制，稀释高浓度原矿的加水量并不均匀，这样就造成了给矿浓度经常处于变化当中，再加上充气量大小的影响，浮选柱内矿浆的浓度波动较大，想要准确的测量液位的高度，就必须经常性地取样分析，并将每台浮选柱的即时矿浆浓度输入至控制系统中，这样不仅控制效果差，影响指标，而且给操作工造成了较大麻烦。

而使用双压力传感器可以有效解决单压力检测方案所存在的问题。两个压力传感器分别安装在距离溢流堰1500mm处和2000mm处，如图6-2所示，各自将检测到的压强大小转换成4~20mADC标准电流信号，PLC接收到后计算出两者的压强差Δp（p_1-p_2），利用压强计算公式$\Delta p=\rho g\Delta h$计算矿浆密度ρ，其中$\Delta h=500$mm，将计算出的ρ代入至$P_1=\rho gh$当中，得出h后便可计算出泡沫层的厚度为（1500$-h$）mm。测量原理图如图6-2所示。

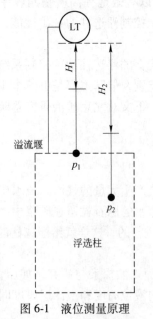

图6-1 液位测量原理

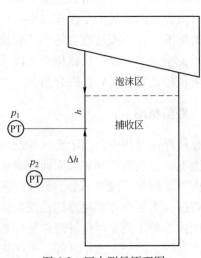

图6-2 压力测量原理图

6.1.3　执行机构

在液位控制系统中,执行机构的性能直接影响着液位控制效果的好坏。当前浮选柱液位控制的阀门执行器大致分为:电动和气动两种类型。气动执行器和电动执行器相比,在以下几方面具有优势性:

(1) 运动速度快,允许短时间内阀门进行频繁的调节,耐用性较电动执行器要强。

(2) 安全性高。由于浮选尾矿锥阀选用橡胶材质,关闭时需要推力挤压其至微度变形才能确保阀门紧闭,而这个过程对于气动执行器这种柔性输出力的设备来讲是安全的,相反电动阀门则有可能在这个过程中产生过载电流,导致跳停等不安全事件的发生。

(3) 气动执行器和电动相比,能耗也较低。

气动执行器的关键部件为阀门定位器,它的控制原理为:它是以压缩空气为动力,接受调节单元或人工给定的 4~20mA 直流电信号或 0.02~1MPa 气信号,转变成与输入信号相对应的直线位移,以调节介质流量。当定位器有输入信号时,定位器输出压力推动活塞及活塞杆做直线运动,活塞杆带动滑板及摆臂运动,反馈到定位器,使定位器关闭输出压力,活塞移动到与输入信号相应的位置。当输入信号增加时,活塞向下移动;反之,向上移动,从而实现对仪表等设备的连续调节。图 6-3 是气动执行器的示意图。

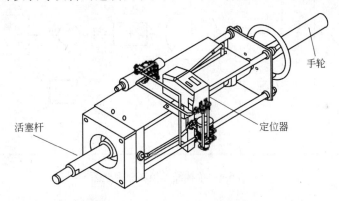

图 6-3　气动执行机构示意图

针对于小型浮选柱来说,一般配置为单锥阀,执行器以单气动控制方式较多;而对于大型浮选柱来说,单位时间内矿浆流通量大很多,所以尾矿阀通常采用一台电动执行器和一台气动执行器联合作用的控制方式。

6.1.4　控制策略

在浮选柱过程控制中,为了保证精矿品位和回收率工艺指标的品质,必须保证浮选柱液位变化不大,并处于一种比较稳定的泡沫厚度区间内,因此浮选柱液位控制是浮选生产中非常重要的一个环节。然而,由于浮选柱高径比大的结构特点,小幅给矿量波动容易引起液位大幅振荡,且变化速率快,传统的 PID 控制器属于滞后性控制,很难满足人们所追求的稳定控制液位的目的,因此必须在通用的控制算法中寻求一种专用于大型浮选柱液位控制的新型控制算法。

针对大型浮选柱的控制难点,可以使用基于单回路多段微动控制算法和多回路动态平衡控制算法的新型液位控制策略，以实现在浮选过程中，根据实际情况调整系统参数，使大型浮选柱在浮选生产过程中保持在最佳状态。

6.1.4.1 单回路多段微动控制

通过总结以往现场经验和对多种算法进行比较研究，最终确立了一种大型浮选柱液位控制算法，即单回路多段微动控制算法。此算法以单神经元控制算法为核心，利用单神经元自学习的功能，以液位变化偏差率作为输入，根据偏差率的大小，对气动执行机构进行多种速度和状态的调整，最终实现对大型浮选柱液位大滞后、大振荡的调节和改善作用，保证液位的高稳定性。

A 单神经元算法原理

单神经元作为构成神经网络的基本单位，具有自学习和自适应能力，而且结构简单易于计算，与传统 PID 控制算法相比较它具有在线实时整定参数，对一些过程复杂和慢时变系统进行有效控制等特点。

单神经元控制结构框图如图 6-4 所示。转换器的输入为给定值 $r(k)$ 和对象输出值 $y(k)$，经转换器后转换成为神经元的输入量 x_1，x_2，x_3。

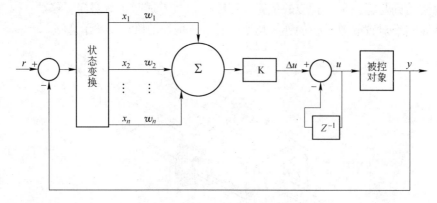

图 6-4   单神经元控制原理框图

这里：

$$\begin{cases} x_1(k) = r(k) - y(k) = e(k) \\ x_2(k) = e(k) - e(k-1) = \Delta e(k) \\ x_3(k) = e(k) - 2e(k-1) + e(k-2) \end{cases} \tag{6-1}$$

$$\Delta u(k) = K(w_1 x_1 + w_2 x_2 + w_3 x_3) \tag{6-2}$$

$$\Delta u(k) = K\{w_1 e(k) + w_2[e(k) - e(k-1)] + w_3[e(k) - 2e(k-1) + e(k-2)]\} \tag{6-3}$$

单神经元控制器的自适应功能是通过学习对连接权值进行调整来实现自适应、自组织功能的。连接权值 w_i 调整的规则是按照一定学习规则来实现的，它是单神经元控制器的核心，并反映了其学习的能力。学习规则如下：

$$w_i(k+1) = w_i(k)\eta_i r_i(k) \tag{6-4}$$

式中，$r_i(k)$ 为随过程递减的学习信号，$\eta_i > 0$ 为学习速率。

选择有监督 Hebb 学习规则作为单神经元控制器的学习算法，并将单神经元控制算法中连接权值的学习修正部分做些修改，即将 $w_i(k)$ 改为 $e(k) + \Delta e(k)$，改进后的算法如下：

$$\begin{cases} u(k) = u(k-1) + K\sum_{i=1}^{3} w_i'(k)x_i(k) \\ w_i'(k) = \dfrac{w_i(k)}{\displaystyle\sum_{i=1}^{3} |w_i(k)|} \\ w_i(k+1) = w_i(k) + \eta_i e(k)u(k)[e(k) + \Delta e(k)] \end{cases} \tag{6-5}$$

采用上述改进算法后，连接权值的在线学习修正就不完全是根据神经网络的学习原理，同时也参考了实际经验。

B 浮选液位控制系统建模及仿真

液位控制系统是一个滞后系统，通常采用一阶纯滞后被控对象的数学模型进行仿真。在 MATLAB 中分别使用传统 PID 及单神经元控制算法对同一液位控制系统进行仿真。仿真框图如图 6-5 所示。

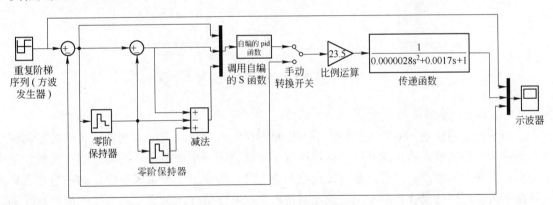

图 6-5　单神经元控制系统仿真框图

C 仿真结果对比分析

通过参数调整规律对比仿真结果，我们选取一组参数为：$K = 0.4$，$e_{tap} = 200$，$e_{tai} = 20000$，$e_{tad} = 1000$。

输入选定的参数，采用阶跃信号作为输入信号，在单作业多段微动控制策略作用下对模型进行仿真，仿真结果如图 6-6 所示。

采用传统 PID 控制器控制下对模型仿真结果如图 6-7 所示。

通过仿真结果对比发现，基于单回路多段微动控制策略的液位控制系统响应曲线明显得到改善，超调量很小，且调整时间减小。而基于普通 PID 控制算法的液位控制系统做相同操作，超调量大且调整时间长。这说明，单回路多段微动控制策略具有自学习、自适应的能力，可通过对液位偏差变化率的自学习，自动调整系统参数，达到液位平稳的最终目的。

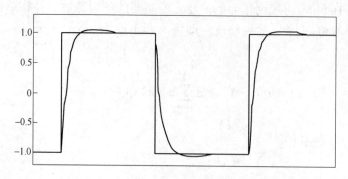

图 6-6 单作业多段微动控制系统仿真结果

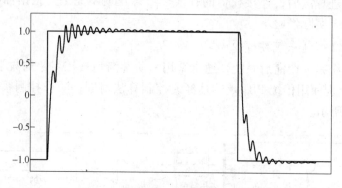

图 6-7 传统 PID 控制系统仿真结果

6.1.4.2 多回路动态平衡控制

传统的反馈控制方案的主要缺点是当传感器检测到一个显著的扰动变化，而控制动作总是作为一种后验式的扰动补偿，这样控制系统就会表现出调节滞后，动态响应缓慢，进而出现大幅度的波动，过程变量与设定值偏差变大，给安全生产带来隐患。如果想在这种情况下改善控制效果就必须使用前馈控制技术，也就是将扰动量直接输入至控制器对波动进行提前抑制。前馈控制器通过对操作变量进行适当的调整，将干扰可能会引起的输出变化提前进行补偿，可以提前防止扰动对控制变量的影响。前馈控制在工业应用中较为简单，可以方便地通过增益、超前、滞后模块来实现。

在大型浮选柱系统中，其流量控制回路的特点是调节量和被调量都是流量。控制大型浮选柱液位的稳定，是通过调整其出口阀门的开度大小来控制流量大小，以达到浮选柱液位的恒定，而阀门的特性和流体流速有关，并且它们直接影响到控制回路中流量的大小。在浮选过程中，多个浮选柱串联在一起，上一级浮选柱的溢流是下一级浮选柱的入口矿浆。这种串联方式放大了浮选柱间的相互影响、耦合，在调节单个浮选柱液位时，扰动会传递到其下级浮选柱，影响下级浮选质量；大型浮选柱由于容积大、排矿量大，浮选柱间的相互影响和耦合作用更为明显。

因此，为了减小这种强耦合作用，我们在单回路单控制的基础上增加了多回路动态平衡控制策略。多回路动态平衡控制技术是以前馈控制算法为核心，前馈控制是一种简单易行而且行之有效的改善系统调节性能的控制策略，当干扰变量具备测量条件时，增加前馈控制技术可以大幅提高浮选系统的稳定性。通过与实际经验的有效结合，实现在粗选作业液位波动较大时，后续回路能够根据波动量的大小，动态调整所处作业的阀门开度，使矿浆波动量快速平衡地分布到所有浮选柱之中，有效地克服了因矿浆量波动对浮选柱引起的逐级干扰，降低了浮选柱冒槽的概率。

A　前馈控制算法原理

图 6-8 所示为多级浮选柱流程示意图。

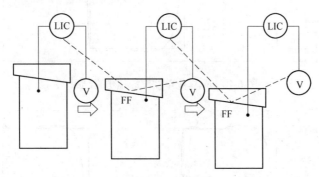

图 6-8　多级浮选柱流程示意图

LIC—液位控制；FF—前馈策略；V—排矿阀门

前馈控制通过综合各个回路之间的耦合程度、给矿量的变化、执行机构的开启度变化和稳定程度等因素作为影响控制系统的干扰源，以及执行机构的流量特性，从而计算得到控制量。与单神经元控制算法计算得到的控制量一起来控制执行机构动作，最终控制浮选作业的液位使其达到预期的设定值。

多回路动态平衡控制策略原理图如图 6-9 所示。

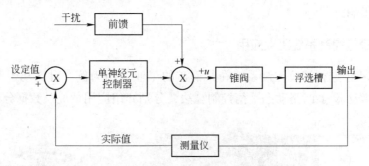

图 6-9　多回路动态平衡控制策略原理图

具体实现算法如下：

$$y = u(k) = u(k-1) + K \sum_{i=1}^{3} w_i'(k) x_i(k) \pm \delta \cdot u(k)$$

式中，x_i 和 w_i 分别为单神经元控制器的输入和连接权值，δ 为前馈控制系数，系数的大小是根据浮选流程第一个作业的液位变化速率、每台通过的流量、所处流程中的作业序号来确定的。

B　仿真结果分析

为了考察多回路动态平衡控制算法的性能，我们在仿真过程中加入了随机干扰环节，来模仿给矿量的波动，得到的仿真结果如图 6-10 和图 6-11 所示。

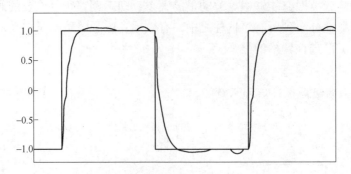

图 6-10 单作业单控制液位仿真结果

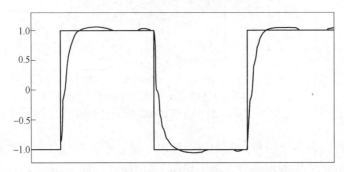

图 6-11 多回路动态平衡控制算法仿真结果

从以上两个仿真结果图中我们可以明显看出，在系统中加入多回路动态平衡控制算法以后，系统对干扰环节具有明显的调节作用，可以降低干扰环节对系统的影响效果并能够快速消除这种影响。

6.1.5 浮选柱液位控制系统工业应用

以 KYZ4314 浮选柱液位控制系统在某铜矿的工业应用为例，对比基于 PID 算法和基于单回路多段微动 & 多回路动态平衡控制算法，分别介绍应用情况及数据分析。现场应用如图 6-12 所示。

图 6-12 现场应用

6.1.5.1 PID 液位控制算法

为了有效说明控制效果，本次实验随机在某个时间段采样数据 3000 次，每秒钟采样一次，控制效果曲线如图 6-13 所示。

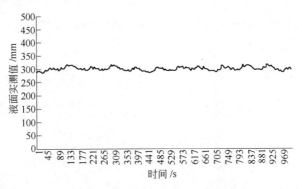

图 6-13 PID 算法控制曲线图

由图 6-13 控制曲线可以看出，液位设定值为 400mm，实测液面值一直在设定值附近做小范围的波动，稳态误差在 10mm 左右。

分析可知，自动控制能够对给矿量或其他运行条件的变化做出及时反应，短时间内自动调节阀门开度以保持液面的稳定。这说明自动控制具有抗扰动功能，而这也是手动控制所无法比拟的巨大优势。

在系统稳定运行中，改变设定值，此处将液面设定值从 400mm 加至 450mm，给系统一个单位阶跃输入，考察系统动态跟随性能指标。

由图 6-14 可以看出，系统延迟时间 1s，调节时间 $t_s = 126$s，系统最大超调量为 1.4%。从动态特性曲线可以看出，当设定值改变时，反应较慢，调节时间长，超调量大，说明系统动态跟随性能差，精度较低。

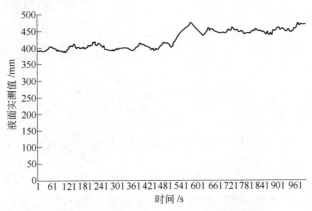

图 6-14 设定值上调液位自动控制特性曲线

6.1.5.2 单回路多段微动 & 多回路动态平衡液位控制算法

为了有效对比 PID 液位控制效果，本次实验同样随机在某个时间段采样数据 3000 次，每秒钟采样一次，控制效果曲线如图 6-15 所示。

由控制曲线可以看出，液位值设定在 400mm 时，实测液面值一直在设定值附近做小范围的波动，稳态误差在 8mm 左右。

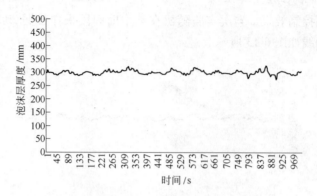

图 6-15　单回路多段微动 & 多回路动态平衡控制曲线

由图 6-15 所示控制曲线图也可以看出，采用单回路微动 & 多回路动态平衡液位控制算法，相比于 PID 液位控制算法，由于执行机构动作更加平稳，反应更快，排矿波动更小，对后续作业影响小。可见，单回路微动 & 多回路动态平衡液位控制平稳，控制效果优良。

在系统稳定运行中，改变设定值，为了便于同 PID 控制方式进行对比，同样也是将液位值从 400mm 调至 450mm，给系统一个单位阶跃输入，考察系统动态跟随性能指标。如图 6-16 所示。

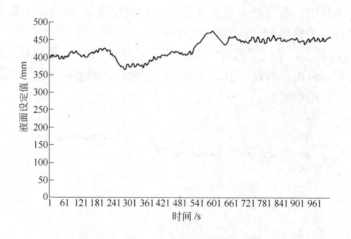

图 6-16　设定值上调液位自动控制特性曲线

由控制曲线图 6-16 可以看出，系统延迟时间 1s，调节时间 $t_s = 122s$，系统最大超调量为 1.3%。可以看出，系统能很快地跟随设定值变化，调节时间短，超调量小。相比于 PID 控制的动态性能，调节时间稍短，超调量稍小，即动态特性稍强。

6.1.5.3　数据离散型对比

将上述两种控制策略下分别反映液面值大小的 3000 组数据进行标准差的计算，激光 8.22mm，压力 8.113mm，这两个数据也证明了采用单回路微动 & 多回路动态平衡算法，液面波动更小，稳定性更加优越。

6.2 浮选柱充气量控制

充气量被认为是浮选柱控制中最灵活、最敏感的参数，它在与浮选药剂有效混合矿浆中形成大量的气泡，增大矿浆的表面张力，把被捕收剂捕获到的有价元素带到泡沫层。控制充气量的目的是提高泡沫负载速率，使各种不同粒级矿物在不同作业中得到充分回收。充气量过大，使浮选柱中的矿浆"翻花"，气泡层被破坏，有价矿粒从气泡上脱落下来；充气量过小，泡沫负载速率慢，矿物在不同作业中得不到充分回收。维持浮选柱充气量的稳定性，不仅对浮选的分离过程起到重要作用，而且可以有效改善浮选指标，因此浮选充气量控制是一种最经济有效的控制手段。

浮选柱充气入口压力在 0.5MPa 左右，高压气体的体积流量和阀后压力相比浮选机所需的低压气体对于阀门开度的细微变化更具敏感性，阀门的科学选择以及针对性的控制策略是实现浮选柱充气量稳定控制的先决条件。

（1）充气量检测装置。目前，工业过程中用于检测浮选柱充气量常用涡街流量计，非常适合检测浮选柱所需高压空气体积流量，特点是压力损失小，量程范围大，精度高，在测量工况体积流量时几乎不受流体密度、压力、温度、黏度等参数的影响，因此可靠性高，维护量小，是一种比较先进、理想的测量仪器。

（2）充气量控制装置。充气量调节阀门通常采用自控 V 形球阀，它的特点是：①小型轻便，容易拆装及维修，并可在任何位置安装；②结构简单、紧凑，回转启闭迅速，启闭次数多达数十万次，寿命长；③流阻小、流通能力大，固有流量特性为近似等百分比特性，调节性能好；④可以安装多种附件，即可作为开关使用也可以通过安装定位器实现连续调节。

（3）充气量控制策略。充气量控制系统是浮选过程控制的重要一环，它常常和浮选液位控制、加药控制系统联合作用。

一般来讲，浮选充气量自动控制相比浮选的其他过程控制更加容易一些，一个简单的前馈/反馈 PI 控制回路就足以实现对充气量的调节。充气量自动控制的原理如图 6-17 所示。充气量自动控制方案是测量浮选柱充气量，将充气量信号送至控制仪表，由控制仪表接受充气量信号，并根据充气量设定值，输出控制信号给充气量调节阀，自动调整阀门的开度，使充气量稳定在设定值。

图 6-17 所示是充气量控制系统原理图。

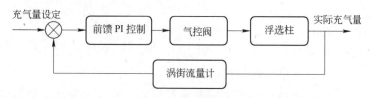

图 6-17 浮选柱充气量控制系统原理图

调节阀门的大小对控制效果有着至关重要的影响，如果选用的阀门口径过大，虽然可以有效降低压损，但控制精确性却是非常有限的，而且会迅速对浮选效果及液位波动产生较大影响。

6.3　浮选柱喷淋水控制

为了提高精矿的品位，必须添加适量的喷淋水。喷淋水的一部分随泡沫一起溢出，但大部分喷淋水通过泡沫向捕集区流去。尾矿中的单位面积水量与给矿中的单位面积水量之差称为偏流（Bias）。在一定的药剂添加量和气泡表面积通量下，偏流量和精矿品位存在极大的关联性，因此它是泡沫厚度之外的另一个优化柱浮选效果的重要变量。为了有效地进行分选，常常采用正偏流，即尾矿流速大于给矿流速。但偏流过高，则尾矿品位上升，指标反而恶化，一般在0.1~0.2cm/s。

目前，工业过程中用于检测浮选柱喷淋水常用电磁流量计，是根据法拉第电磁感应定律制造的用来测量管内导电介质体积流量的感应式仪表，特点是测量不受流体密度、黏度、温度、压力和电导率变化的影响，测量管内无阻碍流动部件，无压损，直管段要求较低，对工业回水的适应性较好。喷淋水调节阀门通常采用自控V形球阀或气动隔膜阀，控制策略使用单回路PID控制技术。

偏流量的控制方式可以归为以下五种方法[9,10]：

（1）第一种方法如图6-18所示，这是一种间接测量偏流量的方法，它使用了两个控制循环，首先是通过调节冲洗水量来调整液位，使之保持在一定的位置，其次通过对入料量的检测来调节尾矿排放阀，以维持一定的偏流量，即通过调节冲洗水量维持液位，通过调节尾矿排放阀门的开度来调整偏流量。

（2）第二种方法如图6-19所示，该控制方案也是一种间接控制偏流量的方法，与前一种方法相比，它使用的控制策略有所不同，也是使用两个控制回路，一是通过调节尾矿排放量保证液位的稳定，然后通过检测入料量和尾矿排放来调整冲洗水量，从而达到维持偏流量的目的，这种方案比第一种方案更完善、更可行。

（3）第三种方法如图6-20所示，该方案是一种直接控制偏流量的方案，它与上一种方案在原理上是一致的，只不过获得偏流量的方

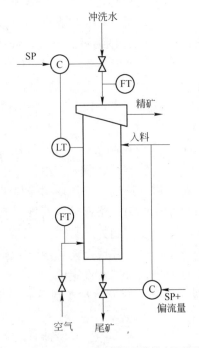

图6-18　冲洗水量调节偏流量控制原理图

式不同，它是利用一种偏流量传感器来检测偏流量的，通过调节尾矿排放量来调节液位，通过调节冲洗水用量来维持偏流量。

（4）第四种方法采用的是基于稳态传导平衡的计算方法，在动态操作环境中单纯使用流量计和密度计很难精确地测量出偏流量，采用基于稳态传导平衡的计算方法可以有效地通过软件测量的手段达到目的。

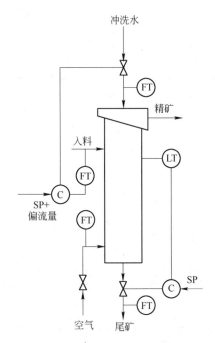

图 6-19 尾矿排矿调节偏流量控制原理图

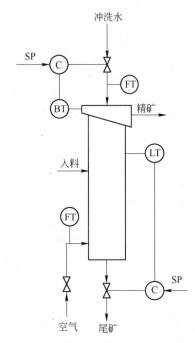

图 6-20 基于偏流量传感器的控制原理图

$$J_{\mathrm{b}} = J_{\mathrm{t}}' \left(\frac{k_{\mathrm{f}}' - k_{\mathrm{t}}'}{k_{\mathrm{f}}' - k_{\mathrm{w}}} \right) - J_{\mathrm{c}}' \left(\frac{k_{\mathrm{c}}' - k_{\mathrm{w}}}{k_{\mathrm{f}}' - k_{\mathrm{w}}} \right)$$

式中，J_{b} 为偏流量；J_{t}' 为尾矿中的水流量；J_{c}' 为精矿流量；k_{w} 为冲洗水的电导率；k_{f}' 为给矿矿浆的电导率；k_{t}' 为尾矿电导率；k_{c}' 为精矿电导率。

对于气液固三相浮选系统来讲，使用这种方法就必须离线测量多个电导率，其中精矿由于含有气泡，其电导率的测量难度很大。

（5）第五种方法是基于多线性回归的神经网络建模技术。模型的输入条件是：前两个神经元的电导率、后两个神经元的电导率、给矿和冲洗水的电导率、冲洗水流速和泡沫溢流速度。

6.4 浮选柱过程控制存在的问题和发展趋势

6.4.1 浮选柱过程控制存在的问题

浮选柱过程控制得到了较快的发展，但是跟其他行业相比仍相对较慢，影响其发展的几个主要因素为：

（1）自动化相关仪表还没有突破性的进展，一些与矿浆相关的检测仪表仍然存在可靠性能差、测量精度不高、使用寿命短等老问题[11]。例如现在能检测浮选柱泡沫层厚度的传感器市场上仍没有成熟的产品，这些都是影响选矿过程控制应用水平的重要因素。

（2）在浮选过程控制算法中，现在使用较多的还是简单 PID 控制。虽然现在浮选控制领域结合了很多优化算法，例如模糊控制、神经网络、遗传算法以及专家系统等，但是这些大都处于理论研究探讨阶段，实际应用在选矿厂中的高性能控制算法还不多。

（3）随着浮选柱大型化的发展，对自动化集成度要求也越来越高。例如，矿浆的流量检测、气量和泡沫层厚度控制、泡沫图像分析系统以及 X 射线荧光分析仪等品位检测装置都有必要安装。但是系统检测的数据毕竟只能反映部分浮选流程的特征，一些浮选参数还得靠更先进的控制技术来检测。

（4）大多数选矿厂在现场的设备和系统维护方面存在不足，现场对系统的维护和调整缺少专业的技术骨干，造成控制设备在投产后较短的时间内运行状况良好，但是当设备发生故障时，现场的技术人员很难解决，特别是电气自动化这部分，解决不及时将会影响选矿厂的正常生产。

6.4.2 发展趋势

浮选工艺并不是一个简单的工业过程，因为它包含了很多难处理、复杂的自动化技术难点。例如控制系统容易出现的非线性、时变、易超调、多变量和随机干扰等特点。这样就要求控制单元具有强鲁棒性和适应性，随着智能化控制技术的不断迈进，将会有更多、更优化的控制策略应用在浮选生产流程中。以下几个控制策略将引导过程控制技术的发展方向：

（1）稳定控制。稳定控制是把泡沫溢流量、品位和回收率等作为控制目标值，并把目标值严格控制在较小波动范围之内的技术。它可以在任何浮选输入变量发生变化的情况下，维持浮选过程的强稳定性。高级控制是通过底层控制器调节多个底层变量（主要包括液位高度、充气量大小、药剂添加量、pH 值），然后通过上层控制器来实现控制任务，因此一套有效的高级浮选控制系统必须是以完善而高效的底层控制技术做保障的[12]。

泡沫溢流量的稳定控制技术已经在世界上的多个选矿厂有了较为成熟的应用，而这种控制技术的实现策略大致有两种，一种是检测溢流泡沫表面速率，通过改变泡沫层厚度来调节泡沫溢流量；另外一种则是检测泡沫槽矿浆的密度及流动速率，通过改变液位高度和充气量大小来调节泡沫溢流量。

（2）模型预测控制。基于模型的分析方法可以进一步分为两个子类，即经验学模型和现象学模型。经验学模型是由各种将测量的输入、输出数据关联起来的统计方法构成，涉及两个或两个以上独立变量和因变量的多变量模型，可以用于预测控制。此外，通过不断分析浮选回路数据，并且不断纠正调整基于模型的预测控制器，可以使其适应不断变化的条件（即自适应控制）。自适应控制对于浮选控制这种非线性、过程复杂的情况显得尤为重要。许多浮选预测控制系统常常包括自适应控制方面。目前虽然有较多的专门论述基于模型的多变量控制系统的文献，但在行业中的应用数量仍然相对较少[13]。

尽管基于模型的多变量自适应控制器非常盛行，但其稳定性依然是个较大的问题，有研究表明，自适应控制器在经历较长一段时间后会变得饱和并且自适应性能会变差。此外，尽管绝大多数的多变量预测控制都是基于经验纠正，但是随着现象学模型的研究和发展，我们可以通过理解浮选过程的物理现场来定义因果联系，并且它同样可以应用于预测控制系统中。

一阶浮选动力学模型便是属于现象学模型的一种，它是建立在这样的假设条件下：矿浆颗粒的数量是决定颗粒与气泡相撞速度的第一要素，并且泡沫浓度保持恒定。我们可以使用化学反应类比法来为浮选柱建模，即固体颗粒从矿浆相中移除出去的过程可以由一阶速率方程来定义。

尽管人们在经验学模型和现象学模型方面做了大量的研究，但是它们依旧存在自己的一些缺陷，比如：多变量预测控制是高品质控制的一种理想状况下的解决方法，它的工业应用必须是建立在非常准确的测量结果、可靠的动态模型、明确的工艺条件以及较强鲁棒性的基础上，但浮选工艺在这几方面存在明显的劣势，浮选柱专家控制系统的出现可以较好地解决这样的问题。

（3）非线性控制。尽管非线性控制技术由于缺乏系统理论的指导，在解决实际工业控制问题当中遇到的问题较大，但是线性控制器在解决高度非线性系统的控制问题时往往效果很差，或者只能在很宽的条件下适度工作在非线性控制模式下。在传统线性控制器达不到理想的控制效果时，只能通过非线性控制器来达到控制目标。

非线性控制器的设计难易程度需要依据具体情况而定。在某些情况下设计简单，可用标准的工业控制器来处理，而在其他一些复杂情况下则必须专门定制软件。

（4）最优控制。控制目标是通过调节稳定控制层的过程变量来实现目标经济效益。最优控制并非是基于模糊规则并且智能模仿操作工的监督控制，而是基于过程模型的，在一个固有的输入输出限定条件下目标导向自动寻优控制技术[14]。

另外，浮选柱的建模技术同样也是未来研究的热点，包括回收率预测模型、动力学行为模型和软测量模型，选矿性能仿真软件的研究可以为最优化求解浮选柱操作变量提供定量依据，同样是一个重要的发展方向。

参 考 文 献

[1] 宋晓明，杨保东，武涛，等. 浮选过程控制的历史发展和现状 [J]. 有色金属（选矿部分），2011（Z1）.

[2] 李振兴，文书明，罗良烽. 选矿过程自动检测与自动化综述 [J]. 云南冶金，2008，37（3）.

[3] 荣国强，刘炯天，等. 旋流-静态微泡浮选柱液位自动控制系统设计 [J]. 金属矿山，2007（3）：62-64.

[4] 李玉西. 模糊与 PID 双模控制在浮选柱液位控制系统中的应用 [J]. 矿冶，2008（1）：73-75.

[5] 欧乐明，张晓峰，黄光耀. 浮选柱多输入多输出控制系统设计及应用 [J]. 中国科技论文在线，2009（11）：788-794.

[6] 张晓峰. 浮选柱多变量控制系统的设计及应用 [D]. 长沙：中南大学，2011.

[7] Villar R Del, Gregoire M, Pomerleau J A. Automatic control of a laboratory flotation column [J]. Minerals Engineering, Volume（12）：291-308.

[8] Felipe Núñez, Luis Tapia, Aldo Cipriano. Hierarchical hybrid fuzzy strategy for column flotation control [J]. Minerals Engineering, Volume（23）：117-124.

[9] 张志丰，张志刚，胡军. 我国大型浮选柱自动控制策略的研究 [J]. 选煤技术，1999（3）：53-56.

[10] Bouchard J, Desbiens A, Villar R del. Recent advances in bias and froth depth control in flotation columns [J]. Minerals Engineering, Volume（23）：709-720.

[11] 陆博，李映根. 专用浮选液位控制器的设计与应用 [J]. 矿冶，2009，18（3）：91-93.

[12] Bergh L G, Yianatos, J B, The long way toward multivariate predictive control offlotation processes [J]. Journal of Process Control, 2011 (21): 226-234.

[13] Nakhaei F, Mosavi M R, A Sam, et al. Recovery and grade accurate prediction of pilot plant flotation column concentrate: neural network and statistical techniques, techniques [J]. International Journal of Mineral Processing, (5): 110-111.

[14] Jocelyn Bouchard, André Desbiens, René del Villar, et al. Column flotation simulation and control: An overview [J]. Minerals Engineering, Volume (22): 519-529.

7 柱浮选技术的应用实践

进入 21 世纪，柱浮选技术取得了重大突破，浮选柱又开始得到了广泛应用，越来越多的浮选工艺流程设计、改造及扩产既配置了浮选柱，又配置了浮选机。由于柱浮选技术充分发挥了浮选柱和浮选机各自的优势，可以实现梯级、差异化分选粗、细粒级物料，不仅减少了浮选作业段数，还提高了综合选别指标。目前，柱浮选工艺已经成功应用于铜矿、钼矿、铜钼矿、铅锌矿、铁矿、煤、磷矿、废纸脱墨和油水分离等多个分选领域。本章列举了一些典型应用实践案例，结合柱浮选工艺分选的特点，简单介绍了柱浮选工艺主要设备的配置特点、规格型号选择及应用结果分析等。

7.1 柱浮选技术在铜矿的应用

早期，铜矿选矿厂主要应用浮选机进行选别作业，随着铜矿选矿厂处理量的扩大，大型浮选机也最早在铜矿选厂得到了广泛应用。由于浮选柱技术的日益成熟，浮选柱开始替代浮选机用于精选作业，显著强化了细粒级铜矿物的回收。从国内外大型铜矿选矿厂柱浮选工艺的应用情况来看，该工艺对矿石性质变化的适应性好，可以提高铜精矿品位和回收率，已经为矿山企业带来了巨大的经济效益。

7.1.1 德兴铜矿

德兴铜矿是我国最大的斑岩铜矿山，伴生金、银、钼、硫等多种有价元素。德兴铜矿下设大山选矿厂和泗洲选矿厂，在 20 世纪 90 年代初已建成 10 万吨/天采选综合生产能力，至 2011 年采选能力达到 13 万吨/天。年产铜精矿约 60 万吨，铜金属量约 15 万吨，伴生钼金属约 2500 t[1]。

7.1.1.1 大山选矿厂

2012 年改造前，大山选矿厂采用部分优先—混合分步浮选工艺：粗选段先用少量高选择性的铜矿物捕收剂，优先浮出单体铜矿物及富铜连生体，再用强捕收剂回收贫连生体、大部分硫及其他有用矿物；一步粗精矿直接进入精选，二步粗精矿再磨后进行铜硫分离，生产工艺流程如图 7-1 所示。采用该工艺后一步铜精矿品位达 28% 左右，二步精选作业由于受入选物料品位低、嵌布粒度细、细泥含量大以及浮选时间不足等因素的影响，使得二步铜精矿品位偏低，造成最终铜精矿品位只能达到 25% 左右。为提高二步铜精矿品位，在原有的两次精选作业的基础上增加了二次精选，但效果仍不明显，表明在现有条件下进一步提高二步铜精矿品位的空间较小。2002 年，大山选矿厂引进了 1 台 CPT 浮选柱进行工业试验改造，用于二段铜硫分离精选系统，进一步提高了二步铜精矿品位，从而达到提高最终铜精矿品位的目的。改造后的生产运行结果表明，仅用 1 台 CPT 浮选柱所获得的铜精矿品位就比对比系列浮选机精二作业的铜精矿品位高了 4.62%，与精选Ⅳ作业铜精矿品位相当，铜、金、银、钼回收率也相当[2]。改造前后生产指标对比情况见表 7-1。

表 7-1 浮选柱与对比系列浮选机的选别结果对比

设备名称	铜精矿中 Cu 品位 /%	铜精矿中各金属回收率/%			
		Cu	Au	Ag	Mo
浮选机	15.35	63.19	54.41	55.69	29.33
浮选柱	19.79	67.08	58.47	54.88	17.07

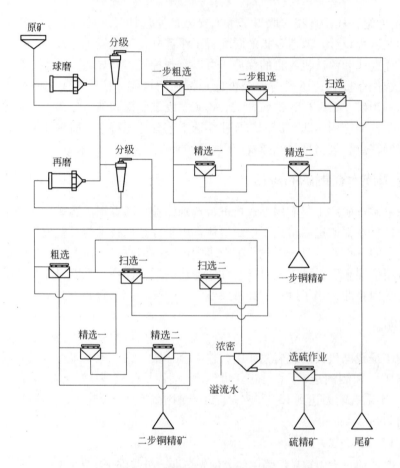

图 7-1 大山选矿厂铜钼混合浮选工艺流程（改造前）

从运行结果可以看出，用 1 台 φ2.4m×10m CPT 浮选柱可代替 6~8 台现有二步精选作业的浮选机，能减少精选作业次数。

在 1 台 CPT 浮选柱成功应用于铜精选作业生产的基础上，新增 7 台 φ4.02m 浮选柱作为快速浮选、铜硫分离精选设备，代替一步、二步精选作业 45 台 BS-K8 浮选机，解决了浮选时间不足、浮选机处理微细粒物料时分选精度低的问题，降低了能耗，取得了较好的经济效益[3]。改造后流程如图 7-2 所示。

大山选厂二期铜钼分离车间的规模是按磨浮段 4.5 万吨/天处理能力设计的。一期、二期选矿厂所产的铜钼混合精矿集中进行分选，有两个平行系列。铜钼分选前进行了预先分级处理，能有效降低细泥和矿浆中剩余药剂对选钼作业的影响，提高了作业的稳定性。铜钼分离浮选工艺流程如图 7-3 所示。

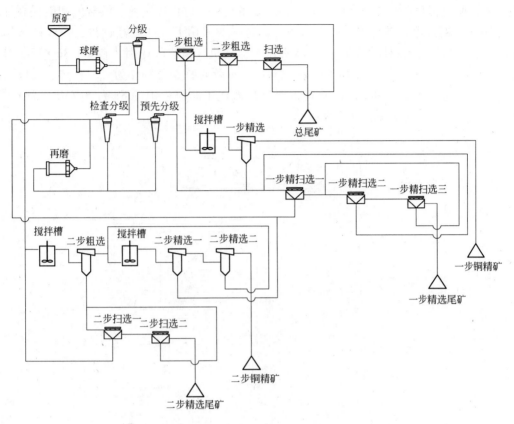

图 7-2　大山选矿厂铜钼混合浮选工艺流程（改造后）

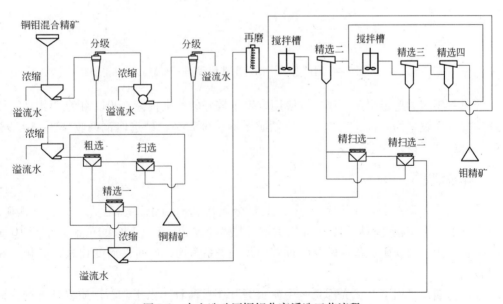

图 7-3　大山选矿厂铜钼分离浮选工艺流程

7.1.1.2　泗洲选矿厂

泗洲选矿厂分两个系统，原矿石处理量 3.8 万吨/天。由于选厂投产时间早、改扩建次数多，原流程存在设备规格小、数量多、设备老化、过程控制差、效益低和能耗高等问题。2011 年对原流程进行技术改造，粗、扫选作业采用 KYF-130 浮选机，一段精选作业采用 1 台 KYZ-B 浮选柱替代原来的 GF/JJF-8 浮选机，精选段选用 1 台 φ4.3m×15m 浮选柱，1 台 φ3.6m×12m 浮选柱和 1 台 φ3.0m×9.0m 浮选柱，分别作为二段粗选、二段精选一和二段精选二作业。两个系统共 8 台浮选柱取代了原流程中的 88 台 SF/JJF-8 浮选机。改造后的浮选工艺流程如图 7-4 所示。

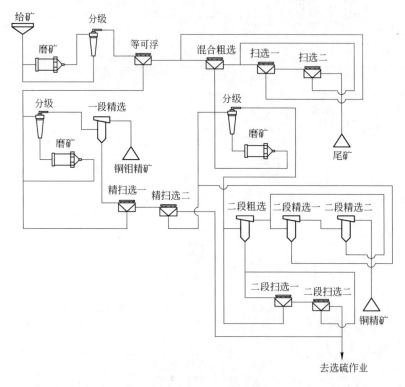

图 7-4　泗洲选矿厂浮选工艺流程图（改造后）

经过一年多的稳定生产，浮选柱应用取得了较好的选别指标。2011 年全年累计二段作业浮选柱入选铜平均品位 8.25%，最终精矿平均品位 25%，精选段铜回收率平均为 98%，生产指标达到了设计要求。

7.1.2　羊拉铜矿

羊拉铜矿为斑岩-矽卡岩型铜矿床，主要金属矿物有黄铜矿、磁黄铁矿、黄铁矿等。矿石中黄铜矿嵌布粒度不均匀，60% 的黄铜矿粒度小于 40 μm，25% 的黄铜矿小于 10 μm，且与磁黄铁矿、白铁矿、黄铁矿及脉石矿物共生关系密切，矿石性质变化大，氧化率和含泥量较高。

投产初期，采用了"优先浮选—中矿再磨"工艺流程。由于矿石性质复杂难选，铜精矿品位和回收率均处于较低水平。2009 年，对浮选工艺流程进行改造，改用"优先浮选—中矿磁选"工艺流程，并调整供配矿方案，选矿技术指标得到明显提高，铜回收率从 2008 年的 54.04% 提高到 75% 左右，铜精矿品位从 2008 年的 13.9% 提高到 15.34%。为进一步提高铜回收率和铜精矿品位，引进了 CPT 浮选柱，进一步改造原浮选工艺。具体改造内容如下：采用 φ2.4m×10m 和 φ3.0m×10m CPT 浮选柱各 1 台替代原 3 次精选作业共 7 台浮选机，另新增 1 台立式搅拌磨机。生产实践表明，由于 CPT 浮选柱比浮选机加强了 -34 μm 粒级铜矿物的回收，改造后浮选工艺精矿品位提高了 2.34%，回收率提高了 5.31%，并且提高了伴生元素金、银的回收率[4]。改造后的工艺流程如图 7-5 所示。

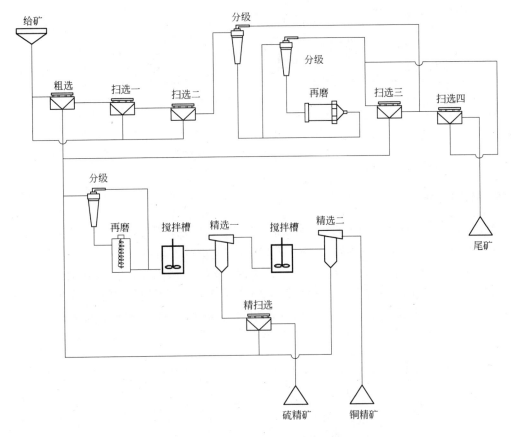

图 7-5 羊拉铜矿浮选工艺流程（改造后）

7.1.3 Sossego 铜矿

Sossego 铜矿位于巴西北部巴拉州的卡拉加斯西南方向约 70km 处，原矿处理量 4.1 万吨/天，露天开采。原矿石含铜品位 0.98%，含金品位 0.28 g/t，年产含铜品位 30%、含金品位 8 g/t 的铜精矿 54 万吨。采用 SABC 碎磨—浮选选别工艺流程，浮选工艺流程如图 7-6 所示。

旋流器溢流给入粗选，粗选作业包括 7 台 160m³ 浮选机，粗选的精矿泡沫泵输送至再磨—分级系统，粗选作业尾矿与精扫选作业尾矿合并送至尾矿库。再磨系统采用了 2 台约 1103kW 的立式搅拌磨机，再磨后矿浆经旋流器分级，-0.044mm 粒级含量约占 80% 的溢流经泵输送至 φ4.27m×10m 浮选柱，浮选柱尾矿给入精扫选作业，精扫选作业由 7 台 70m³ 浮选机组成，精扫选作业的精矿返回至再磨—分级系统前的泵池[5]。

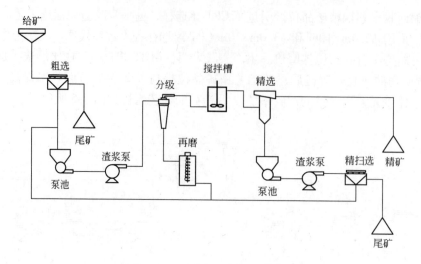

图 7-6   Sossego 铜矿浮选工艺流程

7.1.4   Miduk 铜矿

Miduk 铜矿是位于伊朗南部的一个斑岩铜矿矿床，选厂原矿石处理量 1.8 万吨/天。选厂工艺流程如图 7-7 所示。原矿含铜品位 1%，磨矿细度-90 μm 粒级含量占 90%，粗选作业矿浆浓度 28%，粗选作业采用了 5 台 Metso 公司生产的 ϕ4.0m×12m 微泡浮选柱。粗选尾矿给入 10 台 Metso 公司 50m^3 浮选机，精选回路采用了 3 台 ϕ3.2m×12m 微泡浮选柱，精扫选作业采用了 6 台 50m^3 浮选机。粗选与精选泡沫合在一起为最终精矿，含铜品位 30%，回收率 88%[6]。

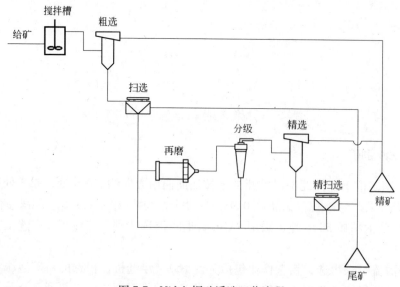

图 7-7   Miduk 铜矿浮选工艺流程

7.1.5   Teniente 铜矿

智利 Teniente 铜矿选厂原矿平均处理量 9.7 万吨/天，含铜矿物主要有黄铜矿和少量的斑铜矿，平均含铜品位 1.2%，每天生产 3000t 含铜 32% 的铜精矿。1995 年 1 月第二段精选回路采用 4 台并联作业的大型浮选柱替代原流程中的 3 排机械搅拌式浮选机，目的是得到高品位的精矿以及适应矿石性质的变化。浮选柱采用垂直折流板将柱体分成 16 个分区，每个分区截面积为 1m²。折流板从气泡发生器一直向上至给矿点，给矿器顶部设有开口以平均分配矿浆。另外，在泡沫区安装内折流板以改进泡沫输送，并安装了两个宽 2m 的内置泡沫槽使总溢流周边长度从 20m 增加至 28m，内置泡沫槽将浮选柱断面分成 3 个相等部分。

改造后的二段精选回路如图 7-8 所示。浮选柱回路中包括 4 个 2m×8m 矩形截面浮选柱，高 14.7m。浮选柱尾矿全部给入扫选作业浮选机，扫选作业精矿返回至浮选柱给矿，浮选柱精矿进入下一步铜钼分离选别作业。对比改造前后生产指标，采用浮选柱后最终精矿品位提高 2%，二段精选作业回收率提高 1.7%，从而使整个选厂回收率提高 1%[7]。

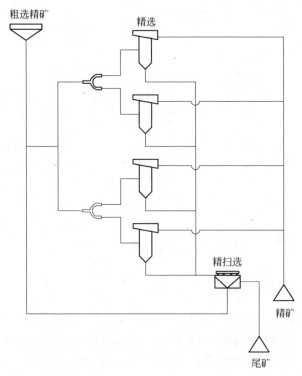

图 7-8　Teniente 铜矿浮选柱配置

7.1.6　Chambishi 铜矿

赞比亚 Chambishi 铜矿位于非洲赞比亚铜矿带的中部，矿区范围内共探明铜金属储量501 万吨，平均含铜品位 2.19%。2003 年恢复生产，原矿石处理量 6500t/d。浮选工艺共分为两个系列，每个系列有 8 台 16m³ 浮选机，粗选作业为 4 台，扫选一作业为 3 台，扫选二作业为 1 台。扫选作业精矿经旋流器-球磨机回路再磨后，给入 10 台 8m³ 浮选机进行再选，粗选作业 4 台，扫选一作业 4 台，扫选二作业 2 台。两个系列的一段粗选精矿和中矿再磨后的粗选精矿合并给入 1 台 φ2.8m×10.0m 浮选柱中精选，单系列浮选工艺流程如图7-9 所示。原矿铜品位 1.7%~2.4%，经选别获得铜精矿品位 40%~42%，铜回收率为 94%~96%[8]。2010 年西部矿体投产后，又采购了 1 台 KYZE-2613 浮选柱，经安装、调试完毕，浮选柱分选指标理想。

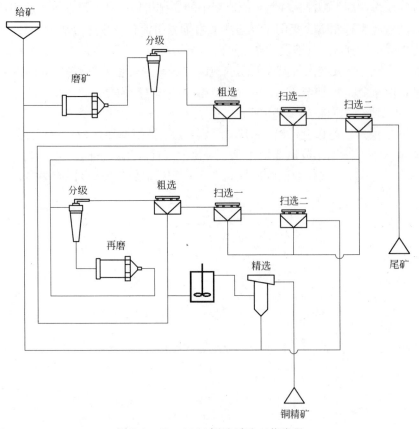

图 7-9　Chambishi 铜矿浮选工艺流程

7.2　柱浮选技术在钼矿的应用

我国钼储量相当丰富，储量居世界第二位，目前已发现的 170 多个含钼矿山遍布于 25 个省、市、自治区。虽然我国钼矿资源分布广，但储量却比较集中，仅栾川、大黑山、金堆城和杨家杖子四个大钼矿的钼储量就占据了全国钼总储量的 80%。

自然界中已发现的含钼矿物有 30 余种，工业上具有开采价值的仅有辉钼矿，其余还有少量的铁钼华、钼钨钙矿、钼铅矿。在已开发的钼矿山中，钼矿石中的含钼量都很低，通常为 0.1% 左右，很少超过 0.5%。由于钼矿石品位很低，而钼精矿质量要求又很高，所以精矿富集比很大。鉴于钼的选矿特性，钼矿选别工艺时，往往分作两段：粗选段"粗磨—粗选"；精选段"多段再磨—多次精选"。由于浮选柱富集比大，加上辉钼矿具有良好的天然可浮性，易于回收，所以浮选柱很早就应用于钼选别。早在 1980 年加拿大 Gaspe 铜钼选厂原铜-钼分离采用浮选机，由一次粗选、一段再磨和 13 次精选组成，获得了钼品位 50.26%、钼回收率 64.51% 的精矿。后经流程改造，采用 3 台浮选柱替代浮选机进行了 3 次精选，获得了钼品位 52.36%、钼回收率 80.31% 的精矿，分别提高了钼精矿的品位和回收率[9]。

早期国内钼矿山多采用浮选机进行分选。其中，BF 型浮选机和 GF 型浮选机在精选和精扫选系统应用较多。目前，国内钼矿粗选作业已趋向于应用充气式浮选机，工业应用的单槽最大容积达到 320m³。从 2004 年开始，浮选柱在钼矿精选作业开始推广应用，具有替代精选作业浮选机的趋势。

7.2.1　鹿鸣钼矿

鹿鸣钼矿探明钼金属量 75.18 万吨，含钼平均品位 0.092%，是目前国内开发利用的最大单一钼矿床。该矿采用露天开采技术，设计矿石处理量 5 万吨/天。选矿单系列采用国内先进的半自磨+球磨+顽石破碎 SABC 工艺流程和大型设备，磨矿作业采用亚洲最大的半自磨机、国内最大的钼矿球磨机，粗、扫选作业采用国内最大的浮选机，单系列处理能力居国内第一，具有流程简单、占地面积小等优点，可以有效地解决低品位矿山开采和规模生产的难题[10]。选厂采用"柱机联合"流程，配置了 3 台 KYZ-4612 浮选柱、5 台 KYZ-3012 浮选柱、1 台 KYZ-1612 浮选柱、18 台 320m³ 浮选机、8 台 130 m³ 浮选机、4 台 100 m³ 浮选机、10 台 20m³ 浮选机和 7 台 2m³ 浮选机。详细浮选工艺流程如图 7-10 所示。

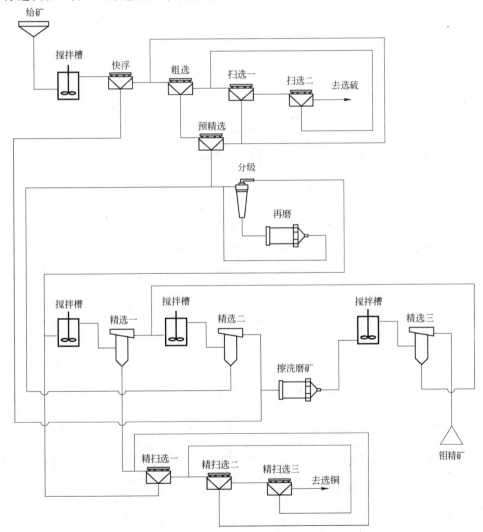

图 7-10　伊春鹿鸣钼矿浮选工艺流程

7.2.2 雷门沟钼矿

丰源雷门沟钼矿选矿厂设计处理能力 3000t/d，于 2005 年投产。粗、扫选作业采用 XCF/KYF-30 充气机械搅拌式浮选机组，3 段钼精选作业采用了 KYZ-1612、KZY-1212、KYZ-0912 浮选柱。投产后的生产实践表明：钼精矿中含铜量从 3% 降到 0.1% 以下，钼精矿品位稳定，回收率提高了 9.5%，钼回收率达到了 82.22%。2009 年为提高扫选段钼回收率，又增加了 1 台 KYZ-4380 浮选柱[11]。浮选工艺流程如图 7-11 所示。

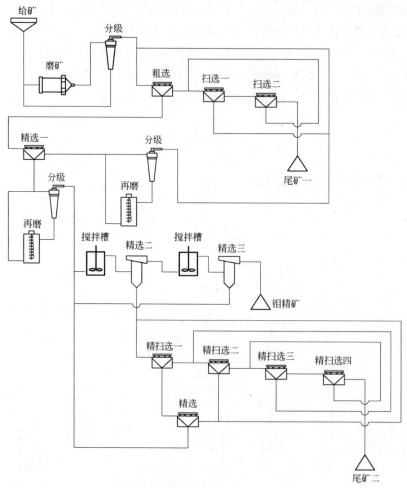

图 7-11 雷门沟钼矿浮选工艺流程

7.2.3 大黑山钼矿

大黑山钼矿于 2009 年投产，处理量 1.5 万吨/天。其中，3 段钼精选分别采用了 KYZ-3012、KYZ-2012 和 KYZ-1812 浮选柱。浮选工艺流程如图 7-12 所示。

7.2.4 鑫源钼矿[12]

河北鑫源钼矿选别工艺流程是：一段粗磨后进入粗选作业，预精选精矿送至分级—再磨系统后给入浮选柱进行选别，精选尾矿进行精扫选作业，中矿顺序返回。粗、扫选采用浮选机，精选采用浮选柱，精扫选采用浮选柱和浮选机。浮选工艺流程如图7-13所示。

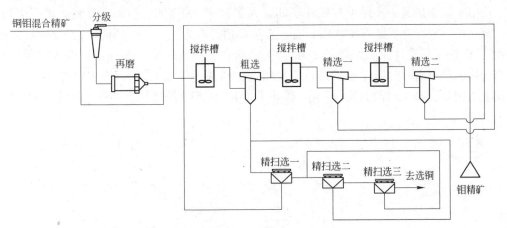

图 7-12   大黑山钼矿浮选工艺流程

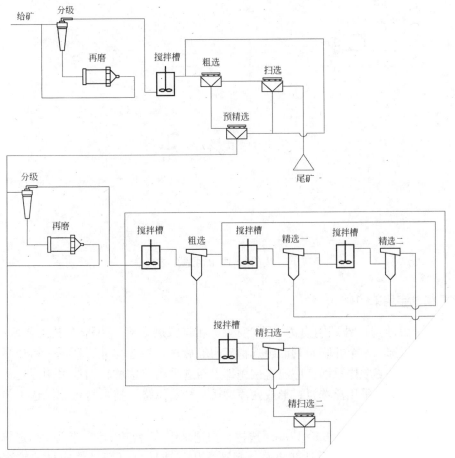

图 7-13   鑫源钼矿浮选工艺流程

7.2.5　汝阳东沟钼矿

汝阳东沟钼矿是一座伴生有磁铁矿的特大钼矿床，钼矿储量68.9万吨。矿石中钼主要以硫化钼形成存在，脉石矿物以长石、石英和角闪石为主，伴生铁矿物约80%是磁性铁矿物[13]。选矿厂设计原矿处理量2万吨/天，粗选、扫选、预精选和精扫选采用浮选机，预精选精矿经再磨—分级作业后进行3次精选，精选一作业采用KYZ-3012浮选柱，精选二作业采用KYZ-2012浮选柱，精选三作业采用KYZ-1512浮选柱。浮选工艺流程如图7-14所示。

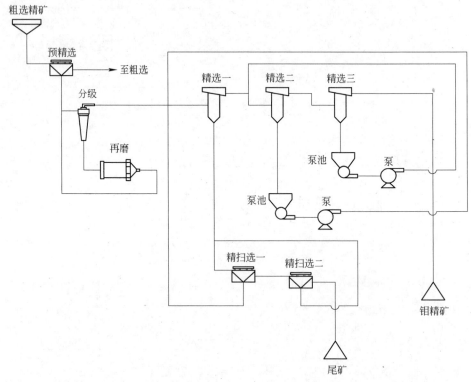

图7-14　汝阳东沟钼矿浮选工艺流程

7.2.6　永煤龙宇钼矿[12]

永煤龙宇万吨选厂处理能力为1万吨/天，粗选段磨矿细度65%，其工艺流程如下：一段粗磨进入粗选，两个并联系列的粗选精矿再磨后进入浮选柱进行精选，精选尾矿进行精扫选作业，其精矿顺序返回，底流直接抛掉。粗选采用浮选柱，扫选采用浮选机，精选采用浮选柱，精扫选采用浮选机，形成两段磨矿、精选闭路的技术特点。浮选工艺流程如图7-15所示。

该流程粗选采用4台4.0m×12m浮选柱，扫选采用32台40m³浮选机。扫选作业间阶梯配置，中矿采用泵返回。设计初衷是：粗选采用浮选柱可以把易浮的目的矿物优先选出，再磨后进行精选，可以获得高品位的钼精矿；扫选采用浮选机来保证总体回收率。该厂原矿钼品位约0.12%，精矿钼品位45%~52%，钼回收率约90%。

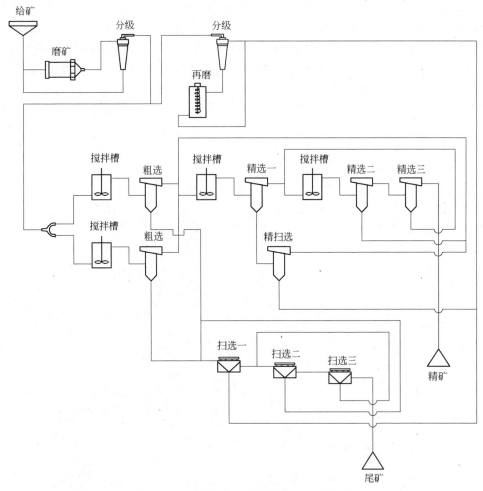

图 7-15　永煤龙宇万吨选厂浮选工艺流程

7.3　柱浮选技术在铜钼矿的应用

铜-钼矿以回收铜为主，兼以回收钼。世界钼总量的 50% 以上来源于伴生钼矿，而伴生钼资源绝大部分又来源于铜-钼矿石。通常铜-钼矿石中钼品位很低，仅 0.01%~0.03%[9]。但是，铜-钼矿山储量大，生产规模大，矿山数量多、分布广。通常，铜钼矿选别工艺应用柱机联合浮选工艺流程占多数，按选别顺序可细分为铜-钼混合浮选和铜-钼分离浮选。

7.3.1　甲玛铜矿

西藏甲玛铜矿为铜多金属矿，矿区金属硫化物以原生硫化物为主，主要为黄铜矿（$CuFeS_2$）、斑铜矿（Cu_5FeS_4）、黝铜矿（$Cu_{12}Sb_4S_{13}$）、辉钼矿（MoS_2）、方铅矿（PbS）和闪锌矿（ZnS）等；其次为辉铜矿、蓝辉铜矿、辉砷铜矿、铜蓝、硫钴矿、硫铋铜矿等。原矿含铜 0.7%~0.8%、钼 0.02%、金 0.3~0.4g/t、银 21~23g/t，一期选厂设计矿石处理量 6000t/d，分为两个平行系列。选别工艺由铜钼混合浮选流程和铜钼分离浮选流程组成。铜钼混合浮选包含两次粗选作业、两次扫选作业和三次精选作业，均采用浮选机作为选别设备。铜钼分离浮选流程一个系列采用全浮选机流程，需要经过 8 次精选获得合格的钼精矿；另一个系列采用"柱机联合"流程，采用了 1 台 KYZB-0812 浮选柱和 1 台 KYZB-0612 浮选柱进行两次精选替代原流程中采用 12 台浮选机进行了 8 次精选。生产实践表明，两个系列精矿中钼品位相当。单系列铜钼分离浮选流程如图 7-16 所示。

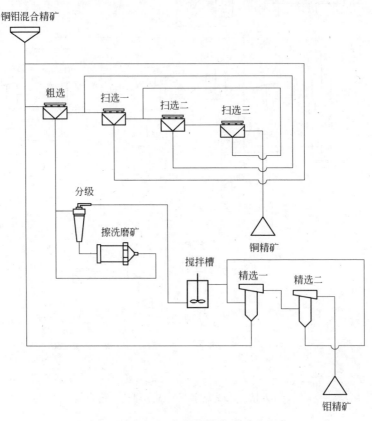

图 7-16 甲玛一期铜钼分离浮选流程

7.3.2 索尔库都克铜钼矿[14,15]

索尔库都克铜钼矿是我国典型的伴生钼的矽卡岩型铜矿，其自然类型以稀疏浸染状的黄铜矿为主，其次为稀疏浸染状含辉钼矿的黄铜矿矿石。矿石中辉钼矿分布很分散且不均匀，与其他矿物间嵌镶关系密切，形态复杂，多呈纤维状，粒度微细，充分回收难度很大。该矿选厂一期工程应用全浮选机流程，二期扩能工程，采用旋流-静态微泡浮选柱进行铜钼混合粗选、铜钼混合精选、铜钼分离粗选、钼精选等作业，与浮选机扫选作业结合形成"柱机联合"浮选工艺流程。在原矿铜品位 0.65%、钼品位 0.046%的情况下，经稳定运行获得了铜精矿品位 21.8%、铜回收率 91.73%、钼精矿品位 50.6%、钼回收率 55.68%的选别指标。较一期全浮选机工艺相比，柱机联合浮选工艺流程明显简化，铜钼分离效果得到了提高。

铜钼混合浮选粗选、精选作业采用 FCSMC4000-8000 和 FCSMC3000-7000 浮选柱各两台，扫选作业采用 BF-24 浮选机 8 台。铜钼分离浮选粗选、精选采用 FCSMC2000-8000、

FCSMC1000-7000、FCSMC800-7000 和 FCSMC600-6000 浮选柱各 1 台，扫选采用 BF-4 浮选机 4 台。其中，二期系统浮选工艺流程如图 7-17 所示。

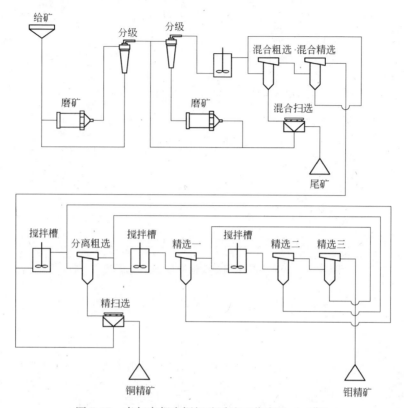

图 7-17 索尔库都克铜钼矿浮选工艺流程（二期）

7.3.3 乌努格吐山铜钼矿

乌努格吐山铜钼矿床属于大型低品位、多金属伴生矿床。矿床境界内平均工业品位：铜仅为 0.23%，钼仅为 0.048%。矿石中含铜矿物主要为黄铜矿，其次为辉铜矿、铜蓝等，伴生辉钼矿。选矿厂采用粗碎—SABC 碎磨—铜钼混合浮选—铜钼分离浮选的工艺流程。一期工程设计原矿处理量 3 万吨/天，分为两个平行系列。铜钼混合浮选回路包括 1 次粗选、3 次精选和 3 次扫选共 7 个作业，采用了 32 台 KYF-160m³ 浮选机和 30 台 KYF-24 m³ 浮选机。铜钼分离浮选是"柱机联合"工艺流程，粗选、扫选和前 3 次精选作业均采用浮选机，后 3 次精选作业采用了 4 台 φ1.5m×12m 浮选柱和 2 台 φ1.2m×12m 浮选柱。正常投产后，铜精矿中铜品位可达 20.78%，铜回收率为 83.92%，钼精矿中钼品位可达 46.3%，钼回收率为 79%[16]。一期铜钼分离浮选工艺流程如图 7-18 所示。

二期工程设计原矿处理量 4.5 万吨/天，铜钼分离浮选回路采用了 1 台 φ2.0m×12m 浮选柱，1 台 φ1.8m×12m 浮选柱，1 台 φ1.6m×12m 浮选柱，1 台 φ1.5m×12m 浮选柱和 1 台 φ1.2m×12m 浮选柱。生产实践表明，铜钼分离浮选生产指标较好。二期浮选工艺流程如图 7-19 所示。

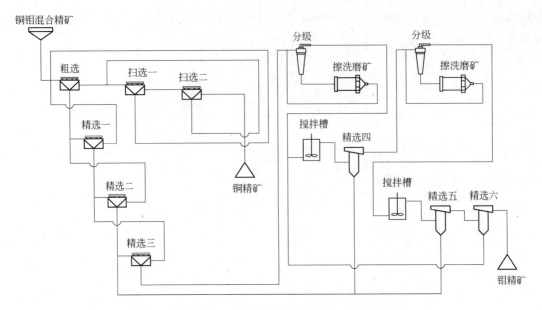

图 7-18　乌努格吐山铜钼矿铜钼分离浮选流程（一期）

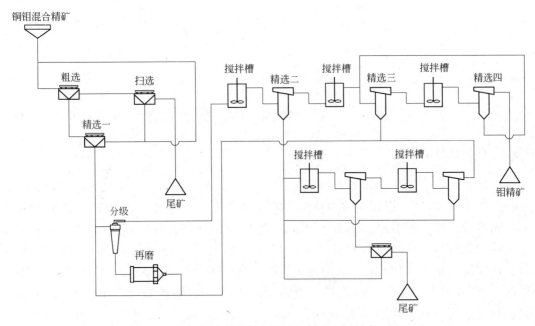

图 7-19　乌努格吐山铜钼矿铜钼分离浮选流程（二期）

7.3.4　Los Pelambres 铜钼矿[17]

智利 Los Pelambres 铜钼矿位于圣地亚哥北部约 200km 处，海拔高度 3200m。矿石以硫化矿为主，辉铜矿和蓝辉铜矿约占 50%，铜蓝约占 15%，黄铜矿约占 35%。原矿含铜品位 0.63%~0.83%，含钼品位 0.015%~0.0218%。至 2006 年 8 月，浮选工艺回路中含有 4 个并列的粗选作业，每个粗选作业由 9 台 Wemco 130m³ 的浮选机组成，粗选精矿输送至两台装机功率约 735kW 的立磨机进行再磨。再磨后的矿浆泵送至 10 台 $\phi4m\times14m$ 浮选柱进行精选，浮选柱尾矿给入两个并列的精扫选作业，单一精扫选系列配置了 9 台 Wemco 130m³ 的浮选机。精扫选作业的尾矿返回至再磨回路。粗选和精扫选作业的尾矿合并成最终尾矿。2006 年 9 月，新增加了两个粗选系列和两台装机功率约 1103kW 的立磨机，每个粗选作业有 5 台 250m³ 的浮选机。后来，又新增了 1 台半自磨机，分为两个粗选系列，每个粗选系列有 5 台 250m³ 的浮选机，原第 5、6 系列又各增加了 1 台 250m³ 的浮选机，精选作业新增加了 4 台 $\phi4m\times14m$ 浮选柱。经过几次扩产后，原矿处理量 7899~8842t/h，精矿铜品位 39.2%，回收率可达 89.6%。目前，浮选工艺流程如图 7-20 所示。

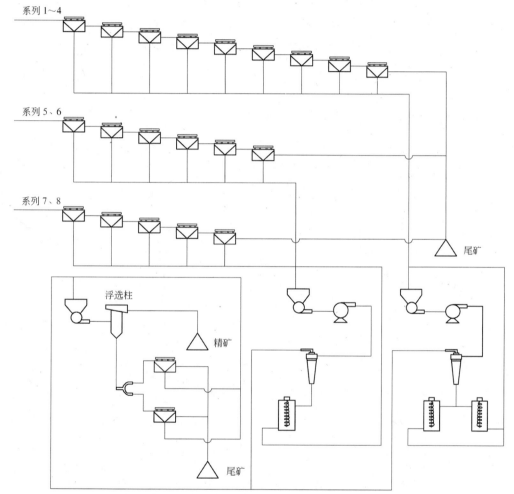

图 7-20　Los Pelambres 铜钼矿浮选工艺流程

7.3.5　Toromocho 铜钼矿

Toromocho 铜钼矿位于海拔 4300m 以上，设计原矿处理量 15 万吨/天，矿石类型为铜钼矿。粗、扫选段分为四个系列，平行布置。其中，铜精选作业采用了 4 台 KYZ-4314 浮选柱，钼精选作业采用了 2 台 KYZ-2514 浮选柱。图 7-21 是铜精选作业流程，图 7-22 是钼精选作业流程。

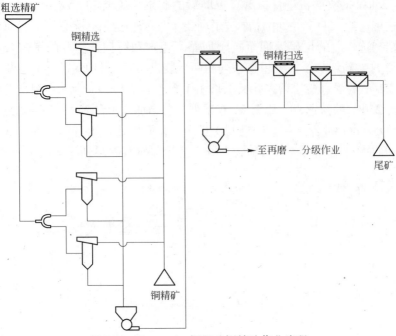

图 7-21 Toromocho 铜钼矿铜精选作业流程

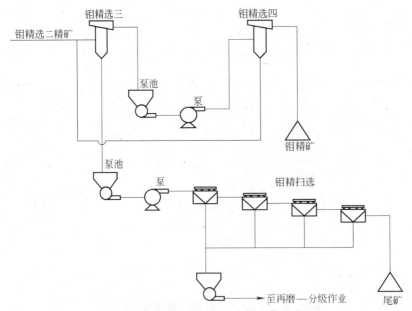

图 7-22 Toromocho 铜钼矿钼精选作业流程

7.4 柱浮选技术在铅锌矿的应用

自然界的铅锌矿石共生情况复杂，由于选别工艺流程复杂，其生产规模相对较小，流程中以小型浮选机为常见配置。早期普遍采用自吸气机械搅拌式浮选机，近些年充气机械搅拌式浮选机和浮选柱在工业上逐渐开始得到应用。

7.4.1 蔡家营铅锌矿

蔡家营铅锌矿是以铅、锌、金、银为主要有用矿物的多金属硫化矿，原设计处理量20万吨/年，选择单一锌浮选流程。为进一步回收矿石中铅、金、银金属，提高锌精矿品位，进行了生产流程的改造。改造后的生产工艺流程如图7-23所示。

来自磨矿系统的矿浆先经1次粗选、1次扫选、2次精选、中矿再磨、再选的闭路流程，选出富含金、银的合格铅精矿，然后经1次粗选、1次扫选、2次精选、中矿再磨、再选流程选出合格的锌精矿。铅粗选、扫选、锌粗选、扫选采用KYF-10型充气式浮选机，铅精选采用KYF-2型浮选机和1台ϕ1.4m×12m浮选柱，锌精选仍采用原流程的浮选机。实践表明，浮选柱给矿铅品位10.50%，经一次浮选柱选别作业后，可获得铅品位55.00%、作业回收率65.00%的精矿。生产实践表明，浮选柱分选精度较高，1台浮选柱作精选可达到常规浮选机2~3次精选的效果[18]。

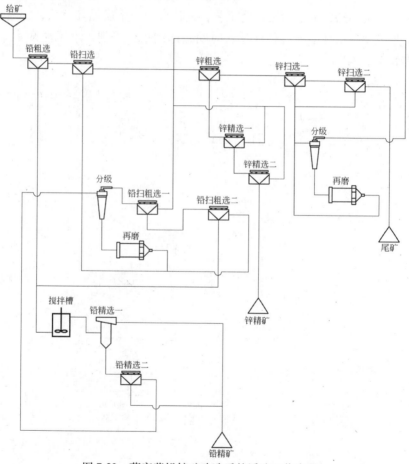

图 7-23 蔡家营铅锌矿改造后的浮选工艺流程

7.4.2 华联锌铟都龙矿

华联锌铟都龙矿是含有大量共伴生稀贵金属的锌锡多金属硫化矿，其中稀贵金属铟储量居全国第一，锡金属储量居全国第三，锌金属含量居云南省第三。都龙矿区矿石性质复杂，属于

典型的细、贫、杂难选矿石。扩建的 8000 t/d 选矿厂采用单系列配置，碎磨作业采用先进的
SAB（半自磨-球磨）工艺流程，选别采用浮选—磁选—重选联合工艺流程，以浮选方法回收
铜、锌、硫，磁选回收铁，浮选—重选联合流程回收锡，最终实现了锌、铟、锡、铜、银、
铁、硫的综合回收。其中，锌精选作业采用了 3 台 φ4.3m×8.5m 浮选柱和 2 台 φ3.66m×8.5m 浮
选柱，铜精选作业采用了 1 台 φ2.65m×10m 浮选柱和 1 台 φ2.0m×10m 浮选柱[19]。

7.4.3 Red Dog 铅锌矿

Red Dog 铅锌矿位于阿拉斯加西北部的北极圈内，是一个石炭纪到二叠纪、黑页岩容
矿型的锌铅银矿床。矿石初磨至 -65μm 含量 80% 时，50% 方铅矿、70% 闪锌矿和 65% 黄铁
矿才达到了单体解离。由于含铅、锌、银等目的矿物嵌布粒度极细，且共生关系复杂，早
期浮选工艺流程中损失于尾矿中的连生体较多，且铅、锌精选回路的中矿循环负荷大，选
别指标不理想。自 1989 年 11 月投产以来，浮选工艺流程历经数次改造，浮选工艺得到了
优化。特别是精选回路，增加阶段再磨工艺，设计合理的中矿循环负荷，并通过降低精选
作业入选矿浆浓度，增加了精选作业浮选时间，选别指标得到了不断提升[20]。目前的生
产工艺流程如图 7-24 所示。

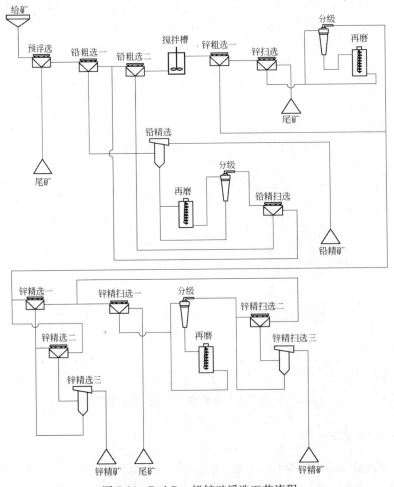

图 7-24 Red Dog 铅锌矿浮选工艺流程

矿浆先进行预浮选作业脱除天然易浮的有机碳质和自然硫，然后依次选别铅、锌。选厂共采用了 59 台 50m³ OK 浮选机，8 台 ϕ3.66m CPT 浮选柱和 4 台 ϕ2.74m CPT 浮选柱。铅和锌精选回路共采用了 10 台 350kW 立式搅拌磨机，铅再磨细度 15~18μm 含量占 80%，锌再磨细度 17~29μm 含量占 80%。

2006 年，在锌精选回路进行了两种类型浮选柱的对比试验。由 Mesto 公司生产的浮选柱 CISA 型微泡充气器能提供比 CPT 浮选柱的 SlamJet 充气器产生的气泡直径更小，试验期间应用 CISA 型浮选柱锌品位提高 0.6%，回收率增加 2.8%。目前，已经在锌精选回路增加了一套微泡充气器系统，铅浮选回路增加了两套微泡充气器系统。

7.5 柱浮选技术在钨矿的应用

长期以来，国内微细粒级钨矿泥的回收是困扰选矿厂技术进步的一个难题，而常用的机械搅拌式浮选机对钨细泥的回收效果不甚理想。然而，随着柱浮选技术的发展，气液混合型浮选柱很好地解决了微细粒钨矿物矿化效率低的问题，强化了微细粒钨矿物的回收，柱浮选技术在工业上获得了成功应用。

7.5.1 柿竹园钨钼铋多金属矿[21]

柿竹园钨、钼、铋、萤石复杂多金属矿是以钨、铋为主，伴生有钼、锡石、萤石、石榴子石的复杂多金属矿床。经过国家"八五"、"九五"攻关，提出了钨、钼、铋主干全浮工艺流程。多金属选矿厂的规模为 3500t/d，由 1998 年投产的 1000t/d 生产车间和 2006 年投产的 2000t/d 生产车间组成。

1000t/d 生产车间钨粗选作业原采用浮选机进行选别，当处理量扩大为 1500t/d 时，由于场地原因浮选设备并未增加，浮选时间缩短，钨选别指标不理想。2005 年，在试验基础上将钨粗选作业设备由浮选机改为旋流静态微泡浮选柱，选别流程为 1 次粗选、1 次精选，使钨的选别指标得到明显改善。

2006 年投产的 2000t/d 生产车间采用"柱机联合"浮选流程，一次粗选采用了 1 台 ϕ4m×9m 旋流静态微泡浮选柱，精选采用了 1 台 ϕ3.2m×9m 浮选柱，二次粗选和扫选采用浮选机。由于浮选柱对细粒级的钨回收较好，而浮选机对相对粗粒级的钨、性质复杂的钨和部分黑钨矿的回收较好，提高了选厂钨的总体选别指标。2000t/d 车间采用"柱机联合"流程后，钨粗选作业的回收率由 65.71% 提高到了 76.13%，回收率增加了 10.42%；钨的总回收率由 53.18% 提高到了 63.96%，回收率增加了 10.78%。浮选工艺流程如图7-25所示。

7.5.2 栾川三道庄矿

栾川三道庄矿区不仅是我国大型钼矿床（MoS₂），也是我国第二大白钨矿床（Ca₂WO₄），钼金属储量 67.25 万吨，钨金属储量 50.25 万吨。矿石中白钨品位低（平均工业品位 0.121%），嵌布粒度细，组分复杂，回收技术难度大。栾川地区白钨矿回收工艺流程普遍采用浮选柱进行浮钼尾矿的粗选，粗精矿经过浓密机浓缩，加温脱药，采用浮选机进行精选。精选段改用浮选柱替代浮选机，浮选机原流程为 1 次粗选、5 次精选和 4 次精扫选，后改成 1 次粗选、2 次精选和 2 次扫选流程，在粗精

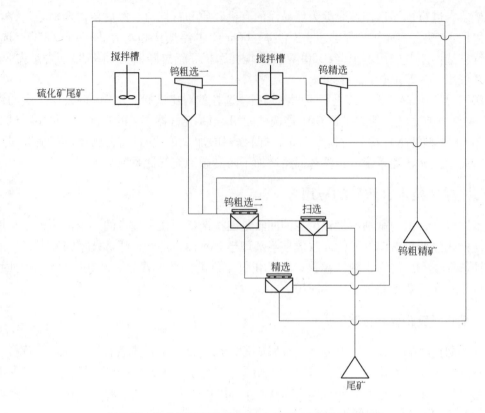

图 7-25　柿竹园钨钼铋多金属矿 2000t/d 浮选工艺流程

矿平均品位为 1.26% 的情况下，白钨粗精矿经过浮选柱进行 1 次粗选、2 次精选和 2 次扫选，获得白钨精矿品位 28.09%，比 BF 型浮选机获得的精矿品位高 2.98%，回收率增加 1.13%[22]。

7.6　柱浮选技术在铁矿的应用

浮选柱已经在世界范围内被很多选矿厂考虑去替代浮选机用于降低细粒级铁精矿中的 SiO_2。浮选柱具有泡沫洗淋水的结构，所以能降低精矿中的含硅量，且能使铁的损失保持最低。最新的费用比较表明，安装一条浮选柱回路的费用，比安装一条相应的传统浮选回路，一般要低 20%~30%。高质量球团矿要求铁精矿 SiO_2 的含量为 1%~2% 以下，反浮选已被证明是降低铁精矿中硅含量的一种经济和有效的方法。

国外方面，巴西铁矿工业在采用浮选柱降低球团矿中硅的含量方面居于世界领先地位。目前，多家公司选矿流程中已经采用了浮选柱，表 7-2 中列出了应用浮选柱进行铁矿反浮选脱硅的主要选矿厂[23]。

国内方面，反浮选提铁降硅是我国铁矿分选领域一项重要的研究内容。虽然一直以来浮选机是主体浮选设备，浮选柱鲜有工业应用的报道，但是仍开展了不少浮选柱的应用基础研究。张海军[24] 等以 FCSMC 浮选柱作为关键反浮选设备，在鞍钢弓长岭选矿厂进行了磁铁矿提铁降硅工业试验，采用一次粗选二次扫选工艺流程可使铁精矿品位提高到 69.1%，SiO_2 含量降至 4.40%，铁回收率达到 95.81%，生产指标稳定。

表 7-2　铁矿反浮选脱硅应用浮选柱的主要选矿厂

公　司	作业	数量	规　格	应用范围
Samrco	再精选	3	3m×6m×13.6m	从铁英岩中除硅
	再精选	4	3.67m×13.6m	从铁英岩中除硅
	扫选	2	3m×4m×13.5m	从铁英岩中除硅
	扫选	1	2.44m×10m	从铁英岩中除硅
	粗选	1	3m×4m×12m	从铁英岩中除硅
	精选	1	3m×2m×12m	从铁英岩中除硅
MBR	粗选	2	3.67m×14m	从赤铁矿中除硅
	精选	1	3.67m×14m	从赤铁矿中除硅
Samitri IB-Ⅲ	粗选	1	4m×12m	从铁英岩中除硅
	精选	1	4.5m×12m	从铁英岩中除硅
	扫选	3	4.5m×8m	从铁英岩中除硅
CSN	粗选	3	4m×10m	从铁英岩中除硅
	扫选	1	4m×10m	从铁英岩中除硅
CVRD Timbopeba	粗选	2	4m×15m	从铁英岩中除硅
	精选	1	4m×15m	从铁英岩中除硅
CVRD Conceicao	粗选	6	3m×5m×14m	从铁英岩中除硅
	精选	3	3m×5m×14m	从铁英岩中除硅
Kudremuhk	粗选	2	4m×12m	从磁铁矿中除硅
	粗选	6	4m×12m	从赤铁矿中除硅
Uss mintac	精选	4	3.67m×12m	从铁燧石中除硅

南芬选矿厂新建了一个年处理量 100 万吨的赤铁矿选别车间，选别流程为阶段磨矿—弱磁选—强磁选—阴离子反浮选的选别工艺，反浮选工艺采用旋流-静态微泡浮选柱，工业生产一次调试成功，自投产以来，生产运行稳定。赤铁矿选别车间 2011 年 8 月 18 日~10 月 31 日生产指标为：原矿铁品位 29.01%、磁性率 33.45%，铁精矿品位 66.51%、选矿比 3.5[25]。

7.7　柱浮选技术在煤矿的应用

浮选是处理粒度小于 0.5mm 的细粒煤最广泛、最有效的分选方法。一般，煤泥量约占原煤的 10%~30%。原煤中主要是煤和矸石，煤具有较好的天然可浮性，但是煤中伴生矿物和煤粒粒度组成对煤的可浮性影响较大。由于煤泥粒度细，以浮选柱为核心设备的煤泥柱浮选技术，在精煤灰分、精煤水分和可燃体回收率等主要技术指标方面优势明显[26]。

7.7.1　东曲选煤厂

东曲煤矿是一座年入选原煤 400 万吨的大型矿井选煤厂，选煤工艺采用"三产品重介质旋流器精选+TBS 分选+煤泥浮选"的工艺流程。原尾煤回收设备采用 7 台 XJX-T12 型四室浮选机，经过 10 多年的运行，设备老化，导致尾煤矿回收差，浮选精煤损失严重，且严重恶化了煤泥水。为此，2007 年开始对浮选系统进行了技术改造，应用 2 台微泡浮选机和 4 台微泡浮选柱替代 XJX-T12 型浮选机，实现了大量尾煤回收，提高了精煤产率，同时降低了煤泥水浓度，经济效益显著[27]。

7.7.2 柴里选煤厂

山东省柴里煤矿选煤厂是一座入选能力为 240 万吨/年的矿井型选煤厂，自 1991 年 12 月建成投产以来，经过不断优化，形成了跳汰—重介质联合主选、煤泥部分浮选的联合生产工艺。原工艺中应用浮选柱对煤泥进行浮选，对于 0.075~0.15mm 粒度的煤泥分选效果较好，导致粒度大于 0.15mm 的煤泥只能靠高频截粗筛进行回收，由于粗颗粒的灰分不稳定，因而不能完全掺入精煤系统。2012 年 11 月，采用浮选机+浮选柱联合分选工艺对浮选系统进行了技术改造，将系统煤泥水进行分级入浮，粗颗粒由浮选机一次分选，细颗粒由浮选柱二次分选，即捞坑溢流和重介质弧形筛下水全部进入浮选机进行一次浮选，一次浮选精矿由沉降机回收进入精煤，尾矿进入 ϕ30m 浓缩机；一次浮选精矿沉降液及重介精煤泥旋流器溢流作为二次浮选入料进入浮选柱分选，浮选柱精矿由压滤机回收掺入精煤，尾矿进入 ϕ45m 浓缩机，压滤机滤液进入循环水池。改造后的工艺流程如图 7-26 所示[28]。

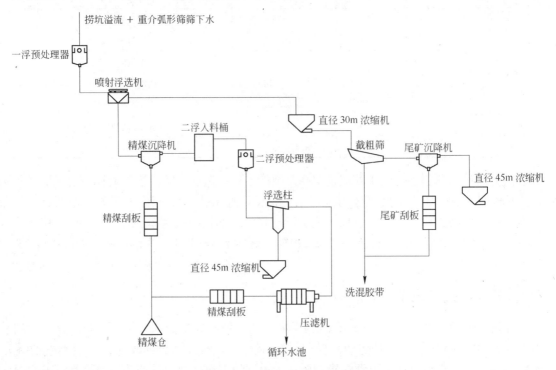

图 7-26 柴里煤矿选别工艺流程

柴里煤矿选煤厂浮选机+浮选柱联合分选模式实现了煤泥水全部入浮，彻底解决了多年来煤泥不能全部入浮的问题，有效降低了洗混煤的发热量。通过现场调试运行，浮选机及浮选柱的精矿、尾矿均达到了设定目标，且使柴里选煤厂的精煤产率提高 3.26%，经济效益显著。同时，浮选机+浮选柱联合浮选模式大大提高了细粒煤泥抽出力度，减少了细颗粒煤泥在系统中的循环量，降低了洗煤循环水浓度，真正实现了"清水"洗煤。

7.7.3 中心选煤厂

新矿内蒙能源中心选煤厂为一期设计能力 300 万吨/年的炼焦煤选煤厂，设计工艺为
50~1mm 粒级物料有压两产品重介质旋流器再选，1~0.25mm 粒级物料 TBS 分选机分选，
0.25~0.125mm 粒级物料二次浓缩，小于 0.125mm 粒级物料浓缩压滤。中心选煤厂试运
行后发现煤泥灰分偏低、发热量较高，部分细颗粒精煤损失在尾煤泥中；与此同时，入选
原煤煤质发生了较大变化，煤泥含量由原来的 8% 增加至 12%，不仅导致洗水浓度偏高，
影响煤泥水处理，而且致使分选精矿下降，精煤综合产率降低。采用 FCMC 型旋流微泡浮
选柱对原生产工艺进行改造后的实践结果表明，旋流微泡浮选柱分选工艺在该厂的应用不
仅满足了精煤灰分不大于 8.50% 的要求，还提高了精煤的综合产率[29]。选别工艺流程如
图 7-27 所示。

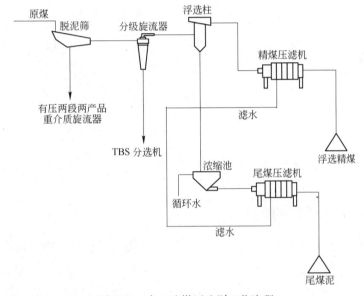

图 7-27　中心选煤厂选别工艺流程

7.7.4 太西洗煤厂

太西洗煤厂二分区原设计煤处理能力为 60 万吨/年，经 2001 年改建后，原煤处理能
力已达 150 万吨/年。该厂采用 0~80mm 原煤不脱泥无压给料三产品重介旋流器主选、煤
泥直接浮选的联合工艺流程，选别工艺流程如图 7-28 所示。该厂浮选系统采用 4 台
FCSMC-3000 旋流-静态微泡浮选柱，应用实践表明该设备具有以下特点[30]：

（1）选择性好。在通常入料条件下，入料灰分小于 20% 时，浮选精煤灰分一般低于
6.5%，特别是对细粒煤泥的选择优势明显。

（2）适应性强。FCSMC-3000 旋流-静态微泡浮选柱对入料粒度、浓度、灰分均具有较
强的适应性。

（3）电耗低。FCSMC-3000 旋流-静态微泡浮选柱的动力仅为一台循环泵，与同等能力
的浮选机相比，电耗可降低 1/3 以上。

（4）产品质量稳定。在入料浓度、灰分变化较大的情况下，浮选精煤灰分比较稳定，一般在7.5%以下。

（5）设备运行稳定。FCSMC-3000旋流-静态微泡浮选柱设备可靠性高，操作简单，维护方便。

（6）投资运行费用低。整个浮选柱工艺系统的投资、建设周期、运行费用比常规浮选工艺系统降低1/3~1/2。

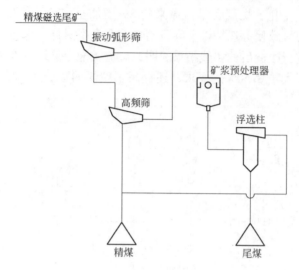

图7-28 太西洗煤厂选别工艺流程

7.8 柱浮选技术在磷矿的应用

磷矿浮选工艺有其特殊性，曾为此研究开发了专用的浮选机。随着国内中低品位磷矿资源的开发需要，浮选柱作为一种高效的浮选设备开始得到了应用。20世纪80年代开始，美国佛罗里达地区磷矿选别流程中就应用了Flotair浮选柱。近些年，国内积极开展了柱浮选工艺应用于磷矿石选别的适应性研究，浮选柱在昆阳磷矿和小坝磷矿得到了工业应用。生产实践表明，浮选柱对于高镁、低磷的磷矿选别指标较好。

7.8.1 昆阳磷矿

云南磷化集团昆阳磷矿450万吨/年项目设计了两个选矿车间。一车间采用正-反浮选工艺，处理能力150万吨/年，共两个系列，采用了全浮选机流程。二车间采用"柱机联合"浮选工艺，处理能力300万吨/年，共两个系列，采用了8台φ4.5m×10m浮选柱和8台容积130m³的充气式浮选机。二车间浮选工艺流程如图7-29所示。

二车间处理的是钙质胶磷矿，采用单一反浮选流程，反浮选脱除碳酸盐杂质达到富集有用矿物的目的，工艺流程为一次粗选一次精选共两个作业，粗选采用4台KYZ-B型浮选柱并联，精选作业采用4台130m³浮选机串联，原设计整个工艺流程为全开路流程，操作简单。由于精选作业泡沫量较小，浮选机内浅泡沫层的泡沫自溢流时液位不易控制导致分选指标波动较大，后改造为半闭路流程，即精选作业后两台浮选机的泡沫返回至浮选柱进行再次选别，在入选原矿品位、精矿品位相近的情况下，精矿产率提高了 6.74%，回收率提高了 9.14%[31]。在入选原矿 P_2O_5 品位 20.9%、MgO 品位 5.5%，经过一次粗选两次精选作业，精矿品位可以富集到 $P_2O_5 \geqslant 29.5\%$、$MgO \leqslant 0.8\%$、回收率不小于 72%，该技术成功地应用到钙质胶磷矿产业化生产中，为合理开发利用云南中低品位胶磷矿打下坚实基础[32]。

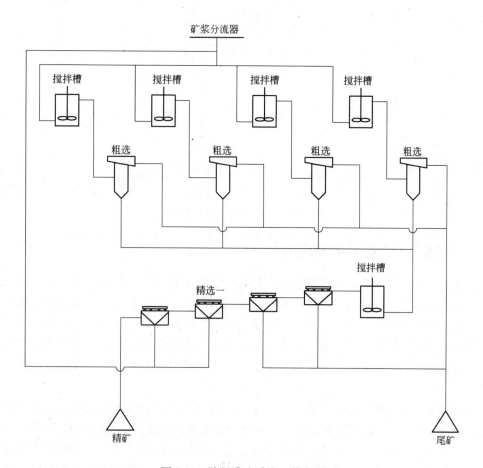

图 7-29　昆阳磷矿浮选工艺流程

7.8.2　小坝磷矿

贵州小坝磷矿属于典型的高镁、嵌布粒度细、低磷的"胶磷矿"。2012 年建成处理量为 1200t/d 的磷矿选矿流程，以浮选柱为选别设备。选矿工艺流程如图 7-30 所示。

粗选采用单台浮选柱进行反浮选，浮选泡沫作为尾矿直接排出，浮选底流进入精选柱，精选柱底流为精矿送浓密脱水，泡沫进入扫选柱；扫选柱泡沫和粗选柱泡沫并流排出，底流返回粗选柱。当磨矿细度为 −0.074mm 占 78%，原矿 P_2O_5 品位为 20.80% 时，浮选精矿品位 P_2O_5 为 32.56%，尾矿 P_2O_5 品位为 9.0%，精矿回收率为 78.87%[33]。

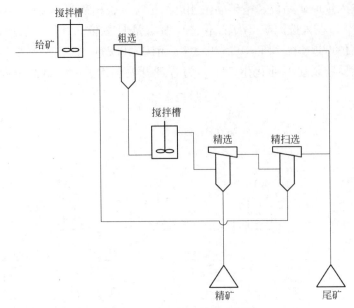

图 7-30　小坝磷矿浮选工艺流程

7.9　柱浮选技术在萤石矿的应用

　　萤石是一种重要的非金属矿物原料，具有广泛的工业用途。含氟矿物萤石，是生产氢氟酸的唯一原料，是炼钢的主要溶剂和生产铝的添加剂，也是玻璃工业的重要附加剂和氟化盐工业的基础原料。近些年来国内外对萤石的需求量逐年增加，预计今后几年内，萤石精矿的需求量仍将保持上升趋势。随着多年的开采，高品位萤石矿已日渐枯竭，因此低品位伴生萤石矿的回收越来越受到人们的重视，这为从浮钨尾矿中综合回收萤石提供了良好契机。

　　柿竹园有色多金属矿伴生的萤石资源丰富，萤石储量占全国伴生萤石储量的74%，占全国萤石储量的5%。原矿除含有钨、钼、铋等有价金属元素外，萤石含量为18%~25%。由于萤石嵌布粒度细、原矿矿物组成复杂，萤石与其他矿物致密共生，且矿石中的含钙矿物对萤石分选精度的干扰作用明显，回收萤石精矿难度较大，因此90%以上的萤石随钨粗选尾矿排入尾矿库。后历经多次试验研究，建立了萤石浮选工艺生产线，首次采用旋流-静态微泡浮选柱对萤石矿进行一次粗选，形成了"机柱联选、九段精选、浮磁结合"的选矿工艺，萤石回收率达47.13%，品位达95%~97%。

7.10　柱浮选技术在其他领域的应用

　　随着浮选法受到越来越多的关注，柱浮选技术的应用也从传统选矿行业拓宽至其他许多新兴领域。下文简单介绍了柱浮选技术应用于废纸脱墨、含油废水分离和污水处理等领域的情况。

7.10.1　废纸脱墨

　　废纸回收利用在减少污染、改善环境、节约原生纤维资源及能源、保护森林资源等方面能产生巨大的经济效益和环境效益。脱墨是印刷废纸回收利用的关键环节，浮选是主要的脱墨方法。废纸脱墨浆制备工序由疏解、除尘、漂白、脱墨及洗涤 5 部分组成。今天，人们已认识到浮选工艺是废纸再生业最重要的工艺环节之一。

浮选是利用废纸中纤维、填料和油墨等组成的疏水性不同，油墨颗粒能黏附在上升的气泡表面形成泡沫产品（废弃物），含有油墨的泡沫由刮板刮出或真空抽吸方法除去，而纤维和填料留在纸浆中可重复利用。浮选能去除 10~150 μm 的油墨粒子，如果加入凝聚剂，直径小于 5 μm 的油墨粒子也可去除。

浮选脱墨过程是在浮选设备内完成的，所以浮选脱墨设备性能的高低直接影响到产品浆粒的质量。1935 年，首个专利将浮选用于脱墨，但未能在生产上推广应用。1955 年，世界上第一台商业用浮选脱墨槽在北美安装并投入使用，这是一台当时流行的丹佛（Denver）浮选机。1959 年，欧洲安装了第一台浮选脱墨槽——Voith 公司生产的 Voith Paddle Cell。20 世纪 90 年代以来，浮选槽的结构和功能有了不断的革新和改进，以适应废纸脱墨的要求。例如在槽体大小、形状、空气注入方式、浮选化学的进步和气浮物去除方法等方面[34]。

早期的脱墨浮选槽都是机械搅拌式，气源是空气（如 Voith Paddle Cell 浮选槽）或压缩空气（如 Escher Wyss 浮选槽），此后相继推出了 DA Vertical、Tubular Injector、CF、Lineacell 等空气自吸式浮选槽，这也成为脱墨浮选机的主流机型。后来，Kvaener Hymac 公司吸收矿物浮选研究成果，将矿物浮选中的浮选柱引入到脱墨浮选工艺中，于 1994 年成功开发了脱墨浮选柱（Column Cell）。纸浆从距浮选柱顶部约 1/3 高度部位给入，向下流动，与从浮选柱底具有微孔（孔径 0.5μm）的金属喷雾器产生的大量上升气泡混合，在混合区油墨颗粒与气泡发生碰撞、黏附作用，黏附着油墨颗粒的气泡上升至浮选柱顶部，通过旋转刮泡器将含有油墨的泡沫刮入溜槽中。这种方法的一个优点是剪切应力较低，油墨/气泡混合物的破裂程度最小。对于生产能力为 150t/d 的废纸脱墨流程，浮选柱的尺寸为直径 4.3m，高 7m[35]。

1996 年第一台浮选柱在北美一家废纸回收厂正式运行。同年，在法国拉科姆帕尼-格林费尔德脱墨厂安装了第一套脱墨浮选柱。

由于浮选柱结构简单，制造成本低，占地面积小，实际脱墨效益高，纤维损失率低，可获得高白度的废纸浆，现在已经越来越引起人们广泛的重视。

7.10.2　含油废水分离[36]

含油废水是石油开发利用活动中产生的一种面广、量大的污染源。油分主要以浮油、分散油、乳化油、溶解油和油-固体物等形式赋存在水体中。含油废水常用的分离方法主要有物理法、物理化学法、化学破乳法、生化法和电化学法等，分离的难易程度取决于油分在水体中的存在形式。含油废水中的浮油一般可采用重力场分离技术予以去除，溶解油可通过水体中的生物进行分解净化，而以胶体状态存在的微细分散油及乳化油，粒径较小，状态稳定而较难去除。近些年来，浮选技术以其高的分离效率、低廉的投资和运行成本，成为国内外正在深入研究与不断推广的一种水处理新技术。

加拿大 CPT 浮选柱是一种独特的油水分离器，其通过使用分散气体压力容器（VOS 槽）来处理需要进行高度分离的含油污水。CPT 浮选柱安装所需的面积很小，并能降低现场的挥发性有机物总量，柱高一般为10~15m，直径为0.4~2m。该设备在美国、安哥拉、尼日利亚等国的多家油田企业使用。

由美国犹他大学研制的旋流充气浮选柱是一种结合了旋流分离和气浮选技术的新型油水分离装置。进水从浮选柱中上部旋流给入，在浮选柱侧壁布气，含油泡沫从浮选柱顶部排出，出水从底部排出。该种类型浮选柱的生产效率高，可不断提高离心力场强度来强化浮选效果。

李小兵等通过浮选柱聚结气浮-载体选择性吸附气浮工艺集成，在胜利油田孤六联建设了2000m³/d"浮选柱聚结气浮-选择性吸附气浮"工业系统。工业试验结果表明，该技术具有工艺独特、指标先进和无底泥产生等特点。针对含油浓度1000~2000mg/L、悬浮物120mg/L左右的进水，处理后一级聚结气浮出水含油浓度为101.51mg/L，脱油率为89.46%，即一级气浮能回收85%以上的油，二级载体选择性吸附气浮出水的含油浓度23.39mg/L，总脱油率为97.70%。同时，每处理1m³水可减少污泥排放量1.87kg，既简化了总体处理工艺，又降低了处理成本。

7.10.3　污水处理

污水处理过程中产生的絮体一般采用气浮法分离。气浮法可以用于从污水中除去固体、离子、大分子和纤维等。该项技术在水处理领域得到了广泛应用，常见的气浮方法主要为压力溶气法（DAF）和涡凹气浮法（CAF）。气浮法与常规选矿中的浮选法既有许多相似之处，又有很大不同。由于处理对象不同，污水处理对于浮选设备主要有以下要求[37]：

（1）污水中含有特别小的颗粒（或胶体），需要产生微小气泡。

（2）当处理污水中团聚产生的胶体时，浮选过程应当避免剪切速度，防止易碎的团聚体破碎。

（3）污水质量浓度一般很低。

正是基于浮选柱能产生微小气泡和具有静态分选环境等特点，柱浮选技术作为污水处理一种潜在的技术方法，研究学者对其开展了广泛的应用研究。

随着城市化进展的加快，城市污水处理面临着巨大的挑战。城市污水主要包括生活污水、工业污水和雨水。我国城市供水水源约1/4为湖泊、水库富营养化问题严重，当藻类过度繁殖时，饮用水质量难以达标；当藻类极度繁殖时，即使增大消毒剂、混凝剂和助滤剂等的投加量也不能使饮用水的水质达标，很多水厂不得不暂时关闭。藻类密度小，在水中处于悬浮状态，不易沉降。藻类细胞壁的主要成分是脂多糖、果胶质、肽聚糖、纤维素、几丁质和质白质等，细胞壁外大多有一层胶质，其成分为果胶酸和粘多糖，其中半乳糖醛酸占20%~80%不等，疏水作用较强。陈泉源等采用高气泡表面积通量浮选柱对人工配制的含叶绿素a为150μg/L左右的原水进行选别，叶绿素a和藻类去除率可达95%以上。这表明，柱浮选技术用于富营养化湖泊、水库等水源的饮用水处理具有较好的应用前景[38]。

含重金属铜、锌离子等废水是湿法冶金、电镀等化工生产过程中产生的主要废水之一。此类污水处理采用溶剂萃取法的优点在于其选择性高、回收率高；缺点是仅适用于处理浓度较高的溶液，萃取剂昂贵且损失严重，将产生二次污染。浮选技术作为处理低浓度重金属离子废水的一种有效方法引起了人们的关注，1959 年，Sebba 首次提出利用离子浮选技术从稀水溶液中回收和除去金属离子，之后研究学者开展了广泛的研究。文震林等研究了在内循环浮选柱中，采用泡沫浮选萃取法对模拟废水中的铜、锌离子进行了分离回收实验，回收的硫酸铜和硫酸锌产品质量达到国家工业级标准，最后残留在排放液中的铜、锌离子浓度低于 1.0mg/L，符合国家工业废水的排放标准[39]。

参 考 文 献

[1] 郑描，罗冶. 铜钼分选改造中新工艺新设备的应用 [J]. 中国矿山工程，2013，42（2）：8-11.

[2] 张兴昌. CPT 浮选柱工作原理及应用 [J]. 有色金属（选矿部分），2003（2）：21，22-24.

[3] 张兴昌. 大山选矿厂工艺优化实践 [J]. 现代矿业，2010（7）：110-111.

[4] 王冲. CPT 浮选柱在铜选厂的应用实践 [J]. 云南冶金，2014，43（1）：25-32，57.

[5] Bergerman M G, Machado L C R, Alves V K, et al. Copper Concentrate Regind at Sossego Plant Using Vertical Mill-An Evaluation on the First Years of Operation [M]. New Delhi：XXVI IMPC, 2012, 00432-00441.

[6] Massinaei M, Kolahdoozan M, Noaparast M, et al. Mixing characteristics of industrial columns in rougher circuit [J]. Minerals Engineering, 2007（20）：1360-1367.

[7] JB 耶那托期，L G 伯格，F 卡特. EI 坦尼特选矿厂铜精选回路使用大型浮选柱的经验 [J]. 国外选矿快报，1998（13）：1-4，16.

[8] 李长根. 赞比亚谦比希铜选矿厂 [J]. 国外金属矿选矿，2004（2）：42-43.

[9] 林春元，程秀俭. 钼矿选矿与深加工 [M]. 北京：冶金工业出版社，1996.

[10] 鹿鸣钼矿选矿小型验证、优化及扩大试验研究报告 [R]. 北京矿冶研究总院，2011.

[11] 卢世杰，史帅星，陈刚刚，等. 大型浮选柱在钼矿扫选作业中的工业试验研究 [J]. 北京：2010年有色金属设备发展论坛论文集，2010.

[12] 沈政昌. 浮选机理论与技术 [M]. 北京：冶金工业出版社，2012.

[13] 贾仰武. 汝阳东沟钼矿粗选工艺条件研究 [J]. 矿冶工程，2008，28（4）：39-41.

[14] 高彦萍，顾小玲. 某难选低品位铜钼矿的生产实践 [J]. 甘肃冶金，2013，35（6）：11-15.

[15] 宋永胜，曹亦俊，马子龙. 柱机联合浮选工艺在铜钼矿分选中的应用 [J]. 中国钼业，36（2）：30-34.

[16] 刘洪均，孙春宝，赵留成，等. 乌努格吐山铜钼矿选矿工艺 [J]. 金属矿山，2012（10）：82-85.

[17] Yianatos J, Pino C, Vinnett L, et al. Cleaning Flotation and Regrinding Circuits Characterization [C]. New Delhi：XXVI IMPC, 2012：05922-05934.

[18] 徐修生. 蔡家营铅锌矿选矿厂改扩建设计及问题探讨 [J]. 金属矿山，2009（3）：121-123，129.

[19] 兰希雄，李品福，何庆浪. 都龙锌锡多金属矿再磨工艺的研究及应用 [J]. 有色金属（选矿部分），2012（5）：28-31.

[20] Jason Pyecha, Brigitte Lacouture, Scott Sims, et al. Evaluation of a Microcel™ sparger in the Red Dog column flotation cells [J]. Minerals Engineering, 2006（19）：748-757.

[21] 陈克锋，李晓东，石志中，等. 柱机联合浮选在柿竹园钨粗选作业中的应用研究 [J]. 有色金属（选矿部分），2012（2）：58-60.

[22] 张兆金，辛亚淘，邓双丽. 浮选柱在低品位白钨矿精选中的应用 [J]. 中国钨业，2013，28（6）：25-28，37.

[23] H E 怀斯鲁齐尔. 采用浮选柱生产高品位铁精矿 [J]. 国外金属矿山，1998（2）：47-51.

[24] 张海军，刘炯天，韦锦华，等. FCSMC 浮选柱提铁降硅工业试验研究 [J]. 矿冶工程，2008, 28（2）：31-34.

[25] 周铁宾，李淑艳，牟景春. 旋流-静态微泡浮选柱在南芬选矿厂的应用 [J]. 现代矿业，2012（3）：81-82, 139.

[26] 黄波. 煤泥浮选技术 [M]. 北京：冶金工业出版社，2012.

[27] 安利军. 旋流-静态微泡浮选柱在东曲矿选煤厂的应用 [J]. 煤炭科学技术，2011（39 专刊）：121-124.

[28] 刘学敏，赵天波，郝天峰，等. 浮选机+浮选柱联合分选模式在柴里选煤厂的应用 [J]. 选煤技术，2013（4）：31-34.

[29] 方义恩，侯玉茂，杨文娣. 中心选煤厂煤泥浮选工艺改造 [J]. 选煤技术，2012（10）：49-51.

[30] 魏英华. FCSMC-3000 旋流-静态微泡浮选柱在太西洗煤厂二分区的应用 [J]. 选煤技术，2009（5）：28-30.

[31] 李友志，刘丽芬. 昆阳 300 万吨/年柱槽选磷流程改造研究 [J]. 化工矿物与加工，2014（5）：40-42.

[32] 张朝旺. 柱槽联选在云南钙质胶磷矿选别中的工业应用 [J]. 化工矿物与加工，2013（7）：34-35.

[33] 张昌化. 浮选柱在低磷高镁胶磷矿选别中的工业应用 [J]. 化工矿物与加工，2013（10）：48-49.

[34] 王向华. 浮选槽的结构机理及其应用研究 [D]. 上海：华南理工大学，2009.

[35] JA 芬奇，等. 废物处理工业的一次革新——脱墨浮选机 [J]. 国外金属矿选矿，2000（1）：8, 13-17.

[36] 李小兵. 基于微泡浮选的多流态强化油水分离研究 [D]. 徐州：中国矿业大学，2011.

[37] J 鲁比奥，等. 作为废水处理技术中的浮选法 [J]. 国外金属矿选矿，2002（6）：4-13.

[38] 陈泉源，朱凌云，M. Salas. 高气泡表面积通量浮选柱气浮除藻的研究 [J]. 环境污染治理技术与设备，2006, 7（9）：73-77.

[39] 文震林，沈文豪，余佳平. 泡沫浮选萃取分离回收水中铜锌 [J]. 上海大学学报（自然科学版），2006, 12（3）：320-324.

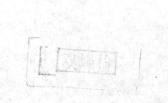